持驻与教化
休闲的存在论研究

孙云龙 著

Dwelling and Paideia
an Ontological Study on Leisure

复旦大学出版社

序一

在人生的征途上，会面临许多重大选择。而有些人做出的选择往往出乎常人意料，但最后证明他们的选择是正确的，正是这些选择为其实现人生价值奠定了基础。我所目睹的我的博士生——现任职于复旦大学旅游学系的孙云龙副教授的两次选择正是这样的选择。

云龙94年考入复旦大学，就读的是当时极其热门的会计专业。本科毕业后他又"顺理成章地"攻读本专业的硕士学位。"分量很重"的会计专业的硕士学位证书一拿到手，人们都以为他会像他的许多同学那样，找一个高薪的专业会计岗位，开始过他的"高级白领"生活。但他却另辟蹊径，竟然选择留校工作，并报考复旦大学哲学系的哲学博士生，一头栽进"哲学殿堂"，"埋身"于浩如烟海的哲学典籍之中，过了整整七年清新而又艰辛的"青椒"生活。

他的哲学博士论文非常优秀。在他获得哲学博士学位以后，我作为他的导师见他如此酷爱哲学，正张罗着为他寻找一个从事哲学教学与研究的工作岗位之时，他却告诉我他要继续留在旅游学系工作。

他的第一次选择，即放弃高薪的会计工作岗位而去攻读哲学博士学位，是因为他坚信在这个世界上没有深厚的哲学素养，他的人生境界是不会高的，也是走不远的；他的第二次选择，即不去从事专业的哲学研究和教学，而去做与旅游、休闲相关的工作，是因为他认定进行"纯哲学"的研究天地实在太狭小了，真正要展现哲学的当代功能必须让哲学依托于某一具体的职业，而当今最合适的职业就是与旅游、休闲相关的职业。

云龙在通晓哲学以后，便去从事旅游、休闲的工作，致力于用哲学，特别是马克思主义哲学来研究旅游、休闲，引导人们借助于旅游、休闲来获得享受和愉悦，这条路是走对了。这不仅是由旅游和休闲在当代生活中日益凸显的重要性所决定的，更是因为它们迫切需要哲学来阐释其深刻内涵与重要意义。

随着科学技术的发展，特别是随着智能化、数字化的发展，人的休闲时间在不断地增多。休闲时间的增多为我们建立新的生活方式提供了最有利的条件。在我们所要构建的真正属于人的各种生活方式中，闲暇生活方式是最令人神往的，因为它才是属于自由支配时间内的活动方式。休闲是人从外在压力下解脱出来而获得的一种相对自由的生活。被誉为西方"休闲学"之父的亚里士多德，曾在他的《政治学》中指出，"在一个政治修明的城邦中，必须大家都有'休闲'，不要因为日常生活所需而终身忙碌不已"，"个人和城邦都应具备操持闲暇的品德"（《政治学》，吴寿彭译）。马克思为我们构想的美好生活，最高层次应当说的就是闲暇生活方式。马克思主义理论体系的核心、终极价值是个人的自由全面发展，它有两个内在的逻辑基点：一是劳动，二是休闲。

人整天劳作而没有休闲时间是可悲的，但有了休闲时间却使休闲丧失文化含量，即休闲根本没有情趣，还是可悲的。一方面，我们要守住来之不易的休闲的机会；另一方面，要尽量使自己通过休闲活动获取美的享受。遗憾的是，我们看看当下的一些中国人，即使已有了充足的休闲时间，但实际上采取了"反文化"的方式进行"休闲"。把大量的时间花在"赌博"上就是一例。旅游观光是闲暇活动的重要组成部分。人类享受世界需要有一定的载体，而旅游是人类享受世界的最好的载体。但现在许多人非但没有通过旅游提升自己的精神境界，反而只是消磨体力。我们必须面对这样一个事实：当下许多中国人的休闲、旅游不是为了审美的愉悦，不是在矫正人性，而是在迎合人的一种劣根性。许多中国人在休闲、旅游活动中只能体会到疲劳、花钱，而旅游在精神层面对人的修复与完善作用，对于他们来说是完全茫然的。

在这种情况下，我们确实要彻底弄明白：人究竟为什么要休闲、旅游？休闲、旅游的本质是什么？我们如何进行休闲、旅游？我们不但要彻底弄明白这些问题，而且还要在此基础上就这些问题在中国进行一场普及教育。在这重要的关头，哲学家该出场了，哲学家该进入休闲、旅游领域了。云龙正是在这样一个时间段来到了休闲、旅游的平台上。他目光独特，一方面使哲学真正有了用武之地，另一方面又赋予自己施展才能的机会和平台。

云龙担任复旦大学旅游学系副主任、复旦大学旅游管理专业硕士（MTA）项目主任。他在自己的岗位上，广结善缘，精诚合作，与自己的同事一起，把这个专业搞得风生水起，使复旦大学旅游专业在国内脱颖而出。当然，云龙决不会只把功夫停留在日常事务上，他的"主业"是对休闲、旅游进行哲学探讨。这一著作是他的一个重要学术成果。我们从书名的副标题就可以看到，他在这里是对休闲进行"存在论"的研究。在哲学上，"存在论"的研究是一种"寻根究底"的研究。他从哲学本体论的角度，探讨了休闲的本质与意义。

他提出，休闲的本质一是"持驻"，即"在自成中、在真理中持驻"。按照他的解释，"持驻"是本质生命和真理的拥有和守护方式，拒绝无意义的涣散和消耗；二是"教化"，他强调"教化的目的就是引导感性的实现，达到人生和文化的完善"。透过他的"哲学光圈"，我们看到他创造性地提出了休闲的本质一是守护本真的生命，二是引导德性的实现。对于休闲的意义，他提出人类需要真正发挥精神、灵魂的功能，而休闲正可以使人类履行这样的使命和禀赋。他认为人们可以"在休闲中运用理性来提问和回答""在休闲中通过思维和推理来认识世界并返回自身""在休闲中通过精神教化来建立起自我与世界、自我与自我之间的整合关系"。所有这些词句当然是非常"哲学"的，也确实是他的真知灼见。

他在本书中还概括了国内外对休闲的各种哲学探讨的成果，特别是追溯了西方古典文明中对休闲认识的"源头"。更难能可贵的是，他特地为人们提供了对休闲进行存在论探讨的一个理论框架。

我知道，云龙撰写这一著作是花了大量心血的。但我宁愿把其视为云龙对休闲进行哲学探讨的一个初始成果。我热切期望云龙把更加丰满、成熟的研究成果呈现在人们面前。我相信，这不仅是我个人，也是整个哲学界、旅游学界关切他的人士的期望。

是为序！

陈学明

2024 年 12 月 7 日

序二

孙云龙兄的大著《持驻与教化：休闲的存在论研究》一书即将出版，嘱我作序。犹忆七八月间，虽值酷暑，学校几成旅游胜地，但复旦本部光华楼里却清静异常，此际来校办公，倒颇有几分闹市自隐之乐。偶然听得有人敲门，却是云龙兄来访，于是一杯清茶在手，彼此剧谈一番，也算偷得浮生半日闲。彼时云龙兄正在系内撰写书稿，而这自然也就成为我们讨论的主要话题之一。云龙兄本科、硕士习会计学，因为热爱哲学，从此转行研究西哲，对德国古典哲学、马克思主义，直至海德格尔的存在主义学说，都极为熟稔。我还记得多年前与他一起讨论牟宗三对康德的理解，其思维之敏锐、见解之透辟，至今未能或忘。但云龙兄后来从事的却是和自己硕士时代相关的职业，进入旅游系，并承担繁重的行政管理事务。我一直奇怪他何以能在哲学的超越之思、旅游学的专业关怀，以及复杂的行政事务中自由游走，在数次聆听他对休闲的理解后，恍然有悟。

休闲一词，时下人人耳熟能详。人类进入工业时代，假期不仅逐渐普及，而且有愈来愈长的趋势。获得劳作之余的闲暇，不仅是令工作张弛有度、得以顺利开展的前提，而且也成为普通人逐渐获得的权利之一。但这种保障似乎也不是必然的，譬如随着"996"流行,在网络上职场中人每每自称"牛马"的调侃戏谑声中,休闲便常常可望而不可即。这提醒我们,休闲首先是为了身体健康的需要。休的本义是止息,闲(繁体字"閒")的初义如月光洒入门隙,在西晋皇甫谧《帝王世纪》所描述的那个"日出而作,日入而息"的上古时代,人类在溶溶月色中安稳入睡,于是夜气回复,在平旦来临之际,重新得以"清明在躬",迎接自然的馈赠。但好日子似乎总是无法永恒,转瞬之间,知识尽管不断增长,但生命却被套上枷锁,需要负重前行。早在三千多年前的周初,即便是后世称为"三余"之一的冬日,普通人已经是"昼尔于茅,宵尔索绹,亟其乘屋,其始播百谷"(《诗经·七月》),可谓生命不息,劳作不止。

其实早在人类最初就开始社会分层了,是否或多大程度上获得闲暇,成为划分不同阶层的一个尺度。在古希腊古罗马时代,奴隶大体是没有休闲的,普通公民(相当于周代的国人或士阶层)以上已经具有休闲娱乐。同人类其他社会一样,少数权势者同样并不缺少豪纵之风,甚至如亚里士多德所言,承平年岁,普通人也未免"流于放纵"(《政治学》,吴寿彭译)。同样,连周代的最终缔造者——圣人周公,也要不厌其烦地发布《酒诰》,以扭转商末统治者"酒池肉林"的奢靡之风。如何面对闲暇,成为哲人们操心的大事。不仅普通人会因不得闲暇而呐喊乃至反抗,即便统治者,他们虽有闲暇,倘不善处,却也会带来国家倾覆之虞。如两河、西欧的古巴比伦、罗马帝国,中土如商代或西周,这些都是强大的国家,也是因统治者纵欲而社稷播迁的典型。所以西周晚期的大臣与诗人召虎,才会在

诗篇中反复警示:"民亦劳止,汔可小休!""民亦劳止,汔可小息!"(《诗经·民劳》)

就像黑格尔所说的"理性的狡狯",人类文明的发展总是在吊诡中前行。对闲暇的争夺会带来人与人的相互竞争、倾轧乃至不公,但少数获得闲暇而又能善处的群体,却也是文明进展的希望。因为一切知识进展的前提,是能够对经验加以反思,这就要求对具体事物有所抽离。因此,人类最初对闲暇的理解显然是基于肉体的闲适与自由。但由此而来,肉体的闲适却令人越爱越恨。后者几乎成为所有普罗大众的心结,如《诗经·伐檀》的作者便曾质疑:"不稼不穑,胡取禾三百廛兮?不狩不猎,胡瞻尔庭有县貆兮?彼君子兮,不素餐兮!"

随着人类精神生活的展开,一些敏锐的思想家已经意识到,精神的运思其实也是一种劳作,这就是孟子的劳心、劳力之分。问题是,倘真如此,那么闲暇何在呢?譬如在《史记·货殖列传》中,太史公就为我们展示了一幅熙熙攘攘、营营役役的画卷,所谓"无财,作力;少有,斗智;既饶,争时",只看到人人"焦神极劳""智尽能索",却皆不愿稍留"余力","让财"给他人。这显然是一个难以绕开的问题。我疑心古希腊的谚语"奴隶无休闲",本来也有此意,未必是说奴隶完全不得空闲。假如一个体面人太过功利,便会让人瞧不起。从这个角度来说,休闲显然并非一些学者所说的,主要是一个随着现代化而来的问题,相反,早已伴随着文明演化之始终。只不过,在技术已经得到高速发展的今天,人类生活无疑具有更为强悍的目的性与功利心,庄子称之为"机心"。甚至连休闲本身也被有意塑造,于是有休闲而难自由,这是现代人尽管休闲的时间日多,却越活越累的根本原因。

在人类知性思维的触角已经无远弗届、无孔不入的今天,休闲早就成为不同学科反思的对象。从心理学、经济学、社会学到基于不同哲学框架的文化批评,对休闲的讨论已不胜枚举。作为本书讨论的前提,孙云龙兄在著作中对此作了细致的勾勒。在这些研究中,我们看到了休闲活动在人类心理、经济驱动、社会结构等不同层面的运作机制,也看到了种种曾有或现行方案的边界与局限。类似问题的产生需要如何加以解释,是否有在根本上洞悉休闲活动内在机制的可能?

《大学》有言:"物有本末,事有终始,知所先后,则近道矣。"如果说中国文化的根本在于经学,那么西方文化则首当奠基于哲学。即此而言,对休闲活动的理解便不能局限于休闲的具体活动、具体观念乃至对休闲的种种具体反思,而必须追问休闲之所以为休闲的最后机制。这意味着,对休闲的讨论不能止步于具体学科的边界,而必须进入康德所言"物自身"或海德格尔所谓"存在"的视域之中。从这个角度,或可一窥云龙兄的抱负与雄心,那就是在海德格尔有关基础存在论、一般存在论、区域存在论这一划分的基础上,把作为"一个特定的事实领域(Sachgebiet)"的休闲,纳入到区域存在论的观照之中。由于区域存在论仍然要以关于此在研究的基础存在论为前提,海德格尔在《存在与时间》中有关此在的"本真生存"与"非本真生存"的研究,便同样成为区域存在论的基础。换言之,作为具体存在者的休闲活动依然是此在"操劳"的一种形态,因此就不能简单用其与操持或工作等相反的字面意义加以理解,而应该意识到休闲也有自己的本真与非本真状态。正是在"本真休闲"与"非本真休闲"两个概念的张力之中，休闲的意义得以重新设定。假如说现代旅游业的根本意图就在休闲，那么旅游学则因此是以休闲为核心指向的学科，对休闲的存在论研究便是在哲学上为旅游学本身奠基。就此而言，云龙兄的这部著作内蕴着真正的哲学思考，远非一部泛泛之谈的应景之作。考虑到云龙兄当下的具体职业，这一点尤其令我钦佩。研究哲学在今天已成为职业，但真正的哲学事业却从来与职业无关。这就像海德格尔笔下那个时时与本真存在照面的此在，随时准备背起行囊，以一切具体的生命境遇为起点，在切己的道路上踽踽独行。

存在主义本就是一种实践之学，云龙兄在生活中也是一位深情内蕴、理想未失的读书人，由此也就不难理解，在对休闲所作的存在论分析之余，他对现时代休闲活动所面临的诸种困境，所提出的解决方案。这就是著作标题的两个点睛之语——持驻与教化。

回到《存在与时间》，如果要说海德格尔对近代西方哲学的最大突破，首先当是在思维方式上的巨大改变。表面看来，从存在者转向存在本身，是论题或视域的转折，但在根本上，其实是对近代西方哲学所依托的人己分立的知性思维作了乾坤倒转。须知知性思维本来便是哲学之能事，但在西方中世纪，哲学既然屈居神学婢女的地位，知性也被信仰所统摄，成为神学论证中得到有限使用的工具。直到文艺复兴以后，近代文化出现首次"哥白尼革命"，欧洲人开始把注意的焦点从天国拉回人间，这是人文主义的精髓所在。在"奥卡姆的剃刀"的保证之下，关于造物主上帝的存在问题被暂时悬置，知性得以在对被造物的理解中自由驰骋。近代科学由此诞生。许多不明就里的人士把这一转折简单视为希腊文明的重生,表面上固然不错,却不知这种近代文明其实是两希文化相互结合的产物。在自由的知性背后,自中世纪以来历世相沿,并经宗教改革强化过的虔敬意识从未退场。假如不从这个角度,对于近五百年来西方文明的宏伟开基,以及时下西方文明所面临的挑战,便难以得到真正理解。晚近以来,许多对晚清以降科学主义流行加以反思的学者把批判的矛头指向西方近代哲学,可谓知二五而不知一十,因为晚清以来被国人所接受的科学充其量不过是片面的知性,正好是19世纪经各种非理性思潮洗礼的产物,与近代早期西方的理性主义并非一物。从这个角度来说,不仅20世纪中国主流的各种科学主义思潮,已经具备深刻的现代性,即便在西方,所谓"后现代主义"之名,也可以不立。

19世纪,打着理性主义旗号的若干学说,早已是虔敬意识丧失之后纯粹知性的师心自用、一骑绝尘。这种知性,以科学的名义,不仅把人类对万物的有限理解视为永恒真理,不仅把人类对历史的片面观察奉为客观规律,甚至据此规划了人类自身的必然命运。类似学说传至中国,在坚船利炮的震慑之下,便成为晚清士人口中的"公理与公例",由此笼罩了几代人的精神世界。这种知性具有不同的形式,有的宣称"上帝已死",有的,则把人类自身奉为上帝。相比之下,无论是康德对"物自身"的存而不论,还是黑格尔试图把对概念的思辨,奉为世界精神,显然还保有不同程度的敬畏之心。

从这个角度来说,海德格尔并非尼采的后继者,恰恰相反,海德格尔是要把尼采所清除的上帝,以存在的名义拉回到精神的视野之中。神学主张上帝无中生有（ex nihilo），假如上帝退出，也要在无的维度有所填充。从哲学的角度，海德格尔的存在主义显然是划时代的，但从精神史的角度，其实与基督教神学的精神传统一脉相承。

这由此也就构成两种意义上的背反：一方面，由于存在概念（也就意味着事物的一体性）的回归，海德格尔在形式上超越了近代哲学以知性思维的运用和反思为基础的各种哲学形态，通过对"在世"的强调，超越了分立的知性思维。这是海德格尔哲学被误解为非理性主义的根本原因；另一方面，针对此前流行的各种基于欲望、情感、意志、本能、阶级意识的哲学思潮，海德格尔的存在论反而可以视作康德、黑格尔背后那种理性精神的继承人。对海德格尔与神学的关系因此便不难索解，海德格尔在后期所不断强调的形而上学的"存在-神学"机制，表明尽管存在论与神学具有某种差别，一是"探究存在者之为存在者"，一是"论证存在者整体"，但共同点却是，它们都"对作为存在者之根据的存在作出论证，它们（都）面对逻各斯作出答辩，并且在一种本质意义上（都）是遵循逻各斯的"（《形而上学的存在-神-逻辑学机制》，孙周兴译）。在根本上，以逻各斯、基础、实体、主体多重方式现身的存在，其实就是作为第一因（causa prima）的上帝的代名词。

之所以要不厌其烦地讨论海德格尔与神学的关系，意在表明，《存在与时间》中对本真性、沉沦等概念的揭示，只有建立在类似于神学或经学等具有生命意味的学说中，才能真正成立。只不过这一"存在-神学"机制后来才逐渐明确，但无疑早已内蕴在《存在与时间》一书中。譬如，在《存在与时间》

中,海德格尔便承认,沉沦"这个名称并不表示任何消极的评价","此在之沉沦也不可被看作是从一种较纯粹较高级的'原初状态''沦落',我们不仅在存在者层次上没有任何这样的经验,而且在存在论上也没有进行这种阐释的任何可能性与线索"(《存在与时间》,陈嘉映译)。这表明,此时海德格尔清楚地意识到,他对本真与沉沦的设定在存在论意义上是不究竟的。尽管如此,依然使用本真与沉沦等概念,表明海德格尔后期所提出的"存在-神学"机制,早已内蕴于其潜意识之中。

就此而言,海德格尔之所以用存在取代上帝概念,除了坚持古希腊一系形而上学传统之外,可能也因为在既往的神学那里,作为世界创造者的上帝总是被误解为另一位存在者,导致存在本身一直处于遮蔽之中。与儒学所谓"元者善之长"(《易传》)一样,神学把上帝的创造之物理解为"好的"(《圣经·创世记》),这里面隐含着对生命本身的肯定。事实上,也只有在这一肯定之中,才可以把此在从其本己(eigen)出发视为本真状态,而把这种本真状态的脱落视为沉沦。否则,对于佛教或纯粹的自然哲学而言,世相不过是纯粹的流转,无所谓本真。甚至佛教还要痛陈"众生皆苦",只有超拔于流转之外,才能通达"真谛",终归涅槃。对海德格尔来说,在那种作为"常人"而存在的沉沦状态中,此在迷失于闲言闲语、好奇两可与无所事事之中。不过,此在对日常的沉迷,最终可能被死亡意识唤醒,因此由怕生畏,最终通过决断,"向死而生",得以回复本真。

也正是在由沉沦复返本真存在这一结构基础上,本书才把本真休闲理解为海德格尔的"居留",也即作者所谓"持驻",

"持意味着持守真理,驻意味着驻留其中"。换言之,"持驻就是此在对其本真状态的把持和驻留,……因而休闲也就是解蔽的过程,也就是持驻在真理中的此在"。(本书第六章)问题是如何达到这样的境界呢?借助于苏格拉底、柏拉图和亚里士多德,作者指出,理想休闲最重要的方式,应该像"亚里士多德所强调的那样:以美德实现为目标的追求个人和共同体的至善和幸福之路",而这一过程其实也就是教化。借用经学的语言,教化是本真休闲应有的工夫,而持驻则是这种工夫的理想境界。从这个角度来说,本书既是一部有关休闲存在论的学理反思,同时也是对未来休闲旅游提出愿景的实践之学。

拜读云龙兄这部大作,也勾起了我自己的另外一些思考。"休闲"一词尽管属于现代汉语词汇,不过,根据概念不同但观念却每每相通的人类通例,休闲观念其实古已有之。除了各种对现世闲暇的追求,古代哲人对休闲的理解亦有异曲同工之处。只不过由于儒道或儒佛之间入世、出世有别,对于休闲的理解还是具有各自的特色。

在西方政治思想史上,英国哲学家以赛亚·柏林对消极自由与积极自由的划分是一个重要贡献。其实儒家所谓求仁也有积极、消极之别。仁者爱人,大概可以视为积极地行仁;而"己所不欲,勿施于人"的恕道,则可以视为一种消极意义上的仁。所以孟子游说梁襄王,希望他能以"不嗜杀人"之法安定天下。倘若循着类似的视角,儒道两家在休闲方面,实亦有着积极与消极之分。道家是底线思维,希望在一个无论如何污浊的世界中仍能够保持生命的本真,因此主张逍遥顺适。有道者"徜徉于山水之中",俗务无所萦于心,进入某种宗教与审美的境界，无疑是以人合天。相比之下，儒者则反对"无所用心"，尽管并不沉迷于一己功利意义上的休闲，但时时不忘记自修进取。如"君子终日乾乾，夕惕若，厉无咎"（《周易·乾传九三》），如"壮者以暇日修其孝悌忠信"（《孟子·梁惠王上》），如"周公思兼三王，以施四事"之"夜以继日""坐以待旦"（《孟子·离娄下》），如孔子之好学不厌、温故知新，皆是如此。此即古希腊诸哲所谓教化。但无论如何，儒道两家又都在下面这个方面是相合的。都主张遵循天时的节奏，《周易》所谓"天地节而四时成"，所谓"先天而天弗违，后天而奉天时"，孟子所谓"勿忘勿助"，孔子所谓"造次必于是，颠沛必于是"。这其实也就是海德格尔所谓"居留"，或本书所谓"持驻"。即工作，即休闲，这是休闲的极致。

所谓"德不孤，必有邻"，从人类文明的角度来说，似乎也是如此。譬如，海德格尔有关怕与畏的分析，与早期儒学关于喜与乐的理解便颇有异曲同工之处。简言之，喜与怕皆有对象，而畏与乐却是生命的体验。不是因为对某种事物的畏与乐，而就是在与物无对的畏与乐之中。只不过在儒家那里，乐是生命得以成就的终了境界，孟子所谓"反身而诚，乐莫大焉"（《孟子·尽心上》）；而在海德格尔处，畏的思绪只是本真生存重新得以恢复的序幕，是畏的在场让此在必须痛下决心，结束自己的"被抛"与"沉沦"。在这个意义上，海德格尔的畏，与儒家戒慎恐惧的敬畏意识虽然内涵略有不同，但有着层次上的相通，我称之为"存心之势"（《孟子章句讲疏》卷十）。这与佛教的苦恼意识、基督教的绝望意识一样，都属于无对之思。对此种无对之思的描摹，或许还当借助诗人之口。宋人贺铸有词:"试问闲愁都几许?一川烟草,满城风絮,梅子黄时雨。"(《青玉案·凌波不过横塘路》)句句有物,而物物皆非。

讨论至此,有一个问题不妨指出。海德格尔的思想一向以晦涩著称,从西方形而上学传统来说,有关存在问题的提出,无论如何是一个划时代的事件,因此自有其崇高的地位。但假如从经学、神学或佛学的视角来看,至少就《存在与时间》一书而言,其哲学的整体架构却大体相通。也就是说,海德格尔借用如此晦涩的语言,却得到了一个与神学、经学等学说相类似的结构。倘若哲学的目的真的是"爱智",那么为什么不继续使用神学的语言?在《新约》中,耶稣基督几乎所有教诲都是在日常语言的基础上,借助譬喻完成的。这到底意味着什么?

有些人认为,西方语言讲究说理而中国的语言(特别是文言)不精确,只能借助于譬喻。其实一切日常语言,都是以知性为基础的,都要不违背逻辑,当然也并不局限于逻辑。知性思维是人类沟通的基础。孔子便说,"言之无文,行而不远"(《左传·襄公二十五年》),所谓文,本来是指合乎文理、道理,可惜后世常常误解为文采。中国文言虽然没有英语的系动词 be,但人人熟知的"某者,……也"(或"某,……也")结构却无疑可以完成绝大多数事物的界定。如墨子《经上》对各种概念的界定便是显例。不同语言之间固然不可全部通约,但其实也不必把这种差别过于扩大。不仅饱受知性思维洗礼的现代人同样可以撰写文言,如严复甚至可以用典雅的文言翻译西方学术。而这是自徐光启以来中国学者早就开始从事的事业。清代学者以知性思维见长,其学术语言其实也是浅近的文言。

反之,即便是西方语言,在最严苛的逻辑语义审视之下,也同样会有词难达意之感。也正是因此，20世纪的逻辑实证主义者才致力于建构一种完全科学的语言，借以消除日常语言所难免的歧义之处。从这个角度来说，尽管我大体同意洪堡特把语言和民族思维相关联的观点，但不能把哲学限制于某种语言。否则这种哲学不仅不是好的哲学，甚至根本就无法称之为哲学。中国古人最初也很难理解佛教，先是通过格义，后是通过数百年的翻译实践，使汉语成为可以顺畅表达佛教的一种语言。但即便如此，佛教本身仍然存在难以通过语言理解的部分，因此在对事相直接进行描述的表诠之外，还不得不借助于否定性的遮诠。遮诠同样是针对所有语言的。这种方法也就是冯友兰后来表述的所谓"负的方法"，在道家学术中最为常见。

其实，在表诠、遮诠以外，儒家还明确提出另一种方法，这就是《易传》所谓"言不尽意，故圣人立象以尽意"。这种方法同样是一种普遍性方法，但因为常常被简单理解为譬喻或比类——虽然并非捕风捉影，因此总是伴随着巨大的误解。这一现象无论在西方哲学研究者还是国内有关"象思维"的研究者那里都存在。"象思维"（我称之为"观象思维"）的背后其实是与知性相对的德性思维，后者的内在机制在理论上一直缺乏真正的清理。关于这一问题此处难以赘述，但必须指出，宣称"语言是存在的家"的海德格尔，之所以在其后期学术中着迷于诗人荷尔德林，其实便是在诗的隐约微言中体会到立象之妙。海德格尔这一语境中的语言显然不能理解为人类的各种日常语言，而是上述所谓表诠、遮诠、立象等不同的说话方式。反观《存在与时间》，海德格尔依然是在通过形而上学的表诠方法对难以表诠的境界加以言说，便未免以小博大、窒碍塞难。

无独有偶，与之同龄的另一位哲人维特根斯坦在后期也意识到语法是死的，而语用却是活的。因此仍然可以找到方法，去说其"不可说"。在这个意义上，后期的海德格尔与维特根斯坦可谓殊途同归。

我对西方哲学无疑是外行，借着阅读云龙兄大作，一时兴起，未免信口雌黄。谨以此就正于云龙兄与读者方家。

是为序。

邓秉元

2024 年 12 月 8 日

目 录

第1章　休闲研究的开端 …………………………………… 1
　第1节　休闲研究的必要性 …………………………………… 1
　第2节　我国休闲研究的缘起 ………………………………… 4
　第3节　国外休闲研究的早期成果 …………………………… 9
　第4节　休闲研究的实证主义路向 …………………………… 12
　第5节　休闲研究的批判主义路向 …………………………… 24
　第6节　关于休闲研究的评述 ………………………………… 50

第2章　休闲研究的挑战 …………………………………… 54
　第1节　传统研究中的概念界定 ……………………………… 54
　第2节　当代研究中的边缘议题 ……………………………… 68
　第3节　休闲研究中的存在论缺失 …………………………… 70

第3章　休闲研究的存在论视域 …………………………… 73
　第1节　"是"与"有"的问题 ……………………………… 73
　第2节　"存在"的名字 ……………………………………… 88
　第3节　存在问题的研究方法 ………………………………… 98

第 4 章　日常性、本真性与时间性 ································ 108
第 1 节　日常生活的存在论诠释 ································ 108
第 2 节　本真生命意识的觉醒 ································ 134
第 3 节　时间的存在论阐释 ································ 147

第 5 章　西方古典文明中的休闲根源 ································ 171
第 1 节　希伯来文明的安息日传统及其影响 ················ 171
第 2 节　古希腊的休闲观念 ································ 179

第 6 章　休闲的存在论诠释 ································ 191
第 1 节　休闲存在论的研究设想 ································ 191
第 2 节　在真理中持驻：休闲的基础存在论研究 ············ 200
第 3 节　在美德中教化：休闲的区域存在论研究 ············ 216

参考文献 ································ 250

后记 ································ 266

第 1 章

休闲研究的开端

第 1 节 休闲研究的必要性

《英语词典》(*A Dictionary of the English Language*) 和《莎士比亚集》(*The Plays of William Shakespeare*) 编纂者塞缪尔·约翰逊 (Samuel Johnson) 博士曾明智地指出：所有的智力提升都源于闲暇，只有在闲暇中，人们才有机会进行深度思考，提升自己的智力和学识。伯特兰·罗素 (Bertrand Russell) 也在《闲暇颂》中表达过类似的观点，明智地利用闲暇，是文明和教育的产物，教育应该能使人学会明智地利用闲暇。亨利·卢梭 (Henri Rousseau) 则更加直白一些，他说：休闲不仅是一个人的特权，更是一个文明社会的标志。

我们生活在一个技术突飞猛进、物质产品极其丰富的时代，人们不需要像工业化初期那样被束缚在工厂和家庭的两点一线上，闲暇不再是少数人的特权，而成为现代社会的公民权利，得到法律的保障。卡尔·马克思 (Karl Marx) 所描述的那个理想的社会："在共产主义社会里，任何人都没有特殊的活动范围，而是都可以在任何部门内发展……上午打猎，下午捕鱼，傍晚从事畜牧，晚饭后从事批判，这样就不会使我老是一个猎人、渔夫、牧人或批判者"①,仿佛正在向我们走来。普遍有闲的社会,不仅应该是人类文明的发展目标,同样也应该产生在文化和艺术极其繁荣的时代。在那时,人们将拥有更高级和更高尚的自由生活。

然而,自由和幸福从来都不是唾手可得的,普遍有闲的社会不可能从天而降,它如果能够到来,就一定是在一代又一代的人的自觉和奋斗中争取到的。在当代发达社会中,我们已经看到如下发展趋势:随着工会力量和劳工权益的提升,工作时间和压力的减少,社会福利和假期制度的保障增强,社会公众的闲暇时间已经大幅提升。根据经济合作与发展组织的数据,在 20 世纪初,欧洲工人每周工作时间达 60 小时或更多,而目前已经降低到 35—40 小时,部分国家已经在试点四天工作日。随着人工智能和机器人技术在更大领域中的应用,在可预见的将来,人们在日常生活中所拥有的闲暇很可能会超过工作时间,这无疑是人类文明进步的重要成就。这里我们不禁要问:随着技术进步和劳工权益提升,人们的社会必要劳动时间减少且拥有越来越多的物质生活资料,从而拥有更多的闲暇时间,是否这时马克思所预言的那个理想世界就会自然而然地到来?当人们拥有了更多劳动之余的闲暇时间后,是不是必然意味着自由和幸福的自动实现呢?

尽管在实践中,休闲已经成为现代生活的重要组成部分,但是在理论研究层面,休闲作为一个基础领域,尚未得到学者的充分关注和讨论。休闲的本质究竟是什么?休闲对现代人和现代社会意味着什么?人们应该如何更好地利用休闲?休闲如

---

① 中共中央马克思恩格斯列宁斯大林著作编译局:《马克思恩格斯选集》(第一卷),人民出版社,1995 年,第 85 页。

何帮助人类实现更高的成就？我们必须承认，关于这些问题，当前的讨论并不充分，也缺乏基础性和系统性的奠基工作，国内外学者们大多仍在局部领域中以专业知识的方式在推进相关研究，关于"何谓休闲"这个基础问题，并未取得关于它应有的共识和洞见，更谈不上指导新时代中的剧变。

事实上，在那些闲暇时间更加充沛的社会中，我们并未观察到文明水平的显著提升。相反，闲暇似乎已经成了一个问题。一方面，当人们拥有闲暇时，文化产业和文化消费的发展愈加强劲，资本将休闲经济当作一片朝气蓬勃的新兴市场，不仅在源源不断地提供精神快餐，也在有意地培养大众成为"快餐爱好者"。当代的文化领域中充斥着批量生产的哗众取宠式音视频，目的不是提升社会文明和文化水平，而是博人眼球、赚足流量，满足资本的增值诉求。另一方面，人们对空闲时间的善用能力也在退化，互联网和社交媒体完成了对闲暇时间的占领，肤浅化、碎片化、反智化的内容令人沉迷其中不能自拔，同时也使人们的深度思考能力退化，游戏、色情、赌博、暴力，这些互联网上泛滥的内容不仅不会促进文化发展，相反会瓦解智力、道德和价值观。自电脑取代电视以来，大众娱乐和信息茧房将人们的日常生活层层包裹起来，尼尔·波兹曼（Neil Postman）关于"娱乐至死"的判断，在当下世界更具有现实性和批判性。当代文化工业与信息技术的深度融合，催生了一种新的文化现象：便捷的娱乐方式和信息获取途径，虽然丰富了人们的生活，但也带来了一些值得关注的问题。例如，过度依赖数字娱乐可能导致人们对现实生活的参与度下降，沉迷于感官刺激而忽略了精神层面的提升。对"及时行乐"的追求，有时会掩盖对更深层次意义的探索。在处理社会议题时，一些人可能倾向于表达情绪化的观点，而忽略理性分析。我们目之所及处，一方面看到的是物质世界的丰裕富足和闲暇时间的不断增加，另一方面，社会上也存在一些值得关注的现象，例如不同群体价值观的差异、社会交往中同理心的缺失，以及在某些特定地区或群体中出现的种族主义和排外倾向。在这种令人惶恐不安的现实面前，我们还有信心像前辈先贤们那样宣称"休闲带来文明"吗？今天，休闲与文明之间的关系仍然值得我们深入且严肃地思考，在当下人工智能呼啸而来的时代，这个问题的探讨尤其显得迫切。

第 2 节　我国休闲研究的缘起

我国休闲研究的奠基者是于光远先生。他对中国社会的诸多贡献中，更为人们所熟知的是参与起草了十一届三中全会主题报告《解放思想、实事求是、团结一致向前看》，拉开了我国改革开放的序幕。1995 年 5 月 1 日起，我国开始实行每周五天工作制，他敏锐地意识到"休闲"将是一个新的社会文化现象，亟待开展专门研究。在他的积极倡导下，两个月后，中国首个"休闲文化研究小组"宣告成立，后来又成立了北京六合休闲文化策划中心。那一年，于老已年届八旬。1996 年，他发表论文《论普遍有闲的社会》，以战略思想家的眼光提出："闲"是生产力发展的根本目的之一，闲暇时间的长短与人类的文明是并行发展的。[①] 开启了我国休闲研究的序幕。于光远先生不仅为我国休闲研究开辟了道路，还厘定了休闲研究的正确探索方式和目标。他指出，休闲既是社会问题、时代问题，

---

① 于光远：《论普遍有闲的社会》，《自然辩证法研究》2002 年第 1 期。

又是个体问题、生命问题。休闲研究需要与哲学、社会学、历史学、文化学、人类学、经济学、生物学以及其他学科的对话。① 他提出的"休闲四问",即便是在当下的人工智能时代,也体现出极其敏锐的预见性和价值关怀:第一,什么是"普遍有闲社会"?第二,有闲社会对人意味着什么?第三,政府在有闲社会中的职能是什么?第四,有闲社会最怕什么?② 这些问题的回答,在当今社会中愈加体现出关键性与迫切性。他还特别指出,把起源于古希腊时代的"休闲"一词解释清楚是一件非常重要的工作,为人们认识休闲作为精神世界的存在提供可靠的依据。"毫无疑问,休闲是个哲学问题,归根结底是认识人的问题。"③ 在接近生命终点之际,他曾提出希望在墓志铭上写一句话:"大玩学家于光远走了。"他说,我走了,你们还得玩啊!④ 这正是于光远希望人们做的事情。

于光远先生的休闲思想之所以能够被广为传播,并实质性地推动我国休闲研究的快速发展,这项工作的贡献很大程度上要归于她的助手与合作者马惠娣女士。马惠娣是"休闲文化研究小组"的首批成员之一。1996 年,她撰文指出,休闲与每个人的生存息息相关,对闲暇时间的研究是一个理论问题,更是一个迫切的社会发展问题。⑤ 她在回忆中提到过一个小插曲,

---

① 于光远、马惠娣:《于光远马惠娣十年对话:关于休闲学研究的基本问题》,重庆大学出版社,2008 年,第 1 页。

② 马惠娣:《于光远的休闲哲学纲要——纪念于光远先生诞辰 105 周年》,《哲学分析》2020 年第 6 期。

③ 马惠娣:《"休闲:终归是哲学问题"——记于光远休闲哲学思想》,《哲学分析》2014 年第 4 期。

④ 王伟群:《大玩学家于光远走了》,《中国青年报》2013 年 10 月 9 日第 12 版。

⑤ 马惠娣:《建造人类美丽的精神家园——休闲文化的理论思考》,《未来与发展》1996 年第 3 期。

在 1996 年底的中国软科学年会上,她做了主题为《休闲:人类美丽的精神家园》的报告,没想到发言后遭遇一系列专家质疑,将她的发言内容议定为"倡导资产阶级生活方式",这在当时实在是不小的政治帽子。关键时刻是于老帮助她挺过难关,使她坚定地走向休闲研究。在 1998 年,她发表了《文化精神之域的休闲理论初探》,从学理上正式提出休闲研究的合理性与必要性。她指出,在数字化时代中,人类的生命将拥有更多的闲暇时间,但我们在思想上并未作好充足的准备,因而需要在文化精神的维度上构建一种新的休闲文化观。① 2000 年,由于光远、成思危、龚育之主编,云南人民出版社出版的《休闲研究译丛》(共五册)全面介绍了国外休闲研究的最新进展,涉及休闲哲学、休闲社会学、休闲经济学、女性主义休闲研究等领域,为我国休闲研究提供了重要的学术参照。马惠娣和刘耳(2001)发表了西方休闲学的研究评述②,此后,马惠娣笔耕不辍,围绕着休闲概念、休闲文化、休闲产业、休闲哲学、休闲学术前沿议题等开展了一系列研究。2008 年,马惠娣出版了与于光远先生多年来关于休闲思想的对话,这本书记录了她在于老指导下进入休闲研究领域的筚路蓝缕。③ 近年来,她又多次撰文整理于光远先生的休闲思想体系(2014、2020),她对于老的休闲哲学思想作出总结性评价:于光远为我们留下了中国休闲研究的开创性文本,他对休闲本质的阐释,对马克思主义人文思想的继承,对休闲与人本精神、闲暇、劳作、创造以及

---

① 马惠娣:《文化精神之域的休闲理论初探》,《齐鲁学刊》1998 年第 3 期。

② 马惠娣、刘耳:《西方休闲学研究评述》,《自然辩证法研究》2001 年第 5 期。

③ 相关历程可参见《于光远马惠娣十年对话——关于休闲学研究的基本问题》。

消费关系的准确把握，是休闲研究学术史上的宝贵财富。他为中国休闲研究题写的宗旨"关注国计民生中的休闲，关注休闲中的人文关怀"，将永远是休闲研究者的座右铭。

除了于光远和马惠娣的开拓性工作之外，还有很多学者积极投入到我国休闲研究的初创工作中。1992年，王雅琳、董诗鸿主编的《闲暇社会学》从社会学视角探讨了休闲研究。2000年，张广瑞和宋瑞发表论文，提出休闲是一种特定的生存状态，呼吁加强休闲的理论研究。申葆嘉（2005、2006）提出旅游与休闲研究方法应该注重以休闲作为探索起点，应从战略位置上思考休闲学科建设问题，明确学术目标、构筑学术平台、构建学术思想库、形成学术研究规范。他还指出，在休闲研究中应该多一些人文关怀，少一些经济求索。[①]

浙江大学敏锐地抓住2006年杭州举办世界休闲博览会的宝贵契机，设立中心，搭建平台组织队伍，在休闲学的学科建设和人才培养方面作出了重要突破和重大贡献。2004年由杭州市政府、浙江大学和世界休闲组织共同发起设立浙江大学亚太休闲教育研究中心（APCL）。2007年，浙江大学经国务院学位委员会备案，自主设置休闲学交叉性新学科，并依托人文学院在哲学一级学科下设置了国内第一个休闲学博士点和硕士点。该学科点负责人庞学铨教授将休闲学定义为："休闲学是关于休闲及其价值的存在与变化的理论。该定义包含了休闲学研究的休闲所涉的诸种要素和休闲对人类与社会的价值这两个基本内涵。休闲价值与休闲直接相关，是休闲蕴含的内涵，休闲的直接延

---

① 申葆嘉：《关于旅游与休闲研究方法的思考》，《旅游学刊》2005年第6期；《旅游与休闲——多一些人文关怀 少一些经济求索》，《旅游学刊》2006年第9期。

伸或衍生，所以，休闲就是休闲学的基本研究对象，它既是休闲学的基础范畴，又是其理论的出发点。"① 中心成立以来，持续培养休闲学硕博士研究生，连续举办休闲发展国际论坛，在学科建设、理论探索和社会服务方面得到了社会各界的高度认可。浙江大学后来以该研究中心主要成员和旅游管理专家为班底，成立旅游与休闲研究院，这是一个校级多学科交叉研究机构，致力于推广促进国际休闲教育、休闲研究和休闲实践。该研究院于2023年更名为"浙江大学休闲学与艺术哲学研究院"，已经成为国内休闲研究重镇。

我国休闲研究的起步较晚，但是起点很高，从发轫之初便紧紧围绕着休闲的本质问题开展讨论，丝毫没有在社会科学中常见的将科学主义和实证主义观念凌驾于反思性研究之上的浅薄之气。这首先要感谢于光远、成思危、申葆嘉等前辈学者们的规划和引导；其次，要感谢马惠娣积极开拓学术阵地，充分利用好《自然辩证法研究》杂志和"中国休闲与社会进步学术年会"等平台，第一时间汇集了跨学科的专家参与休闲讨论，引领学界风气；再次，浙江大学睿智地将休闲学设立在哲学一级学科之下，为我国休闲专业学术交流、人才培养和学科建设搭建起关键的平台基地。其实，最为关键和重要的是，伴随着旅游和休闲成为中国社会日常中的生活方式，相关研究领域的学术贡献层出不穷，几代人努力所构建的学人群像蔚为大观：前辈学者有陈传康、郭来喜、申葆嘉、张广瑞、刘德谦等先生开疆拓土，后继者有保继刚、谢彦君、张凌云、吴必虎、田卫民、白长虹、巴兆祥、林德荣、周玲强、冯学钢、楼嘉军、张广海、曹诗图、马波、朱竑等教授砥砺奋进，中生代有张朝枝、

---

① 庞学铨：《休闲学的学科解读》，《浙江学刊》2016年第2期。

孙九霞、张骁鸣、宋瑞、魏翔、刘慧梅、董二为、朱运海等教授继往开来，青年才俊更是不胜枚举。回顾我国最近二十年来的休闲研究进展，分别在马克思主义休闲哲学、休闲社会学、休闲经济学等领域开展了深层次探索，为休闲社会的到来奠定了坚实的学术研究基础。值得强调的是，我国学者有着比较强烈的本土问题意识，比如从马克思主义哲学中汲取休闲思想，用以指导本土实践及国家发展战略的落实，比如就休闲农业、休闲渔业、休闲经济、休闲城市等相关议题展开讨论，积极响应乡村振兴、美好生活建设、长三角一体化等国家战略，深入讨论休闲和旅游业对于解决城乡和区域发展不均衡问题中所能够产生的积极影响，并提出对策建议。

第 3 节　国外休闲研究的早期成果

自人类进入工业文明以来，工作与休闲的辩证关系逐渐成为社会生活中的一对基础概念。托斯丹·凡勃伦（Thorstein Veblen）是理论界中的先知先觉者，他在 1899 年发表了《有闲阶级论》(*The Theory of the Leisure Class*)，迄今为止，该书仍然是休闲研究领域中的必读经典文献。19 世纪末的美国已经在经济上取得了令人瞩目的成就，物质繁荣与消费主义并驾齐驱，生活方式日趋多样化，社会分层越来越显著。凡勃伦将休闲理解为社会的基础建制（instition），自古到今，休闲在人类社会中都有着极为重要的建构作用，不仅为满足个人物质和精神上的需要，还为人们带来社会地位和身份区隔。凡勃伦指出，上流社会着力于将自身标示为"有闲阶级"，通过炫耀性消费和休闲来塑造社会身份和地位，以便与大众相区别。这种炫耀行为不断建构固化为制度，逐渐形成了有闲阶级所特有的生活方式，比如社交礼仪、主仆关系等。简言之，休闲成为上流社会的身份符号，必须对其不断进行强调和制度化。

德国社会学家格奥尔格·齐美尔（Georg Simmel）在世纪之交也开始关注休闲的社会功能，其1904年发表的《时尚的哲学》(*Philosophy of Fashion*)是一篇探讨时尚现象的社会学文章。他认为，时尚内在具有一种社会功能上的双重性，它既是社会成员彰显个性的手段，同时也是个体融入群体的方式。时尚让人们在追求独特性和差异性的同时，也使他们与一个特定的群体或阶层保持一致。因此，时尚既表现了个体的自我意识，又显示了个体对群体的从属关系。在社交场合中，时尚的选择和运用是个体与他人互动和沟通的方式，它传达了个体的身份、地位、品味以及对社会规范的认同或反叛。齐美尔指出，在现代社会中，社会成员面对日益复杂的社会关系和角色要求，时尚成为一种行之有效的表达和社交方式，使人们能够快速调整自己在社会中的位置和身份。

此外，齐美尔认为时尚也是划分社会阶层的一种标志和工具。上层阶级通过引领时尚潮流来展示和维持他们的社会地位，而下层阶级则试图通过模仿上层阶级的时尚来向上流动。然而，当下层阶级成功模仿并普及某一时尚时，上层阶级又会通过创造新时尚来重新确立他们的独特性和优越性。时尚不仅是阶层内部的区分工具，也是一种社会区分的手段。齐美尔指出，不同的社会群体通过时尚来区分彼此的身份和地位，时尚在一定程度上维护了社会结构的稳定性，同时也为社会变动提供了动力。时尚的变化和更新本质上是从众与差异之间的动态平衡。当一种时尚开始流行时，它会吸引大量人群追随，形成一个新的时尚潮流。然而，随着越来越多的人追随这股潮流，原本想通过时尚表现个性的个体便会感到自己的独特性被削弱，进而寻求新的时尚，从而开启新一轮的时尚循环。就此而言，齐美尔将时尚视为现代性的一部分，认为它是现代社会不断变化和更新的表现形式之一。在现代社会中，时尚的快速变迁反映了社会结构的流动性和不确定性，同时也象征了现代个体在这种流动性中的不稳定身份。

1938年，荷兰历史学家和文化理论家约翰·赫伊津哈（John Huizinga）发表了著作《游戏的人》（*Homo Ludens*）。在这本书中，他提出，游戏是一种超越日常生活的自由行为，它具有自己的时间和空间边界，并且不以获取外在利益为目的。游戏的意义在于它自身，而非其结果。赫伊津哈认为，游戏不仅是一种娱乐活动，更是一种创造文化的基本方式。文化的许多方面，包括法律、艺术、宗教、制度等，都可以被看作是从游戏中衍生出来的。因此，休闲和游戏不仅是个人生活的一部分，也是人类文化发展的基础。游戏为文化提供了想象力、创造力和社交互动的平台，这些都是文化发展的核心元素。赫伊津哈还讨论了休闲活动的象征性和仪式性特征。他认为，许多休闲活动（如节日庆典、运动比赛等）不仅是娱乐的方式，更是表达和强化社会价值观的手段。这些活动通过象征性的表达，将社会成员与更广泛的社会和文化结构联系起来。在现代社会中，随着游戏精神的衰退，休闲活动可能会变得过于功利化和商品化，失去其原本的自由和创造性。这种变化可能会导致文化的贫乏和社会的异化。

上述学者的论述可谓休闲研究的传统观点代表。从20世纪40年代末开始，二战对欧美国家的影响逐渐消除，休闲成为人们的生活方式，同时也引起了学者们的关注。"学者们纷纷从经济学、社会学、心理学、哲学、地理学、管理学等不同学科视角出发，对休闲的概念，工作与休闲，休闲的价值，休闲行为，休闲政策与规划，休闲的应用领域（如公园、旅游、户外娱乐、疗养性娱乐），休闲与社区、种族、年龄、性别、宗教等主题进行研究和探索，取得了大量的实证研究成果，对休闲的某些重要问题如休闲参与、休闲体验、休闲满意度等达成了一定的共识，建立了诸如休闲制约与协商、严肃休闲等休闲理论。"① 这一阶段可谓国外学界休闲研究的蓬勃发展期，学者们的主要研究范式和治学路径可分为实证主义和批判主义两大类。

第 4 节　休闲研究的实证主义路向

一、实验心理学

约翰·纽林格（John Neulinger）是休闲心理学领域的一位重要学者，他最著名的贡献是将社会心理学理论运用于休闲研究领域，提出了休闲研究的"纽林格范式"（Neulinger's Paradigm of Leisure）。这个理论范式的核心在于将休闲定义为一种主观体验，这种体验的核心特征是"自由感"（perceived freedom）和"内在动机"（intrinsic motivation）。基于这两个维度，纽林格将人类活动划分为六个类别：纯粹休闲（Pure Leisure），参与者感到完全自由，活动是基于内在动机的，参与者完全因为活动本身的乐趣或满足感而参与；闲暇活动（Leisure-Work），参与者

---

① 庞学铨、程翔：《休闲学在西方的发展：反思与启示》，《浙江社会科学》2019 年第 4 期。

仍然感到自由，但活动同时由内在和外在动机驱动，例如一些人可能本身享受跑步，但也因为健康或减肥目标而跑步；闲暇义务（Leisure-Job），虽然自由选择活动，但活动主要由外在动机驱动，例如履行某些社会义务或责任；纯粹工作（Pure Work），活动主要由内在动机驱动，但参与者不认为是自由选择，比如那些人热爱他们的工作，但仍然必须完成工作任务；工作-义务（Work-Job），参与者感觉有一些自由，但活动由内外在动机混合驱动，比如教师可能喜欢教学，但教学之外也要满足学校和家长的期望；纯粹义务（Pure Job）：参与者感到完全被迫或受制于外在动机，没有自由选择的感觉。纽林格反对将休闲简单地视为工作之余的放松。他主张休闲和工作之间的关系是复杂而多样的，休闲具有其独立的重要性，而不仅仅是为了补充工作或恢复精力。他还强调休闲在个体幸福和自我实现中的重要性。他认为休闲活动不仅仅是消遣或娱乐，而是个体实现自我、感受自由和内在满足的重要途径。①

米哈里·契克森米哈赖（Mihaly Csikszentmihalyi）是积极心理学领域的先驱，他创造了"心流"（flow）这一概念来描述休闲的最佳体验状态，因而被誉为"心流之父"。1934 年 9 月 29 日，契克森米哈赖出生于意大利阜姆港（现属克罗地亚），匈牙利籍，22 岁移民到美国。1999 年加入加州克莱蒙特研究生大学（Claremont Graduate University）与同事珍妮·纳卡穆拉（Jeanne Nakamura）一起创立了生活质量研究中心（Quality of Life Research Center），该中心专注于心理学研究中

---

① John Neulinger, *The Psychology of Leisure: Research approaches to the study of leisure* (Springfield, IL: Charles C. Thomas, 1974), pp. 16 - 18.

可以提升人类福祉的领域，尤其是幸福感、积极性等议题。心流理论是他对休闲研究的核心贡献之一。心流指的是一种高度专注、全神贯注于某项活动的心理状态，在这种状态下，人们会感到时间飞逝、忘却自我，并体验到极大的满足感。休闲活动中最容易产生心流体验，比如运动、艺术创作、游戏和其他需要技能和挑战相匹配的活动。心流的产生依赖于特定条件，特别是活动中的挑战与个人技能之间的平衡。如果挑战过低，参与者会感到无聊；如果挑战过高，参与者则会感到焦虑。心流发生在挑战和技能平衡的状态下，使得参与者完全沉浸在活动中，体验到高度的满足感和成就感。契克森米哈赖认为休闲活动是获取心流体验的重要途径，因为这些活动往往是休闲者自愿选择的，并且在内在动机的驱动下深度参与活动。参与有意义的休闲活动对提升个人的生活质量是至关重要的。通过休闲活动，个人可以获得自我实现、技能提升，并且体验到高质量的心理满足。这些活动不仅帮助人们从工作压力中自我修复，也为他们提供了一个通过创造性和主动性来提升生活质量的途径。他还区分了主动休闲和被动休闲。主动休闲是指那些需要个人投入努力和注意力的活动，如运动、音乐、艺术等，这类活动更容易产生心流体验，从而带来更高的幸福感。被动休闲则是指那些不需要太多投入的活动，如看电视、无所事事等，这类活动虽然能够暂时缓解压力，但往往不会带来深度的心理满足感。除此之外，他还研究了社会环境对心流体验的影响。他发现，支持性的社会环境，如鼓励创新和个体表达的文化、友善和合作的社群，有助于人们更容易进入心流状态。反之，过度竞争、压力和焦虑的环境则会阻碍心流的产生。契克森米哈赖的研究揭示了在休闲活动中体验到的心流状态是如何提升个人的幸福感和生活质量的，他强调有意义的、主动的休闲活动是获得自我实现和长期幸福的关键途径。①

依索-阿霍拉（Iso-Ahola）在 20 世纪 80 年代提出了休闲动机理论，他深入探讨了人们参与休闲活动的动机，以及这些动机如何影响个人的行为和体验。他提出，休闲动机主要分为两类：逃避动机（escape motivation）和获得动机（seeking motivation）。逃避动机指人们通过参与休闲活动来逃避压力和负面情绪，而获得动机则指人们参与休闲活动是为了获得积极的情感和新的体验。休闲动机理论为理解人们的休闲选择提供了一个框架，揭示了参与休闲活动背后的心理驱动力。这一理论在休闲研究领域被广泛应用，用于解释不同人群的休闲行为模式。依索-阿霍拉还发展了休闲的补偿理论，提出人们往往通过休闲活动来弥补生活中的不足和失落。例如，一个人在工作中缺乏成就感，可能会通过休闲活动（如体育运动或艺术创作）来获得满足感和成就感，为理解休闲活动的选择和作用提供了新的视角，揭示了休闲活动如何帮助个体应对生活中的压力和挑战。他在研究中广泛运用了社会心理学中的实验设计、问卷调查和数据分析等实证研究方法，其研究成果具有较高的可信性和普适性，为休闲研究提供了坚实的数据支持和理论基础。②

二、应用社会学

法国社会学家乔弗里·杜马兹迪埃（Joffre Dumazedier）是休闲社会学的开拓者和奠基人之一，他的研究主要集中在休闲的社会功能及其在现代社会中的意义上，特别聚焦在工业化和

---

① Mihaly Csikszentmihalyi, *Flow: The Psychology of Optimal Experience* (New York: Harper & Row, 1990), pp. 75 – 77.

② Iso-Ahola, Seppo E, "The Social Psychology of Leisure and Recreation," *Nutrition Journal* 13: 46.1 (1980): 1 – 8.

城市化背景下，休闲对个人和社会的影响上。杜马兹迪尔将休闲定义为一种从受约束的职业活动中解脱出来的自由活动，其目的是消遣、休息、个人发展和社会参与。他将人们的生活时间区分为生存时间、工作时间和休闲时间。他认为，休闲可以被看作是非义务时间，即可以自由支配的或者空闲的时间，在这段时间里人们可以自由地选择自己愿意做的事情。杜马兹迪尔提出休闲具有三大主要功能：休息（rest），休闲提供从工作的压力和疲劳中恢复的机会，帮助人们恢复体力精神，为进一步的工作和生活做好准备；娱乐（entertainment），休闲活动通过提供愉悦和消遣，帮助个人在放松中获得心理上的满足和快乐；个人发展（personal development），休闲为个人的文化、教育、社会交往和自我实现提供了机会。通过休闲，人们可以学习新技能、培养兴趣、拓宽视野，并实现个人成长。杜马兹迪尔还自己创造了一个概念"准休闲"（Semi-Leisure），用于描述介于工作与休闲之间的状态，参与者在这些活动中虽然感受到某种程度的放松和满足，但同时也可能承担某种责任或任务。比如参与社区服务、园艺、爱好项目或家庭手工艺等，这些活动可以被视为休闲，因为它们是自愿选择的，通常带来乐趣和满足感；但也需要付出努力和精力，有时甚至需要一定的纪律或技巧，同时需要履行一定的家庭和社会义务。"准休闲"概念有助于帮我们更好地理解现代社会中休闲的多样性和复杂性，以及休闲与工作之间的过渡与交互关系。他指出，随着工业化的发展和劳动时间的缩短，休闲逐渐成为社会结构中不可或缺的一部分。在现代社会中，休闲不仅是个人生活的重要组成部分，也是社会凝聚力和文化传承的重要机制。他还研究了休闲活动的社会分布，指出休闲的形式和内容往往受到社会阶层的影响。不同阶层的人群由于文化资本、经济状况和教育背景的差异,其参与和体验休闲活动的方式也存在显著差异。他着重考察了工人阶级的休闲时间和活动形式,以及如何通过休闲促进社会平等和文化普及。他还预见到,随着生产力和技术水平的提高,社会必要劳动时间将进一步减少,休闲时间将会大幅增加,休闲在社会生活中的重要性也将进一步提升。他相信未来社会将更加重视休闲的教育和文化功能,使其成为促进社会进步和个人全面发展的重要力量。①

杰伊·纳什(Jay Nash)提出休闲层次学说,将休闲活动分为不同的层次,按照活动的价值和对个人发展的贡献进行区分。纳什的理论旨在帮助人们理解各种休闲活动的相对重要性和对个人成长的影响。最低层次的休闲被他划归为"破坏性休闲"(Detrimental Leisure Activities),指的是对个人和社会产生负面影响的休闲活动,包括酗酒、吸毒、赌博等可能导致伤害或违法的行为。这些活动不仅不利于个人发展,还可能损害社会秩序。其次是被动休闲(Passive Leisure Activities),包括看电视、看电影、无目的地浏览社交媒体等。虽然这些活动可能提供娱乐和带来放松,但对个人的智力或情感发展贡献有限,主要是消磨时间。再上一层次是情感休闲(Emotional Leisure Activities),这些活动能够激发情感和感官上的享受,包括音乐会、戏剧表演、阅读文学作品等。这类活动可以丰富情感体验,但不一定提供主动参与或创造性的机会。接下来是积极休闲(Active Leisure Activities),包括体育运动、游戏、旅游、手工艺等。这些活动需要个人的参与和努力,有助于培养身体和精神的技能,提高个人的健康和幸福感。最高层级的休闲被称为创造性休闲(Creative

---

① Joffre Dumazedier, *Toward a Society of Leisure* (New York: The Free Press, 1967).

Leisure Activities），这一层次的活动涉及高水平的创造力和个人成长，包括艺术创作、创新性设计、解决复杂问题等。创造性休闲不仅满足个人的兴趣，还能带来深度的满足感和成就感。①

加拿大社会学家罗伯特·斯特宾斯（Robert Stebbins）在 20 世纪 80 年代提出深度休闲（Serious Leisure）理论框架，用于研究人们如何通过深入参与某些休闲活动，发展出一种富有意义且充满挑战的生活方式，他不断创新与丰富这个理论框架，深度休闲目前已经成为休闲研究中的一个重要理论。斯特宾斯将深度休闲定义为个人通过追求一项具有挑战性和持久性的活动，投入大量时间和精力，并发展出相应的技能、知识和身份认同的过程。这些活动往往带有专业性质，但并不一定是职业活动。与一般休闲活动不同，深度休闲涉及长期的承诺和深度的参与。②他将深度休闲参与者区分为三种类型：1）业余爱好者（amateur），参与者虽然不是专业人士，但以类似于专业的态度和标准从事活动，如业余摄影师、业余音乐家等，斯特宾斯认为存在一个"专家-业余者-公众"（Professional-Amateur-Publics, P-A-P）系统，业余爱好者是连接公众与专家的重要纽带；2）嗜好者（hobbyist），参与者利用工作之余参与自己乐在其中的专门活动，其参与的目的只是为了得到技术和知识，并获得精神上的满足；3）志愿者（volunteer），参与者出于利他动机和公益心而进行的非职业性活动，如志愿服务、社区活动等。③他进

---

① Jay B. Nash, *Philosophy of Recreation and Leisure*（Dubuque, IA: Wm. C. Brown. 1953).

② Robert A. Stebbins, "Serious Leisure: A Conceptual Statement," *The Pacific Sociological Review*, Vol. 25, No. 2 (Apr. 1982): 251-272.

③ Robert A Stebbins, *Amateurs, Professionals, and Serious Leisure*（Montreal: McGill-Queen's University Press, 1992).

一步将深度休闲与一般的休闲活动区分开来，主要原因在于前者具有如下六个核心特征：1）坚持不懈（perseverance），参与者对活动有长期的承诺，愿意克服困难，持续投入；2）生涯性（career），参与者会将其在深度休闲活动中的进展视为一种"休闲志业"，其中包含不断提高的技能水平和知识积累；3）个人努力（significant effort），参与深度休闲活动通常需要投入大量的时间、精力和资源，以发展相关的技能和知识；4）持久利益（durable benefits），参与者从活动中获得的好处是长期的，包括自我实现、成就感、身份认同等；5）独特气质（unique ethos），深度休闲活动往往会发展出一种独特的个人气质，包括特定的文化、语言、规则和社交圈；6）社群认同（participant identity），深度休闲活动通常成为参与者身份认同的一部分，参与者会自认为是该领域的专家或热衷者而积极开展社交。斯特宾斯指出，深度休闲具有深远的社会和心理意义，通过参与深度休闲活动，个人能够获得自我实现、建立社会联系、提升生活满意度，并获得独特的身份认同。深度休闲不仅是个人消遣的方式，更是一种生活方式的选择，它为参与者提供了一个在职业生活之外实现自我价值的途径。①

美国社会学家约翰·凯利（John Kelly）在休闲研究领域的贡献主要体现在他对休闲的社会建构主义视角的强调，以及对休闲的社会角色、自由与意义的深入探讨上，为研究者理解休闲的本质、功能以及其在社会中的角色提供了独特的视角。他从社会建构主义的角度出发，认为休闲不是一个固定的、自然存在的概念，而是由社会和文化建构出来的。他

---

① Robert A Stebbins, *Serious Leisure: A Perspective for Our Time* (New Brunswick, N. J.: Transaction Publishers, 2006).

主张休闲的定义和体验是动态的，依赖于社会背景和个人处境。休闲活动中的体验和意义构建过程为个人生活赋予意义，休闲活动可以通过提供挑战、创造性表达和社交互动帮助个人构建积极的生活体验。这种意义的构建不仅有助于个人的心理健康，还能增强社会凝聚力和文化认同。因此，理解休闲需要考虑社会结构、文化规范、经济条件等多方面的因素。他指出，休闲在社会生活中扮演重要角色，不仅是个人的放松和消遣时间，更是社会互动和文化表达的重要场所。他非常关注休闲与社会平等的内在关系，休闲活动往往反映了社会中的权力关系、性别角色、阶层分化等社会结构，不同社会群体在休闲活动中的机会和资源分配有所不同。休闲不应仅仅是富裕阶层的特权，而应成为所有社会成员都能享受的权利。他的研究揭示了社会阶层、种族、性别等因素如何影响个人的休闲机会，并呼吁政策制定者关注休闲资源的公平分配，以促进社会正义。通过休闲参与，人们可以积极干涉社会生活，表达身份、建构社区，并影响社会规范向更加公正的方向发展和变化。凯利尤其强调休闲与自由之间的关系，真正的休闲应该基于个人选择和内在动机，而非外在压力或社会期望。这种自由的休闲体验能够促进个人的自我实现和心理满足。因此，休闲的质量不在于活动本身，而在于是否符合个人的兴趣、价值观和生活目标。凯利的研究工作推动了对休闲的复杂性和多维度理解，促进了休闲研究在社会学、心理学和文化研究中的跨学科发展。[1]

---

[1] John R Kelly, *Leisure* (Englewood Cliffs, NJ: Prentice-Hall, 1982); *Leisure Identities and Interactions* (London: Allen & Unwin, 1983).

三、产业经济学

二战结束后,休闲和旅游业得到迅猛发展。一方面,休闲和旅游业的发展为目的地社会带来了额外收入,增加了就业机会,丰富了文化交流的内涵,但另一方面,外来游客也带来了噪声、污染和拥堵,尤其是过度旅游(over tourism)所产生的负面影响越来越受关注。许多研究者开始关注旅游所带来的经济、社会和政治等方面的后果,并尝试着以定量和实证的方式来描述和评估这些影响。

美国得克萨斯农工大学教授约翰·克朗普顿(John Crompton)是休闲、旅游和公园管理领域的全球知名学者,他的研究涵盖多个领域,包括休闲和旅游的经济影响、市场营销、公共政策和社会效益分析等。他在休闲经济分析领域提出了多种模型和方法,用于衡量休闲和旅游项目对当地经济的影响,包括就业、收入和税收,帮助地方政府和组织更好地理解和宣传旅游业的经济价值。克朗普顿提出的这些模型和方法主要用于评估旅游和休闲活动对地方经济的影响。这些模型和方法主要包括:(1)花费-收入乘数模型,克朗普顿使用乘数效应理论来评估旅游和休闲活动对地方经济的影响。他通过计算游客在当地的花费,乘以乘数效应,以估算出这些活动带来的总经济效益。这种方法能够衡量直接和间接的经济影响。(2)利益相关者分析,他开发了一种系统性的方法来识别和评估旅游项目对不同利益相关者的影响。这包括当地居民、游客、企业、政府和其他相关团体。通过这种方法,可以帮助管理者更好地理解项目的全面影响,并制定更具包容性的政策。(3)成本效益分析,他将成本效益分析应用于休闲和旅游领域,比较项目的预期收益与成本,以确定项目的经济可行性。这种方法有助于确保资源的有效配置，并最大化项目对社会和经济的贡献。他将机会成本纳入目的地开发成本的考量中，机会成本就是目的地资源用于旅游和休闲项目开发时所牺牲的其他可能用途。他通过这种分析，帮助决策者在多个竞争项目之间作出最优选择。克朗普顿对于上述这些模型和方法的应用为休闲和旅游产业提供了实用的研究工具，使得从业者和决策者能够更准确地评估项目的经济价值，并为政策制定和项目实施提供了科学依据。[1]

乔纳森·格舒尼（Jonathan Gershuny）是休闲经济研究领域的代表学者之一，他的研究主要围绕时间使用、工作与休闲的平衡以及社会经济变化对休闲时间的影响等主题，他清晰地解释了为何休闲经济在当今社会能够扮演日益重要的角色。格舒尼指出，由于技术进步和管理革新，生产方的劳动效率不断提升，这一方面为工人带来更高的收入，另一方面也减少了工作时间。人们用于日常必需品开支的比例在逐渐减少，把更多的消费用于满足生存非必要需求，最主要的就是用于各类休闲活动的开支。这也就引发了休闲产业的快速增长，从而创造出更多的产品、服务和工作岗位。他的研究显示，从1971年到1996年，英国消费者的总消费额增长了大约75%，其中，休闲产品和服务的增长幅度大约是100%，在总消费的占比从22%提升到了26%。[2] 需要指出的是，无论在国内还是国外学界，关于休闲产业的界定存在很大争议，休闲和旅游业的边界并不清晰，这也给定量和实证研究带来了一定的困扰。但无论边界如何划分，在不同的分类方法下，休闲产业的发展趋势是一

---

[1] John L. Crompton, *Financing and Acquiring Park and Recreation Resources* (Champain, IL: Human Kinetics, 1999).

[2] Jonathan Gershuny, *Changing Times: Work and Leisure in Postindustrial Society* (Oxford: Oxford University Press, 2000).

致的。

　　美国学者理查德·佛罗里达（Richard Florida）是著名的城市研究和创意经济研究学者，他的主要研究对象与休闲经济高度重合。他最著名的研究成果是创意阶层理论（Theory of Creative Class）。他认为，在知识经济时代，经济增长和城市发展的驱动力来自一群具备高创新能力的"创意阶层"，包括科学家、工程师、艺术家、设计师和其他知识工作者。他的这一理论指出，创意阶层的分布与城市的文化、技术和人才吸引力密切相关。在此基础上，他提出了"三T"理论，即技术（Technology）、人才（Talent）和宽容度（Tolerance），他认为这三个因素是决定一个城市是否能够吸引和留住创意阶层的关键。技术代表一个城市的创新能力，人才是指具有高教育水平和技能的工作者，而宽容度则是指城市对多样性和包容性的态度。他还研究了城市的经济发展与生活质量之间的关系。佛罗里达指出，拥有丰富文化生活、高水平教育和良好城市规划的城市更容易吸引创意阶层，从而推动经济增长。他强调，城市应注重改善居民的生活质量，以吸引和留住人才。① 在近年来的研究中，佛罗里达开始关注创意经济带来的社会不平等问题。他指出，创意阶层的聚集虽然能够带来经济增长，但也可能加剧城市内部的收入和机会不平等，尤其是对创意阶层导致城区"士绅化"（gentrification）现象的警惕和关注。"士绅化"也可以被理解为"中产化"，是指城市中的某些区域经历经济和社会变革的过程，包括房地产价格的上涨、商业环境的改变，以及新兴产业的进入。这些变化可以为本地社区带来经济活力，但也可能导致原居民的经济负担加重，甚至

---

　　① Richard Florida, *The Rise of the Creative Class: And How It's Transforming Work, Leisure, Community and Everyday Life* (New York: Basic Books, 2002).

被迫迁移。士绅化将会对本地社区的社会结构产生深远影响，包括人口结构的变化、社区文化的转变，以及社会网络的重组。佛罗里达呼吁政策制定者应该高度关注休闲经济发展的多样性和包容性，避免文化同质化，努力缩小社会差距。

第5节 休闲研究的批判主义路向

一、美国学者的代表性观点

美国学者查尔斯·布莱特比尔（Charles Brightbill）是20世纪休闲研究的先驱者，他在1960年代分别发表了《休闲的挑战》（*The Challenge of Leisure*，1960）、《人类与休闲：一种娱乐的哲学》（*Man and Leisure: A Philosophy of Recreation*，1961）和《以休闲为中心的教育》（*Educating for Leisure-Centered Living*，1966），对理解休闲的重要性和社会功能作出了重要贡献。在《休闲的挑战》和《人类与休闲》中，他强调了休闲对于个人发展和社会稳定的重要性。他认为休闲不仅是放松和娱乐的手段，更是一个培养个人兴趣、发展技能和促进社会参与的重要渠道。他还指出，休闲是平衡现代社会中工作与生活压力的关键因素，有助于维持身心健康，参与休闲活动对个人的整体幸福感和生活质量有积极影响。休闲活动为社会成员提供了一个平台，有助于促进社区凝聚力，增加社会联结，使不同背景和兴趣的人能够相互交流，建立友谊，增强社区归属感。此外，休闲活动还可以反映和影响社会价值观和文化，可以成为社会变革的工具，通过参与休闲活动，个人可以更加了解和认同自己的文化背景。如同书名所显示的那样，布莱特比尔主要在书中展望了未来休闲领域可能面临的挑战，包括技术进步、人口变化和环境问题等。他强调，休闲研究和实践需要适应这些变化，寻找新的机会和解决方案。

布莱特比尔尤其关注休闲与教育的问题，在《以休闲为中心的教育》一书中，布莱特比尔探讨了如何通过教育来培养以休闲为中心的生活方式。他在书里提出面向未来的生活方式应该从以工作为中心转向以休闲为中心，休闲教育是促进上述转型实现个人全面发展的关键。他强调教育不仅应该关注职业和学术成就，更应该关注个人在休闲活动中的技能获取、兴趣培养和价值观建立，要考虑到不同文化背景下人们的独特需求和兴趣，鼓励休闲教育中的多元化和包容性。他呼吁，现代社会不能只关注工作伦理的普及，而忽视了休闲伦理的教育，教育工作者和政策制定者应该思考如何适应技术进步所带来的变化，为人们创造更加丰富和有意义的休闲机会，应该高度重视以休闲为中心的公共教育、个人生活质量和社会福祉。[1]

美国政治学家塞巴斯蒂安·德·葛拉切亚（Sebastain de Grazia）于1962年发表了他最著名的著作《论时间、工作和休闲》（*of Time, Work and Leisure*），从政治哲学的角度着重探讨了休闲的意义以及它在现代社会中的作用。他对当代休闲生活的总体态度是很悲观的。他认为商业意识的普及和人们对工作及技术的疯狂迷恋是现代社会的精神症状，在新教伦理盛行的美国社会，休闲不再是一种崇高的生活理想，而是为了补偿工作付出的娱乐活动，幸福生活被理解为物质生活的不断满足和不满足的过程。更令人担忧的是，社会大众对这一危机毫无觉

---

[1] 布莱特比尔的《休闲的挑战》和《以休闲为基础的教育》对休闲对人类价值和情感、人的知识结构等方面的影响进行了深入探讨。

察，人们主动放弃自主性、深层次的思考方式，乐于沉浸在肤浅的快餐式娱乐中，对自己当下的生活状态相当满意。与此同时，大众对知识分子和精英阶层的批判性观点相当不满意，认为这是干涉了他们支配休闲的自由和平等权利。就此而言，葛拉切亚是相当绝望的，他在书中写道："我们改造了文明和生活，为的是要赢得时间和找到休闲，但我们输了。我们甚至连当初的起点都回不去，我们失败了。最糟的是，我们建立了一整套体制、形成了一系列习惯，像喜马拉雅山一样横亘在我们与过去和未来之间。"① 他只能从过去的智慧中寻找慰藉。他从古希腊的休闲观念开始，追溯了古典休闲观念的发展和消失，并指出了正是当代社会扭曲的价值观为人们正确理解休闲带来阻碍。葛拉切亚认为，根据古希腊的观点，休闲不仅仅是从工作中解放出来的时间，而是一种积极的生命状态，包含了内心的自由和自主性。休闲是一种"被占用的时间"，但这种占用不是由工作或外在压力所驱动，而是出于个人的兴趣和内在的动机。他强调休闲对个人和社会的重要性，认为休闲是人类发展的核心。通过休闲，人们可以进行自我反省、培养兴趣爱好、参与文化活动和享受生活，这些活动对个人的成长和社会的进步都有积极的影响。葛拉切亚批评现代社会中工作和消费文化对休闲的侵蚀。他认为，现代社会把大部分时间用于生产和消费，导致人们的闲暇时间被极大地压缩和腐蚀，休闲的真正价值被遗弃。只有正确的教育和价值观塑造才能引导美国社会走出当代的休闲"迷误"，大众必须清楚地认识：世界不是征服的对象，它是值得人类赞叹的对象，每个人都有机会在宇宙万

---

① Sebastian de Grazia, *Of Time, Work and Leisure* (Hartford, Connecticut: The Twentieth Century Fund, 1962), p. 327.

物的簇拥下找到自己的定位，去完善自由、自主、自足的个人生命，这才是休闲需要完成的任务。进而他指出，政府和社会政策应该支持和促进真正的"休闲阶层"的发展，为公民提供更多的休闲设施和活动，在教育、城市规划和文化政策中引入关于休闲的考量，有目的地培养懂得智慧地利用闲暇时间的社会阶层，这些人将喜欢思考、富于幻想，乐于创造并传播高级文化，帮助更多的社会成员更好地利用闲暇时间。

沃尔特·科尔（Walter Kerr）在1962年出版的著作《快乐的衰退》（*The Decline of Pleasure*）中，表达了对现代社会中"休闲"概念的批判性观点。科尔的论述主要围绕着休闲与快乐的关系，以及现代人如何误解和滥用休闲时间。他认为，随着现代社会的发展，真正的快乐逐渐消失，休闲的本质也随之衰退。在他看来，消费主义极大地影响了现代人的休闲方式。人们的休闲时间越来越多地被商业和娱乐产业所占据，变成了被动的消费行为，而不是主动的、创造性的活动。这种被动的休闲方式使人们逐渐失去了对快乐的感知能力。休闲不再是让人们从中获得满足和幸福的活动，而是变成了一种消费性、机械化的行为。科尔进一步指出，这种变化导致人们无法真正享受休闲，也失去了从中获得快乐的能力。科尔倡导回归一种更简单、更有意义的休闲方式，这样的休闲能够真正促进个人的幸福和内在成长。休闲不仅仅是工作之余的放松，而是一种具有深远意义的生活方式。他的观点在休闲研究中具有重要意义，尤其是他对休闲的价值和功能的重新思考。①

尼尔·波兹曼（Neil Postman）是美国著名的文化批评家、教育学者和媒介理论家，他的工作主要集中在对媒介技术、教

---

① Walter Kerr, *The Decline of Pleasure* (New York: Simon & Schuster, 1962).

育以及文化的批判性分析上。1985年，波兹曼发表了他个人最有影响力的著作《娱乐至死》(Amusing Ourselves to Death)，他在这本书中批判了现代媒介文化，尤其是电视和娱乐文化对公共话语和社会的侵蚀。波兹曼认为，不同的媒介传递信息的方式决定了信息的内容和我们对信息的理解，每一种媒介都有其特定的倾向性或隐喻方式，它决定了媒介中传递的信息的性质和文化形态。印刷媒介鼓励逻辑、理性和深入的分析，而电视作为一种视觉媒介，更倾向于娱乐化和浅层化的信息传播，以迎合观众的感官需求。电视的视觉性和娱乐性导致了新闻、政治、宗教和教育等领域的内容逐渐被简化和表演化，失去了原有的严肃性和深度。电视通过短暂的、情绪化的图像和声音片段来传递信息，削弱了人们对复杂问题的理性理解。波兹曼批判性地指出，电视时代的文化特征是"娱乐至上"，在电视时代，几乎所有的公共话语都被娱乐化，变成了吸引观众注意力的表演。政治家、新闻主播、教育者等角色不再被寄望提供严肃的内容，而是被要求成为表演者，以娱乐的方式来传递信息。电视文化不仅影响了娱乐和消遣，还侵蚀了民主社会中的重要机制，如公共辩论、教育和新闻。他警告说，当娱乐成为社会的核心价值时，公民失去了对严肃公共事务的关注和讨论能力，导致社会对重大问题的理解和参与逐渐弱化，最终可能导致民主的衰退。波兹曼建议教育机构应该通过培养批判性思维和历史意识来抵抗电视文化的负面影响，他主张教育应当重视传统的读写能力，鼓励学生通过书籍和印刷文字来理解世界，培养他们的逻辑思维能力。社会也应该通过媒介素养教育，帮助人们更好地理解不同媒介的影响和偏向性，增强公民对媒介信息的批判性分析能力。

美国政治学家罗伯特·普特南(Robert Putnam)以其对社

会资本的研究而闻名，尤其在休闲活动与社会资本的关系方面作出了重要贡献。2000年发表的《独自打保龄》是普特南最著名的著作之一。普特南认为，民主质量的好坏或民主制度的绩效，可以从公民社会的运转状况中得到解释，如果某一个社会的民主运转出了问题，那一定是公民社会出了问题。在这本书中，普特南通过大量数据分析了美国社会资本的衰退，当代美国人，似乎不再愿意把闲暇时间用在与邻居一起喝咖啡聊天，一起走进俱乐部去从事集体行动，而是宁愿一个人在家看电视，或者是独自去打保龄球。他使用"独自打保龄球"这一比喻，描述了美国人在休闲活动中的参与方式从集体转向个人化。普特南认为，集体性的休闲活动，如加入俱乐部、参与社区活动和团体运动，有助于建立社会资本，因为这些活动促进了人与人之间的信任、互助和社会网络的形成。相反，个人化的休闲活动，如独自打保龄球、看电视等，虽然提供了娱乐和放松，但无法有效地促进社会联系和社区参与，反而可能会导致社会资本的衰退。普特南进一步探讨了休闲活动变化对政治参与的影响。他发现，随着集体休闲活动的减少，公民的政治参与度也在下降。这种现象部分归因于人们减少了面对面的互动和讨论，导致公共事务的关注度降低，以及集体行动能力的削弱。普特南特别强调电视作为一种休闲形式对社会资本的负面影响。他认为，看电视是一种高度个人化的休闲活动，它占用了大量本可以用于社交互动和集体参与的时间。普特南的研究显示，电视的普及与集体休闲活动的减少和社会资本的衰退有着密切的关系。尽管普特南在《独自打保龄》一书中主要讨论了电视的影响，但他也提及了现代科技如互联网对休闲活动的影响。随着互联网的普及，人们的休闲活动进一步个体化，尽管互联网提供了新的社交机会，但它也可能导致面对面互动的减少，从而影响社会资本的积累。普特南呼吁通过政策和社区组织来重建社会资本。他建议鼓励集体休闲活动，如推广社区体育、文化俱乐部和志愿者活动等，以促进人与人之间的联系和合作，从而恢复和增强社会资本。

事实上，普特南所提出的问题，不只美国才有，如今在大街小巷随处可见"低头族"，课堂上越来越多盯着屏幕沉默不语的大学生，家庭亲友聚会时开启人手一台手机的拍照秀朋友圈模式，这体现了普特南思想的预见性，也许我们更应该基于身边经验写一本《独自刷手机》，不知道能否在调研中获得超越普特南思想的灵感。

二、法兰克福学派的文化批判

法兰克福学派指的是 1923 年在德国法兰克福社会研究所成立以后，在这里工作的一个以"批判理论"为标识的学术群体，代表人物有马克思·霍克海默（Max Horkheimer）、西奥多·阿多诺（Theodor Adorno）、瓦尔特·本雅明（Walter Benjamin）和赫伯特·马尔库塞（Herbert Marcuse）、尤尔根·哈贝马斯（Jürgen Habermas）等人。法兰克福学派的学者们研究领域很广泛，但他们的思想谱系之间具有一些基本共识，比如他们都运用马克思主义哲学作为理论武器，他们都强调对当代社会的文化现象进行分析，他们激烈地抨击苏联理论家们对于马克思哲学的僵化理解。由于德国纳粹主义兴起，法兰克福学派的主要成员有很多是犹太人，他们在二战期间流亡到美国，1949 年重返法兰克福，直到 1969 年研究所正式关闭。法兰克福学派的影响一直延续至今日。

法兰克福学派的问题起点是，为何在大多数发达资本主义国家里并未爆发工人阶级革命？他们的答案是：资本主义的文化工业成为社会奴役的隐形工具,它不仅为资本主义创造剩余价值,还麻痹瓦解无产阶级的革命意识,维持社会稳定。他们认为,文化产业稀释了社会公众的反抗意识,电影、唱片、歌舞、电视等大众媒介和文化娱乐制品变成了现代社会的麻醉剂和控制器,资本主义通过意识形态控制把人们变成顺民。霍克海默和阿多诺在《启蒙的辩证法》(*Dialektik der Aufklarung*)中反复强调,文化产业的总体作用是反启蒙的,现代社会的文化工业通过大规模生产和传播娱乐产品,大规模占据了社会公众的休闲领域,严重阻碍个人自主独立的发展,使得个体逐渐丧失了有意识的独立判断能力,最终陷入消费主义和资本主义的奴役之中。

法兰克福学派的另一位代表性人物马尔库塞曾经是美国60年代社会运动的思想领袖,他在《单向度的人》(*One-Dimensional Man*)中指出,休闲被刻意地设计成有益无害、安抚情绪的活动,目的是缓解工作中的压抑,帮助资本主义建立以依赖和顺从为核心的劳动伦理,以便实现工业社会的无情统治和无限盘剥。马尔库塞提出"伪需求"的概念,即人们在休闲中被鼓励去追求那些并非真正必需的、由社会和文化工业人为制造的需求。这些"伪需求"使个体陷入无止境的消费循环,难以追求更高层次的自我实现和社会变革。

本雅明认为,现代社会的发展和资本主义的扩张对人们的日常生活和休闲活动产生了深刻影响。他认为,现代休闲方式在很大程度上被商品化和制度化,个人的休闲体验变得越来越被动和标准化,这在一定程度上限制了个体的自由和创造力。他在《机械复制时代的艺术作品》(*Das Kunstwerk in Zeitalter seiner technischen Reproduzierbarkert*)中讨论了技术对艺术和文化的影响,他认为摄影和电影等技术的发明和应用对艺术作品产生了深刻影响。机械复制技术改变了艺术作品的本质,因为它们不再是独一无二的,而是可以被无限复制的。这种复制打破了艺术作品传统的"灵韵"(aura),即其独特的存在价值和时间性。"灵韵"是指艺术品独特的历史背景和美学地位,代表着权威性和神圣性,而机械复制技术使得艺术品变得平庸化和大众化,也改变了人们对艺术的感知方式。艺术品不再仅仅是为了观赏和崇拜,而成为一种新的社会实践和政治工具。例如,电影作为一种新媒介,可以通过剪辑和特效来表达新的观念和思想,从而对观众产生更直接的影响。机械复制时代的艺术应该服务于政治目的,帮助启发群众,促进社会变革。他呼吁艺术家和知识分子利用技术手段来挑战和改造现存的社会结构。他还认为,休闲时间是人们回忆过去、激发想象力的重要时刻,然而,现代社会中标准化的休闲活动,尤其是摄影技术的普及,大大压抑了这种创造性的回忆和想象,也抹杀了人们在休闲中对于当下的时间体验和生命感知,取而代之的是按动快门,用强制性的时光驻留术来置换本真的生命之流。

哈贝马斯是德国当代最重要的哲学家之一,也是法兰克福学派第二代的中流砥柱。1962 年,哈贝马斯在《公共领域的结构转型》(*Strukturwandel der Öffentlichkeit*)中讨论了公共领域的重要性,他将公共领域定义为社会人士可以自由讨论公共事务的空间,比如在 18 世纪的欧洲,特别是在英国、法国和德国,随着资本主义和资产阶级的兴起,咖啡馆、沙龙、俱乐部等场所成为公共讨论的中心。在这些地方,个人能够基于理性讨论和批判,影响公共决策和政策制定。由此可见,公共领域是一个让个人在平等的基础上交流、辩论和协商的空间。哈贝马斯强调了公共领域与私人领域的分离,这种分离是资产阶级社会的重要特征。公共领域的独立性使得公众能够对国家权力进行监督和批判，从而推动民主和法治的发展。随着 19 世纪末和 20 世纪初的社会、经济和政治变化，公共领域经历了结构性的转型。大众媒体和文化工业的兴起使得公共领域被商业化和政治化，公共讨论被操纵和控制，公民的参与受到削弱，公共领域逐渐失去了原有的功能。在这个意义上，休闲可以被视为参与公共生活和公共讨论的重要时刻，休闲活动是促进公共领域形成的一个重要部分，如何在休闲中重建公共领域，是当代休闲研究学者们需要认真思考的问题。

1981 年，哈贝马斯在《交往行为理论》（*Theorie des Kommunikativen Handelns*）提出了生活世界（Lebenswelt）和系统（System）的概念。生活世界指的是人们日常生活中自然而然地参与、交流和理解的世界，它是一个包含了文化、社会结构和个人经验的综合体。生活世界是人们在交往中互相理解和解释的背景，它不依赖于特殊的理论或技术系统，而是基于共同的背景知识、传统和信念。系统则是指经济和行政等制度化的社会结构，通过货币和权力等媒介进行协调和控制。相比之下，生活世界是更为人性化和交互性的领域，强调人与人之间的理解和沟通。生活世界在哈贝马斯的理论中具有维持社会整合和个人认同的功能。它是社会规范和价值观的载体，支持着社会成员的社会化过程，并为社会变革提供了潜在的基础。随着现代化的推进，生活世界逐渐被系统（如市场经济和官僚制度）所殖民，导致个体的自主性和社会交往的真实性受到侵蚀。这种殖民化也可能渗透到休闲领域，使得休闲活动变得工具化、商品化，从而丧失了其本应具有的自发性和自主性。这种侵蚀和殖民是如何发生的呢？哈贝马斯进一步区分了交往理性（kommunikative vernunft）和工具理性（instrumental vernunft），交往理性是指在交流过程中，个体寻求通过真诚的对话和理解达成共识，而非通过操纵或强迫手段达到目的。工具理性则侧重于效率和目标达成，常见于系统逻辑，如市场经济和官僚体系。交往理性和工具理性是现代社会中两种不同的行为逻辑。交往理性基于平等、理解和共识，工具理性则基于效率和目标达成。在现代社会中，这两种理性有可能发生冲突：工具理性会侵蚀交往理性的空间，将生活世界中的自由交流变成纯粹的目标导向的活动。这就是哈贝马斯所谓的"生活世界的殖民化"，即系统逻辑（例如市场和官僚制度）对生活世界的入侵。哈贝马斯进而强调恢复交往理性和生活世界的正当性，他提出了"理想的言语场域"的概念，描述了一种没有权力不平等和操纵的理想对话环境。在这种环境中，每个人都可以平等地参与讨论，表达观点，并受到尊重。哈贝马斯的思想为理解休闲活动在现代社会中的意义提供了深刻的理论视角，特别是关于公共领域、生活世界与系统的关系，以及交往理性的运用等方面，他批评了大众传媒和文化工业发展对公共领域自主性和批判性的侵蚀，并呼吁重建一个能够真正反映公众利益和意愿的公共领域，这些思考为休闲研究提供了重要的启示。

三、伯明翰学派的文化研究

伯明翰学派（The Birmingham School）起源于1960年代的英国，因伯明翰大学当代文化研究中心（Centre for Contemporary Cultural Studies）而得名，也被称为"文化研究学派"，代表人物有理查德·霍加特（Richard Hoggart）、斯图亚特·霍尔（Stuart Hall）、厄内斯特·盖尔纳（Ernest Gellner）、戴维·莫利（David Morley）和约翰·费斯克（John Fiske）等人。伯明翰学派的研究领域非常广泛，涉及哲学、社会学、政治经济学、文化人类学、文艺理论批判、传媒理论、艺术史与艺术评论等，问题领域的广泛并不意味着缺乏聚焦点,恰恰相反,他们总是能够将文化现象与社会阶级、意识形态、种族和性别等社会政治背景相联系,并进行深入探讨。因而,有人说阶级、种族和性别构成了伯明翰学派文化研究的"三位一体"。伯明翰学派批评法兰克福学派的精英主义倾向,强调对鲜活的文化现象进行研究,比如电视、音乐、电影、文学、广播、广告、报刊等,探讨这些文化现象是如何反映和影响社会结构的。他们强调文化不仅是被动反映社会现实的产品,也是积极参与塑造社会意义和意识形态的力量。该学派对青少年亚文化的研究尤为著名。他们探讨了不同的亚文化群体——如朋克、摩登族、光头党等——如何通过特定的文化表达方式——如服饰、音乐、语言——来抵制主流文化,形成自己的身份认同和社群意义。伯明翰学派也在媒体研究方面作出了重要贡献。他们关注大众传媒如何通过符号和叙事来传播意识形态,霍尔提出的"编码-解码"模型(Encoding/Decoding Model)将传媒内容区分为文化产品的生产过程和消费过程。前者是生产者(编码者)通过象征事物的选择和加工,将社会事物加以"符号化"和"赋予意义"的过程,这个过程并非生产者的任意加工,而受到受众偏好的约束。后者是受众(解码者)接触媒介信息,进行符号解读,解释其意义的过程,受众的符号解读过程也不完全是被动的,相反可以对文本作出多种多样的自主性理解。借由这种分析方式,伯明翰学派揭示了大众传媒对塑造观众理解和构建社会现实的复杂过程,大众传媒的信息传播过程往往是误读和扭曲的过程,体现了资本主义社会占支配地位的文化与各从属文化之间的支配、妥协和对抗关系,也就是所谓的"意义空间中的阶级斗争"。伯明翰学派特别推崇跨学科的研究方法,将社会学、文学研究和历史研究等领域结合起来,使用文本分析和民族志分析等方法深入理解文化现象及其社会背景。他们反对文化研究中的机械决定论，强调文化现象不能简单地被视为社会结构的直接反映，而是一个复杂的、动态的领域，其中包含了冲突、抵抗和权力关系。

霍尔是伯明翰学派最重要的核心人物，在文化研究、身份认同和媒体研究等领域作出过许多重要贡献。除了"编码-解码"模型之外，霍尔在文化认同和身份政治方面的研究也是非常深入的。他认为身份认同不是一个固定的实体性内容，而是一个动态的、多层次的、不断变化的过程，受到个人经历、社会环境和文化变迁的影响，这一观点有助于理解多元文化社会中的身份构建和文化冲突。

费斯克聚焦于大众文化的受众及其消费过程的研究，他主要的学术贡献在通俗文化研究和双重经济理论上。他认为，一个文本要成为大众传播的热门话题，除了包含生产者的主导观念之外，还必须包含反驳这种主导观念的机会。因为，大众无法直接生产表达自己观念的文化商品，但他们可以利用传媒提供的文本，在此基础上积极创造属于自己的文化，即通俗文化。通俗文化不是被动地反映主流文化和权力结构，而是以具有抵抗性和反叛性的方式进行再创作。当承载通俗文化的文本进入流通领域之后，就脱离了文本制作者的控制，而成为受众创造自己意义的文化资源。受众惯于采用"偷猎"的方式形成自己的通俗文化，用以对抗主流价值观和权力结构，这种途径对于被边缘化的群体而言尤其重要。费斯克在《理解大众文化》（*Understanding Popular Culture*）一书中，提出了"金融经济"和"文化经济"。在金融经济中，文化产品被视为商品，其价值在于经济回报和市场价值。文化产品的生产者、媒体公司、广告商等都参与了这一经济体系。文化产品在金融经济中的运作方式类似于其他商品，受到市场供求关系的影响。其成功与否主要通过销售额、广告收入和其他经济指标来衡量。金融经济主要由大公司和资本主导，他们控制着文化产品的生产、分销和定价。文化产业中的权力关系也由这些经济力量所塑造。与金融经济不同，文化经济强调文化产品的意义和价值，这些价值并不总是与其经济价值相符。文化产品在文化经济中具有社会意义和文化影响力。在文化经济中，观众被视为积极的参与者，他们通过对文化产品的解读和再创造来生产新的文化意义。这种互动超越了简单的商品交易，体现了文化产品在社会中的传播和影响。文化经济提供了一个空间，让边缘群体或亚文化团体能够对主流文化的权力和意识形态进行抵抗或重新诠释。观众的文化消费行为不仅是对产品的接受，还包括对其进行适应和改造。费斯克通过双重经济理论挑战了将文化产品视为单纯商品的传统经济学观点，强调了文化产品在社会文化生活中的重要性，揭示了大众文化如何在不同层面上运作和被理解。他强调，虽然文化产品被商品化，但其在文化层面上的意义和影响却是多样且复杂的。观众在文化经济中扮演着重要角色，他们的解读和再创造赋予文化产品新的生命和价值。

四、法国后现代主义的社会研究

（一）列斐伏尔论休闲与休闲空间的革命

亨利·列斐伏尔（Henri Lefebvre）是法国著名的哲学家、社会学家和马克思主义理论家，一生中共出版著作 60 余部，发表论文 300 余篇。在其 1947 年出版的《日常生活批判》（*Critique of Everyday Life*）一书中，他创造性地结合了超现实主义、法国的黑格尔主义、尼采和存在主义等思潮，基于马克思异化理论开展对日常生活领域的批判，被誉为"日常生活批判理论之父",他留下的精神遗产对日常生活和休闲研究具有深远的影响。列斐伏尔认为,日常生活和休闲不仅仅是个人活动或简单的生活现象,而是社会结构和权力关系的反映。现代资本主义社会中的日常生活被商品化和异化,将人们的生活分割为工作时间和非工作时间,将日常生活压缩成一种被动的消费行为,个体在日常生活中失去了自我创造的能力。他指出,在资产阶级社会里,日常生活被划分为工作、家庭和私人生活、休闲这三个部分,这种表面上的分离掩盖了深层上的统一,即"工作-休闲"统一体。在这个统一体中,无论在工作还是不工作的时间里,都是按照同样的逻辑来筹划活动的,就是异化的逻辑。在这里,列斐伏尔特别提到了杜马兹迪尔关于休闲的调查研究,并对他所提出的休闲观点充满揶揄之情。他指出,资本主义社会为了维持"工作-休闲"统一体的有效运转,必然会建立起一种制度性"突破",突破生产逻辑中的标准化和墨守成规,休闲就是这种"突破"。人们要求在休闲中不要增添任何新的担忧、义务或责任,而增添更多娱乐内容,"从工作中解放出来和享受生活是闲暇必不可少的特征"①,人们倾向于拒绝承认休闲中包含任何工作或义务,他在这里显然是在调侃杜马兹迪尔所提出来的"准休闲"的概念。"他们怀疑那些可能显示出具有教育意义的任何休闲,他们更加关注闲暇的消遣、娱乐、休息的方面,关注闲暇对日常生活的困苦的可能补偿。"② 因而这样的日常生活也是被异化的日常生活。休闲在日常生活中表现为非日常,是一种被构造出来的生活方式,它的意义只在于

---

① [法]亨利·列斐伏尔:《日常生活批判》(第一卷),叶齐茂等译,社会科学文献出版社,2018年,第30页。
② 同上。

"不工作",而这种"不工作"的非日常状态,其实完全从属于日常生活中的异化逻辑。

那么,问题来了,生活在当代社会的人们如何才能恢复到未被异化的生活状态呢?列斐伏尔把注意力转向日常生活的微观突围,他用感性的笔触生动地描述了法国乡村的节日庆典。人们疯狂地载歌载舞来庆祝丰收,用节庆驱散日常生活的压抑。列斐伏尔敏锐地领悟到,狂欢节不仅仅是一场聚会或者一个节日,而是被压迫者的对抗文化,是对压制性社会结构的一种象征性和不屈服的抵抗,是农民用他们自发的智慧和技术来保护人与自然的平衡和人性的本真,所以,"农民社会紧紧抱住它自己的传统不放,强化巫术和礼仪的作用"[1]。在乡村的节日庆典中,"大自然被人化了,它有着各种各样的'神秘'力量,这些力量是通人性的,就在人的身边。然而,这些力量同时又是奇妙的、遥远的、危险的,这些力量是独立的,但是它们又同时合成一体"[2]。列斐伏尔发现,未被现代化摧残和扭曲的乡村节日实际上蕴含着巨大的生机,它是打破"工作-休闲"统一体,重新用生命意志来整合日常生活的鲜活例证。"可以肯定,从一开始,节日庆典就与日常生活形成了鲜明的对比,但是,节日庆典没有与日常生活分开。节日庆典就像日常生活一样,不过是更精彩而已;在节日庆典中,现实社会、食物、与自然的联系,亦即劳动,结合了起来,日常生活的各种瞬间结合在一起,被加强了和夸大了。依然沉浸在直接的自然生活之中的人,一方面用他初级的和困惑的思想'表达'他与自然和宇宙

---

[1] [法]亨利·列斐伏尔:《日常生活批判》(第一卷),叶齐茂等译,社会科学文献出版社,2018年,第190页。

[2] 同上书,第187—188页。

秩序的关系，另一方面用他的生活、表演、唱歌、跳舞表现出他与自然和宇宙秩序的关系。当人与自然处在同一个层面上时，人也与他自己，他的思想，美的形式、智慧、疯狂、狂热和宁静，处在同一个层面上。在他的现实中，他动用和实现了他的全部潜力。他并不觉得他与他自己有多么深刻的冲突，他可以把他自己让给他自己本能的生命力，这是一种出色的平衡状态。"① 列斐伏尔在这里关于法国乡村节日的描述极其精彩和重要，他给我们提供了一个非常关键的研究提示：即便是在被全球化、资本主义和"理性牢笼"全面禁锢的当代社会，仍然存在着一些日常生活中的奇迹，它们在外观上可能表现为贫困落后和缺乏教育，事实上这里才保留了人性中最纯粹、最本真的存在状态，这里才是发动"休闲革命"的真正的策源地。

　　1974 年，列斐伏尔出版了对地理学和城市研究影响巨大的著作《空间的生产》(*The Production of Space*)，这也是他学术著作中最有影响力的代表作。他宣称，马克思主义的政治经济学忽略了生产的物质空间问题，商品生产不仅存在于时间逻辑中，而且存在于空间关系中，辩证法不仅具有时间性，而且具有空间性。由此，列斐伏尔开辟出马克思主义研究的空间路向，将空间理解为社会关系的一个组成部分，将空间表征理解为社会关系的物质生产结果，从而形成了独特的思想体系。列斐伏尔将空间分为三个维度加以分析：感知的（perceived）、构划的（conceived）和生活的（lived），这三种空间概念是理解空间生产过程的核心框架，揭示了空间与社会关系、权力结构和个人

---

① ［法］亨利·列斐伏尔：《日常生活批判》（第一卷），叶齐茂等译，社会科学文献出版社，2018 年，第 191 页。

体验之间的复杂交互。感知的空间是人们在日常生活中实际感知到的物理空间和环境，是由社会实践和物质基础所构成的空间，比如建筑、街道、城市等。构思的空间是由规划者、设计者和科学家等社会精英阶层在理论和概念层面上构思的空间，是一种抽象和概念化的空间，例如城市规划、建筑设计和官方地图等，体现了主流意识形态和权力结构的意图和愿景。生活的空间是个人和群体在日常生活中体验、感受和赋予意义的空间，是感知空间和表征空间的综合。生活空间是主观的、经验性的，充满了个人的情感和意义。它包括了人们对空间的想象、记忆和象征性意义，是个人和群体的文化以及社会体验的表达。生活空间可以成为抵抗和变革的空间，通过重新诠释和再利用空间，个人和群体可以挑战和改变主流的空间秩序。列斐伏尔通过对空间三重性的分析，揭示了空间不仅是物质的，也是社会的和文化的。空间既是社会实践的产物，又是社会关系的场域。在资本主义社会中，空间的生产和利用体现了权力关系和社会结构的矛盾。列斐伏尔的空间理论为理解空间的社会生产过程和空间与社会关系的复杂性提供了重要的理论框架，对后来的城市研究、地理学和社会学研究产生了深远影响。

　　列斐伏尔的理论洞见不仅限于对空间资本化的批判，他还指出了日常生活空间中潜在的革命性，即休闲空间的革命性问题。列斐伏尔强调，日常生活并不是中立的，而充满了政治和权力关系。他主张通过改变日常生活来实现社会变革，将日常生活视为抵抗资本主义压迫和控制的场所。"某些异轨或转向的空间，尽管最初是次要的，但已经显现出具有真实的生产能力的确切证据。其中就有致力于休闲活动的空间。这种空间在最初的观察中似乎已经逃脱了业已建立的秩序的控制，因此，凭着它们是娱乐空间,就构成了一个广大的'反空间'。"① 但是,需要注意的是,列斐伏尔并未想当然地认为当代休闲和娱乐业会带来一场社会革命,恰恰相反,他的意思是休闲空间中孕育着革命的火种,但同时现实的休闲空间却是个实实在在的异化空间,无论是主题乐园还是旅游景区,都是在为资本而服务。他接着写道,上述这个看法"完全是一个幻觉"。他秉持了在《日常生活批判》中对"工作-休闲"统一体的理解:"休闲像劳动一样,既是被异化的也进行异化;休闲也像它自身一样,既是被吸收进来的,也可以作为代理去吸收;休闲既是'体制'(生产方式)的一个同化者,又是被同化的部分。一旦对工人阶级的征服表现为带薪假期、节日、周末等形式,休闲便被转化为一种产业,转变为新资本主义的胜利和资产阶级霸权向整个空间的扩展。"② 到此为止,我们可能越来越困惑,列斐伏尔承诺的休闲革命究竟从何而起?他一会儿说休闲是解放,休闲空间是异轨的"反空间",另一方面又说休闲是异化,休闲空间是支配空间的延伸,这两个说法显然是矛盾的。事实上,列斐伏尔把休闲视作一个辩证法场域,它自身包含着矛盾冲突,同时也蕴含着解决矛盾的可能性,这个可能性就是人性的觉醒。列斐伏尔把革命的希望寄托于身体的报复上,他非常关注人类性本能中所内含的反抗力量,多次用色情产品和场景来比喻日常生活的复杂性:既有人性的本能渴望,又有体制性压抑,二者纠缠在一起,危中有机,这里可以明显看到弗洛伊德主义对他的影响。列斐伏尔将海滩这一度假空间视作"人类唯一在自

---

① [法]亨利·列斐伏尔:《空间的生产》,刘怀玉等译,商务印书馆,2022年,第565页。

② 同上。

然中发现的娱乐场所"，人们在海滩上本能直观地感受到身体的自由，这里所充斥的充满肉体诱惑的香艳意象可以轻而易举地点燃感官激情，人们的身心在这里彻底松弛下来，冲破劳动分工所带来的戕害和束缚，"借助于感觉器官，从嗅觉、性欲到视觉（但没有特别强调视觉领域），身体倾向于表现得像一个差异化的领域。换言之，它表现得像一个完整的身体"①。就此而言，身体的觉醒是打开休闲空间的钥匙，休闲中的身体正是空间辩证法自发展开的场域，只有在放松身体的引导下，人们才能获取在休闲中发动日常生活革命的契机，如同习以为常的身体和波澜不兴的日常生活，休闲的更深处酝酿着反对资本主义的微观革命。"在休闲空间中，并且通过休闲空间，一种空间和时间的教学法开始形成。不可否认，迄今为止，它还仅仅是一个潜在的世界，遭到否认和拒绝；但它仍然暗示了一种趋势（或者毋宁说是一种反趋势）的到来。与此同时，时间恢复了它的使用价值。"② 需要指出的是，列斐伏尔并非像威廉·赖希（Wilhelm Reich）那样主张用性革命的方式对抗当代社会，相反，他只是将身体内在的性本能作为一种对人性的领悟和启蒙，这种启蒙的力量每个人都拥有，而且它以最直接的方式提醒被异化的现代人返回到自然中，反思我们所深陷的体制化的、僵化的生活。"向质朴性的回归，向有机性（因此是向自然）的回归，产生了令人惊讶的差异性。"③ 就此而言，休闲必须跟日常生活中的"日常性"相分离，才能实现"休闲的革命"，将由分工和现代性所割裂的日常生活导向整合性的生命存在。

---

① ［法］亨利·列斐伏尔：《空间的生产》，刘怀玉等译，商务印书馆，2022年，第566页。
② 同上。
③ 同上。

"休闲空间倾向于——但它也不过是一种倾向,一种张力,一种'用户'寻找前行道路时的逾矩——超越各种分离,如社会的和精神的之间分离,感觉的和理智的之间的分离,以及日常的与不寻常的(节日的)之间的分离。这个空间进一步揭示了薄弱地带和潜在的突破点之所在:日常生活、城市领域、身体,以及在身体内部从重复中(从姿势、节奏或循环中)显现出的差异性……这个空间正好是矛盾空间的缩影。这就是为什么说现存的生产方式既生产最坏的东西也生产最好的东西——一方面,它是寄生的痛瘤;另一方面,它是生机勃勃的新枝条——的原因,它充满了丑恶,也充满了可能性(尽管无法保证)。"① 在列斐伏尔习惯性的审慎表述风格中,我们能够理解他对于休闲空间的暧昧态度,休闲空间中既孕育着生机,同时又是异化社会的延伸,这一局部区域的革命只是一种可能性,但是比没有强。

在后续的思考中,列斐伏尔试图把关于沙滩和节日的领悟移植到都市中,他指出都市是日常生活异化的重灾区,因而也应该成为节日和狂欢精神的复兴之重点所在,所谓都市化就是对日常生活的重构,是为社会大众提供创造和喜乐的场域,都市生活意味着自由和包容,蕴含着走向节日复兴的趋势。无论是节庆、狂欢,还是都市化,在列斐伏尔那里,指向的都是人的总体性复归,人的完整性与全面自由发展。

(二)鲍德里亚论消费社会

法国后现代主义思想家让·鲍德里亚(Jean Baudrillard)在其代表作《消费社会》(*The Consumer Society*)中敏锐地指出,

---

① [法]亨利·列斐伏尔:《空间的生产》,刘怀玉等译,商务印书馆,2022年,第 566—567 页。

技术进步并不能更有效地增加人们的自由时间，因为现代休闲生活已经成为消费主义所主导的领域，人们所拥有的自由只有消费的自由。在消费社会中，人们只有通过消费才能获得满足感和存在感，而事物只有"被消费的光照亮"才能获得其意义，休闲已经成为消费社会的生产对象，被整合进商品交换和符号生产体系，是被消费主义构建出来的虚假的自由生活。所谓的休闲体验不过是商品化、符号化的体验，而非人们对生命的本真体验。鲍德里亚提出了"模拟"（simulation）和"超真实"（hyperreality）两个重要概念用以理解消费社会中现实与虚拟之间的复杂关系。模拟指的是复制现实的过程，但不仅仅是简单的模仿，而是通过符号和符号系统来创造一种"现实"的再现。鲍德里亚认为，在现代社会中，模拟已经替代了原始的现实，这些模拟的形象和符号（如广告、媒体、文化产品等）开始定义人们的认知和体验。超真实是指一个由模拟构建的现实，比实际的现实更加真实。在超真实的状态中，符号和影像不仅反映现实，而且塑造并超越现实。人们沉浸在一个由媒体和符号构建的环境中，无法区分现实和虚构。鲍德里亚用这个概念来批评当代社会中信息技术和媒介对现实的侵蚀，导致人们对真实世界的体验被这些媒介创造的"超真实"所取代。简言之，在鲍德里亚看来，当代休闲本质上是一场消费主义与文化产业的共谋，是预先被设计和规范好的异化生活方式，当代人必须对这种现状保持清醒的认识，才能克服并超越这个消费时代的内在问题。

（三）布尔迪厄论社会区分

法国社会学家皮埃尔·布尔迪厄（Pierre Bourdieu）将休闲视为一种文化资本和社会阶层的表现形式。他在著作《区分：判断力的社会批判》（*Distinction: A Social Critique the Judgement of Taste*）中，详细阐述了人们的品味是如何通过休闲活动来表达和区分社会阶层的。品味不仅是个人喜好的问题，更是社会结构的反映。布尔迪厄认为，休闲活动不仅是个人的选择，也受到社会阶层和文化背景的影响。不同阶层的人倾向于选择不同类型的休闲活动，这反映并再生产了他们的社会地位和文化资本。例如，上层阶级可能更倾向于选择精英化的休闲活动，如高尔夫、歌剧或艺术鉴赏，而下层阶级则可能选择更大众化或廉价的活动。据《区分》一书中提供的统计数据，51%的农场工人和44%的产业工人可能从来没有进过饭店用餐，而这个比例在上层阶级当中只有6%。

通过参与特定的休闲活动，人们可以积累文化资本，这有助于他们在社会中的地位上升。文化资本不仅包括物质资源，还包括文化知识、技能和品味。在这里，布尔迪厄提出了社会学理论中的一个关键概念：习性（habitus）。习性指的是个人在特定社会背景下所形成的长期倾向、习惯和认知框架，用于解释人们的行为、思维方式和偏好是如何受到社会环境和阶级背景的影响的。习性是指在个人成长过程中，尤其是在早期社会化阶段，从周围环境中内化的社会结构，受到包括家庭背景、教育经历和社会阶层等因素的影响，这些内化结构会影响个人的行为、选择和审美偏好，指导人们如何在社会世界中行动和思考。习性是人们在不同情境中采取行动的生成器，它不仅决定了人们的行动方式，还影响他们如何看待世界、理解他人和自己，以及如何作出选择。这意味着，习性不仅是对社会环境的反应，也是对这些环境的重构。习性是在特定的场域（field）中形成和运作的，场域是由特定规则、资源和权力关系构成的社会空间。在不同的场域中，习性会表现出不同的特征，反映出这些场域的独特性。习性并不是固定不变的，但具有相当的持久性。它会随着个人的经历和社会环境的变化而发展，但总体上仍然会保持一定的连贯性和稳定性。通过习性概念，布尔迪厄解释了社会阶级如何被再生产。因为习性是在特定的社会条件下形成的，它会影响个人的社会和文化实践，这些实践反过来又会维持和强化社会阶级的界限。与之相应，习性也决定了个人对休闲活动的选择和参与方式，这些选择又反过来强化了他们的社会地位和阶层特征。布尔迪厄将休闲视为一个复杂的社会过程，涉及权力关系和社会再生产。通过分析休闲活动和参与方式，他揭示了文化资本在社会阶层再生产中的作用，以及个体与社会结构之间的动态关系，解释了人们的行为如何在微观层面上反映出宏观的社会结构。

（四）福柯论规训社会

法国思想家米歇尔·福柯（Michel Foucault）提出的权力理论和自我技术对理解当代休闲活动中的社会控制和规训提供了深刻的洞察。福柯提出了"规训社会"的概念，解释了现代社会中各种制度如何通过广泛存在的规训和监控机制对个体施加权力。这种权力不仅存在于监狱、学校和医院等传统机构中，也渗透到日常生活的各个方面，包括休闲活动。在休闲场所和活动中，人们被鼓励按照特定的规则和行为模式行事，这种规训在无形中维持了社会秩序。福柯的"自我技术"概念用于描述个体如何通过自我规训和自我管理来形成自己的主体性。在休闲活动中，人们往往自愿参与并遵循社会规范，以展示特定的生活方式或身份。这种自我规训体现了社会控制的内化，人们在休闲中不知不觉地遵守了社会期望和文化规范。福柯指出，权力和知识是相互依存的，通过知识的传播和文化的生产来行使权力。在当代休闲文化中，媒体和消费文化通过传播关于健康、娱乐和品味的信息，引导人们进行"自由的"休闲选择。

这种知识的传播塑造了人们对"理想的"休闲的理解，从而规范了他们的行为和观念。

值得一提的是，福柯于 1967 年 3 月 14 日在建筑研究会上做了一个题为《异类空间》的演讲，其中提到了一个非常有趣的概念"异托邦"（heterotopia）。他说道："我们不是生活在一种在其内部人们有可能确定一些个人和一些事物的位置的真空中……我们生活在一个关系集合的内部，这些关系确定了一些相互间不能缩减并且绝对不可迭合的位置。……但是在所有这些位置中，有一些位置使我感兴趣，这些位置具有与所有其他位置有关的奇怪的特性，但以中断、抵消或颠倒关系的集合为方式，以致这些位置是被确定的、被反映出来的或经过思考的。可以说，这些与所有其他空间相联系的，但和所有其他位置相反的空间出自两种类型。"① 福柯把这两种类型的空间区分为乌托邦和异托邦，二者之间的差异是，乌托邦是一些不真实的空间，而异托邦则是在真实空间中存在的"反场所"，一种实现了的乌托邦。福柯进一步指出，二者不是决然分离的，很可能存在一种混合的经验，他用镜子来比喻二者之间的关系。在镜子中呈现出来的镜像被喻为乌托邦，而镜子本身则是异托邦。镜像是不占据空间的，在镜像中人们得以定位，镜像中那个定位却并不存在于真实空间中，镜像里的人也不在真实空间中，但是镜像能够帮助人们看见自己，这就是乌托邦的意义。而镜子是真实占据空间的，镜子与照镜子的人都在空间占据真实位置，镜子与人表现为一种真实的反作用关系，这就是异托邦的意义。人们在乌托邦中看到自我的形象，然后由乌托邦的自我进一步凝视真实的自我，回返到现实，这就是自我认识的过程。

---

① ［法］福柯：《另类空间》，王喆译，《世界哲学》2006 年第 6 期。

镜子作为乌托邦和异托邦的混杂，直观地体现出福柯关于空间和社会的思考。所谓的异托邦，就是能够让社会理解自身的那个设置，比如花园、节日、剧场、电影院、博物馆、图书馆和度假村等，在这些人为创造的休闲空间中，人们接触和体验到的是不正常的社会关系。他在异托邦的特征描述中提出了"异托时"（heterochrony）的概念，指的正是打破正常关系而随意堆砌和联结的时间，在博物馆和图书馆中，我们遭遇了被人为重新组织起来的时间，在商场和主题乐园里也是一样的情况，时间被重新建构组合后植入其中，顾客在琳琅满目的刺激中，从被规训的日常生活中走出来，体验"日常"和"非日常"的空间和时间。福柯特别提到，异托邦和异托时都是被故意设置并与日常生活相隔离的，这是一些特殊的空间，是与完美细致和井然有序相对立的混乱无序。在演讲结束前，福柯提到了一个经典的异托邦意象——漂洋过海远赴殖民地的船。"船是空间的漂浮的一块，一个没有地点的地点，它自给自足，自我关闭，投入到茫茫的大海之中，从一个港口到另一个港口，从一段航程到另一段航程，从关闭的房屋到关闭的房屋，一直到殖民地，寻找在殖民地的花园中藏有的更珍贵的东西，那么你们就理解了对于我们的文明来说，从 16 世纪到今天，为什么船当然既是经济发展的最伟大的工具（这不是我今天要谈的），又是想象力的最大的仓库。在没有船的文明社会中，梦想枯竭了，侦查代替了冒险，警察代替了海盗。"①

　　福柯的思想非常晦涩难懂，有很多术语和关键概念很难翻译，更适合用法语来表述，而且有些非日常用语，给中文读者的理解带来很大困难。通过上面这些引文，我们也能够感受到，

---

① ［法］福柯：《另类空间》，王喆译，《世界哲学》2006 年第 6 期。

有些概念在他的语境中并非我们所熟悉的那个意义。幸运的是，他在这篇短文中使用了很多例子和比喻来表达自己的思想，比如镜子、花园、博物馆、度假村，尤其是船，让我们能够比较切近和直观地理解异托邦的意义。在福柯的思想里，异托邦既是一个在现实世界中被人为隔离的异类空间，又是一个帮助现代社会完成规训和自我技术的现实空间，更是一个有可能打破常规，废弃社会规训和个人治理的希望空间。

第 6 节　关于休闲研究的评述

休闲研究在西方学界有着悠久的历史，从古希腊思想发轫之际，休闲便是讨论的主题，赫西俄德（Hesiod）在《工作与时日》（*Works and Days*）中多次谈及劳动与闲暇在生活中的作用，荷马史诗中也有大量场景与希腊人的信仰活动、社会交际、宴饮娱乐相关，柏拉图（Plato）和亚里士多德（Aristotle）的哲学文本中更是将休闲作为重要概念加以论述。限于篇幅问题，我们在这个章节没办法展开相关讨论，但这并不表示作者不重视古希腊的休闲思想，恰恰相反，诚如葛拉切亚所言，只有希腊人懂得休闲，我们将在后面的章节中具体讨论这个问题。

二战后的社会变革（如城市化、工业化、经济增长）对休闲活动产生了深远影响。研究者关注这些社会变迁如何改变人们的休闲方式和休闲需求。例如，城市化带来了更多的城市休闲设施和活动，但也带来了城市生活中的时间压力。这一时期的研究涉及了休闲的多种方面，包括哲学、社会学、心理学、经济学和文化研究等学科。我们在本章前面的内容中，仅回顾了二战结束后的休闲研究主流中最具代表性的人物和观点，内容就已经非常庞杂了,就此对前面的内容作一个总结和评价。

　　由于休闲既是引导社会发展的目标和理念,也是当代社会变革中的具体实践活动,因而在实证主义主导的经验研究中,以及倡导批判思维的理论研究中都受到持续的关注。在经验研究范式中,休闲心理学研究取得了很多成绩,它强调休闲对个人心理健康和社会关系的作用。休闲被视为减轻压力、提高生活质量的重要途径。此外,研究者还探讨了休闲活动在促进社会整合、增强社区凝聚力方面的作用。在休闲社会学研究领域中,学者们开始关注休闲资源和机会的不平等现象。这包括社会经济地位、性别、年龄等因素对休闲活动参与的影响。研究揭示了不同社会群体在休闲机会和体验上的差异。随着经济的发展,休闲产业(如旅游、体育、娱乐等)成为重要的经济部门。研究开始关注休闲产业的发展趋势、市场需求以及其对经济的影响。这一时期还见证了休闲消费的多样化和全球化。随着全球化进程的推进,休闲研究也开始关注不同国家和地区的休闲模式和趋势。全球视角的融入使得研究者能够比较和分析不同文化背景下的休闲现象。从当前的实证主义休闲研究发展趋势来看,跨学科研究方法正在兴起,研究成果中逐渐吸纳了社会学、心理学、人类学、经济学等多个学科的视角,对休闲的理解更加全面和深入,对研究对象的选择也更加专业化和细分化。总体来看,实证研究大大拓展了休闲研究的方法、对象和领域,很多在传统研究中不太出现的概念、术语和现象都成为学者们追捧的热点,比如虚拟休闲,即在互联网社区中的休闲活动,像玩游戏、使用社交媒体等,接下来人工智能和虚拟现实工具的大规模应用,一定会让这个研究领域的话题更加丰富有趣、抓人眼球。但是我们也不能忽视实证研究中的弱点。通过我们在前述文献中的梳理,可以大致发现,随着实证研究领域的拓展，休闲研究的核心概念正在分崩离析，而且学者们也并不追求形成共识，仅满足于在各自专业领域中有个能够支持其建立研究假设的概念而已。这种碎片化的发展趋势实质上带来的是认识论的困扰，究竟何谓休闲？人类社会为何需要休闲？休闲产业和活动该如何规范？休闲的发展水平和质量应如何评估？上述这些问题很难从实证研究中取得共识性解答，甚至在基本概念上也存在五花八门的理解。目前看来，出于操作便利性的诉求，实证主义者倾向于给出简洁清晰，令人一目了然的定义，比如他们经常用自由抉择或感知自由来界定休闲，或者，更加简单直白地将其界定为工作之余的时间。这些定义尽管对于收集问卷或开展试验是非常便利的，但是显然也经不起进一步的考量。将休闲定义为自由，也并未给深化理解带来裨益，自由本身就是一个在哲学和社会科学中长期争论的概念。

反观另一个研究范式，在习惯于批判思维的学者眼中，劳动与休闲之间的区分根本是站不住脚的，它是现代工业化生产的产物，社会大众将休闲理解为自由抉择的思维方式，这种理解与现代消费文化密切相关，这种自由选择更像是现代社会中的消费自由："我买即我在"或"娱乐至死"。在他们看来，定义休闲之前，需要对现代社会中生产"自由抉择"的机制和背景开展科学的考察和批判，否则，人们将不可能拥有真正的自由，容易获得的休闲机会可能伴随着消费主义的陷阱，例如过度依赖娱乐消遣以逃避现实问题。结合我们在前文中的阐述，无论美国、德国、法国还是英国学者，他们无一例外，都对自由主义式的休闲定义保持警惕，他们使用各自擅长的理论工具去揭示产生特定"休闲"概念的社会意图和运作机制。与实证主义研究相比较，尽管批判研究的方法和探索方向五花八门，相互之间也不太能够妥协让步，但在基础问题上还是比较容易形成共识的，至少在休闲研究的出发点上，他们都不约而同地指出：基于工业化时代所产生的生活经验是无法获得关于休闲的真知灼见的，我们必须有方法论上的变革，以便超越现代性的局限，能够更加准确地理解和把握休闲的本质和意义。就此而言，无论是皮珀、葛拉切亚还是列斐伏尔，他们都试图借助前现代的经验来阐释本真意义上的休闲。皮珀借助宗教仪式和庆典来解释休闲的开放性，葛拉切亚借助古希腊文化精神来思考休闲的意义和价值，列斐伏尔则从因循守旧的乡村狂欢节中领悟到了休闲的整全性。我们在批判性思维的引导下，可以得到这样一种观点：如果我们想要理解本真意义上的休闲，那我们必须挣脱工作世界的观念束缚，切断劳动与工作之间的互文关系，这样才能从内在的独立的视角出发，去领悟休闲真正的意义。尽管思想家们不断提出他们各自的看法，但到目前为止，关于何谓休闲这一重大问题，答案还是莫衷一是。当皮珀和古德尔用信仰来解释休闲时，是否就意味着无神论者永远无法拥有真正的休闲？而葛拉切亚的观点恐怕大多数美国学者都很难接受，为何他指责资本主义制度国家没有休闲，反而要求人们去学习两千多年前奴隶制国家的过时理论？当列斐伏尔用沙滩、艺术品和乡村狂欢节来论证"休闲革命"的可能性时，我们还是非常茫然的，除此之外呢？这些"革命性休闲"之间存在着何种关联？关于这些问题，列斐伏尔也没有给出清晰的解答，他只是说我们应该在日常生活中追求具有本真性的休闲。那么何谓本真的休闲呢？显而易见，在信仰、哲思和狂欢之间，无法看到一目了然的关联性，这也就意味着，热衷于反思研究的思想家们也没有完成关于休闲的奠基性研究。这项工作在哲学领域，通常被称为本体论或存在论，也就是关于某物之为某物的规定性的思考。

第 2 章
休闲研究的挑战

第 1 节　传统研究中的概念界定

休闲是一种自古以来伴随人类文明发展的社会现象,尽管世界各国的休闲方式有差异,但是将休闲视作一种值得向往的美好生活方式,这在从古至今的任何一种文明中都是一致的。可以这样说,休闲是自古以来就伴随人类文明发展的一种社会现象,它对人类文明的发展作出了重要贡献,只有当人们从谋取生计的劳动中解脱出来的时候,才能有机会自由奔放地运思,将注意力从劳动对象转移到想象的对象上,从那一刻起,世界才开始拥有丰富的意义和可能性。休闲将人的生存状态从谋生转向自由创造,在物质生产的基础上孕育出璀璨绚烂的精神成就。诚如约瑟夫·皮珀所言,闲暇是文化的基础。尽管休闲是人类文明中的头等大事,与每个人也息息相关,但是究竟何谓休闲?为何要研究休闲?究竟该如何研究休闲?要回答这一系列问题,其实并不简单。

对休闲的理解是社会、文化和历史的产物,它从来都不是一成不变的,它的意义和内涵往往会伴随着生产方式、生活方式以及价值观的变化而不断推陈出新。在当代社会,我们理所当然地把休闲理解成为工作的对立面，或者说，休闲是工作时间的剩余产品，它的作用是补偿工作中体力和精力的付出。休闲与劳动的二元对立构成现代社会的基本共识，毫无疑问，在工业化时代，劳动才是社会成员的身份地位和生活意义来源。历史学家加里·克罗斯（Gary Cross）的研究表明，在工业化时代，许多工人乐于接受工作与休闲严格区分的观点，因为如此这般，工作就是有边界的，这也是落实休闲权和休假制度的成就。在讨论法国工人状况时，克罗斯指出，二战以后，工人更喜欢与家人共进早餐和晚餐，而不是在工厂里与同事一起吃饭休息，因而宁可压缩中午在工厂里的休息时间。这表明工人们的生活观念正在发生变化，从此前的以工作为中心，转变为当前的以家庭和休闲为中心。①

一、自由选择的时间

在当代休闲研究中，时间通常被区分为三个部分：生存时间，从生物学角度理解为了生存而必须做的事情和付出的时间；工作时间，为了谋生而必须做的事情和付出的劳动时间；自由可支配时间，人们可以根据自己的意愿使用的时间。

通常意义上的休闲就是工作之余的闲暇时间。法国社会学家杜马兹迪尔将休闲的定义区分为四种方式：第一种是将休闲定义为一种行为方式，作为一种自由行为，它能够以任何活动形式发生。在这种定义中，关注点不是活动形式，而是个人行为态度，因而并不将休闲限定于具体的活动范围内，也不关心时间的尺度。第二种是将休闲定义为工作的对立面，认为休闲

---

① Gary Cross, "The Quest for Leisure: Reassessing the Eight-Hour Day in France," *Journal of Social History* 18.2 (1984): 202.

等同于非工作，这个观点忽视了工作之余其他类型的责任和义务，比如照顾家庭的责任。第三种休闲定义关注的是影响个人的社会宗教和社会心理建制，这种定义方式包含了个人权利与社会建制之间的博弈关系，当宗教和社会层面的影响开始减弱时，个人就有更多的时间用于享乐，社会政治活动也可以调动社会公众积极参与，给个人提供满足感。第四种定义将休闲理解为一个时间概念，这是杜马兹迪尔自己认同的概念，所谓休闲就是个人从工作岗位、家庭、社会义务中解脱出来的时间，为了休息、为了消遣，或者为了培养与谋生无关的智能，以及为了自发地参加社会活动和自由发挥创造力，休闲是随心所欲的活动的总称。① 与此同时，詹姆斯·墨菲的研究也是根据工作和时间两个概念来定义休闲的。② 露丝·拉塞尔提出，休闲就是空闲时间，是"一个人为履行自己的责任而进行工作之外的剩余时间"③。

查尔斯·布莱特比尔把休闲定义为人们可自由决定的时间，休闲是"一段未被占用的时间、余暇时间或者空闲时间，在这段时间里我们可以自由地休息或者做我们想做的事情"④。这种定义从"劳动补偿"的思维框架中摆脱出来，把自由选择视为休闲的内在特征。肯·罗伯茨也长期坚持这一立场，将休闲视作本质上与自由行动、自由意志和自由抉择相关联的概念，并

---

① Joffre Dumazedier, *Sociology of Leisure* (New York: Elsevier, 1974), pp. 30 - 45.

② Ruth V. Russell, *Concepts of Leisure: Philosophical Implications* (Englewood Cliffs, NJ: Prentice Hall, 1974), p. 6.

③ Ruth V. Russell, *Leisure Pastimes* (Dubuque, IA: Brown & Benchmark, 1996), p. 34.

④ Charles K. Brightbill, *The Challenge of Leisure* (Englewood Cliffs, NJ: Prentice-Hall, 1960), p. 4.

将其作为休闲研究中的认识论和本体论。①

马克斯·卡普兰总结归纳了几种定义休闲的模式：他将传统休闲概念规约为"人本主义"模式，即把休闲描述为一种具有自身目的的一种存在状态或者人类的一种积极状态；此外，还有"疗愈"模式，把休闲当作一种工具或者控制手段，用这种方式，可以实现对社会的控制或者获取社会地位；而当前应用最广泛的是"定量"模式，将休闲定义为完成了谋生所必需的工作之后的剩余时间。"就休闲的本质而言，任何事情都无法定义为休闲；但是如果综合所有的要素，则几乎可以把任何事都定义为休闲。"②

综上，自由抉择的定义起点是劳动与休闲的二分法，将二者视为泾渭分明的两类时间。如果工作或劳动具有义务或外在目的的话，休闲就是不需要承担任何强制性义务的时间。而这种定义的问题也在于用劳动定义休闲。如果将休闲理解为劳动之剩余，就暗含着确认了劳动或工作在生活中的优先性，这也就顺理成章地会推导出这样一种结论，休闲是对劳动的补偿。我们对这种观点存疑。

自由主义对休闲概念和休闲研究的影响是非常深远的，它将休闲理解为自由主义最重要的社会基础之一。然而，自由主义思潮中内在的困难也同样体现在自由抉择的休闲观念中。尽管自由抉择的定义后来逐渐摆脱了劳动定义的框架，但是将休闲诉诸自由也并未让这个定义更加清晰，因为自由是社会科学中最含混不清的概念之一。每个人都向往自由生活，对自由都有

---

① Ken Roberts, *Contemporary Society and the Growth of Leisure* (London: Longman), 1978; *Leisure in Contemporary Society* (Wallingford: CAB International), 1999; *The Leisure Industries* (Basingstoke: Palgrave Macmillan), 2004.

② Max Kaplan, *Leisure theory and policy* (New York: John Wiley, 1975), p. 19.

着不同的理解，在这种情况下，休闲究竟该作何理解呢？可以将它等同于自由吗？休闲就是随心所欲吗？不同的人之间的自由能够兼容吗？恐怕这并不是令人信服的定义。正如托马斯·古德尔（Thomas Goodale）和杰弗瑞·戈比（Geoffrey Godbey）所批评的那样："失去目标的自由会具有毁灭性的力量；如果它真的可以带来什么，那么，这也完全是偶然的，因为它并不体现出任何积极的人的目的。休闲如果真要成其为休闲的话，那么，它将人的目的体现于其中。所以，我们应该相信休闲，因为唯有在休闲之中，人类的目的方能得以展现。"①

二、内在体验的时间

将休闲定义为内感知或内在体验的研究的学者，大多数有心理学背景，他们跳出了自由主义的概念框架，用主观幸福感或生活满意度等可度量的概念来描述休闲的主观特征。纽林格认为："休闲是一种心智状态，是一种生存方式，是一种平静地对待自己以及自己所做的事情的生存方式……休闲有且仅有一个基本标准，那就是所感知到的自由的条件。在没有受到约束或者强迫的情况下所进行的任何活动都可视为休闲。休闲意味着一个人是以一个自由的施动者，完全出于自己的选择去从事一项活动。"②

美国学者托马斯·古德尔和杰弗瑞·戈比指出："休闲是一个抽象的名词，但在体验休闲时，人们总会关涉某些具体的行为，而这些具体的行为至少会被参与者本人认作是独一无二的。

---

① ［美］托马斯·古德尔、［美］杰弗瑞·戈比：《人类思想史中的休闲》，成素梅等译，云南人民出版社，2000年，第282页。

② John Neulinger, *An introduction to leisure* (Boston: Allynand Bacon, 1981), p. 13.

当这种独一无二的经历越来越具备休闲的性质的时候，它所体现出来的东西将不是深思熟虑，而是一种直觉，因为从事他自己喜欢的活动。当人们因为休闲本身而体验它的时候，它就成了一种符号、一个象征和一条富有启发的线索，它表明这是一个有价值的世界，表明这是一种有意义的生活，表明了生活所带来的快乐。最终，休闲体验为人们提供了信仰的基础。"①

克里斯托弗·埃金顿（Christopher Edginton）等学者提出休闲是一个多维结构，在这个结构中，人们相对能够不受限制地感受到积极影响，感受到内在力量的激励，感知到自由。② 这样的定义方式将休闲研究与生活满意度和主观幸福感等概念相关联，提出休闲是提高生活质量的重要手段。埃金顿等学者后来还从社会心理学的角度提出四个基本标准来定义和测度休闲体验：感知自由、内在动机、感知能力和积极影响。感知自由指的是，当一个人参加一项活动时没有感觉受到外在强迫或约束，也没有感受到环境的阻碍或限制，这就是感知自由。内在动机指的是，为了个人的满足感、乐趣和喜悦而发起的休闲活动的动机是从内心中激发的，与之相对，外部因素激发的休闲参与中，感知自由的程度相对较低。感知能力指的是，一个人一定要感知到自己具有一种技能或者一定程度的能力参与某种休闲活动，这是关于参与者自身技术或能力的自我认知。积极影响是个人在休闲体验环境中所需要施加影响的能力和范围。③

---

① ［美］托马斯·古德尔、［美］杰弗瑞·戈比：《人类思想史中的休闲》，成素梅等译，云南人民出版社，2000年，第282页。

② Christopher R. Edginton, Debra J. Jordan et al. , *Leisure and Life Satisfaction: Foundational Perspectives* (Dubuque, IA: Brown & Benchmark, 1995), p. 7.

③ ［美］克里斯托弗·埃金顿等：《休闲项目策划》，李昕等译，重庆大学出版社，2010年，第9—10页。

关于内在体验的研究为休闲定义带来了可操作、可量化的工具，心理学中的大量实验和量表被应用于休闲研究领域，取得了很多有启发性的成果。但是这种研究立场也有着不可克服的困难：第一，内在性问题，自笛卡尔以来的主体性哲学所面临的主要问题就是如何突破意识的内在性，主体与客体、自我与世界之间存在着一条难以跨越的鸿沟，个人内在体验是否以及如何能够如实表达，这里存在很大的疑难。第二，可靠性问题，感觉材料能否被作为严格的研究对象，休谟早就讨论过类似的问题，我们标识在同一个概念下流变不居的感觉，是否都是一致的？比如牙疼的感觉。用维特根斯坦的话来说，私人语言是无意义的。第三，有效性问题，对于被测对象开展科学主义指导下的实证研究，能否揭示和测度出定义休闲的核心概念的内涵和边界，比如幸福、自由、存在等。严格来说，心理学家对于内在体验时间的理解，是建立在科学主义世界观之上的，它将对象理解为独立的、客观的实验对象，而忽视了生命的基本特质：流变。

三、社会建构的时间

从建构主义理论视角来理解休闲，构成了休闲研究中有别于自由主义的另外一种潮流，他们将休闲理解为一种社会结构的产物，而非个人自在自为的努力结果，这种倾向在托斯丹·凡勃伦的研究中已经体现得淋漓尽致了。美国政治学家塞巴斯蒂安·德·葛拉切亚（Sebastian de Grazia）尖锐地批评了用工作定义休闲的研究方式，他区分了休闲与空闲两个概念："工作是空闲时间的反义词，但却不能作为休闲的反义词。休闲和空闲时间是两个截然不同的概念，但我们却习惯于把它们等同起来。人人都会拥有空闲时间，但并非人人都能够拥有休闲。空闲时间是一种人人拥有的并可以实现的观念，而休闲却并非每个人都可以真正达到的人生状态，因为休闲不仅是一种观念，而且更是一种理想。空闲时间只是计算时间的一种方式，而休闲则涉及存在状态和人类生存的环境。对于这种状态和环境而言，很少有人去渴望它们，更没有多少人体验过它们。"[1]葛拉切亚认为，用工业化思维和标准化时间来理解休闲是错误的思维方式，这将导致休闲的工业化，即冷漠的、标准化的、整齐划一的、不假思索的休闲活动。他认为，与工作相反，休闲不是谋生手段，而是追求人生完美的过程，是自由表达和探索真理的过程，是释放人的本能力量并成就美好事业的过程。休闲研究要摆脱的恰恰是劳动和工业化的桎梏，要清晰地认识到社会建构对于休闲定义的影响和制约。

约翰·克拉克(John Clarke)和查尔斯·克里彻(Chas Critcher)明确反对将休闲理解为个体自由选择的结果，相反，休闲是深深嵌入到社会结构中的，休闲活动和形式受到社会阶层、经济条件和文化背景的制约和塑形。休闲反映的不仅仅是个体偏好，更重要的是社会结构中隐藏着的意识形态和控制机制。[2] 约翰·萨格登(John Sugden)和艾伦·汤姆林森(Alan Tomlinson)通过对休闲和体育的研究，也提出了类似的观点。他们认为，在全球化背景下，休闲和体育是塑造和传播意识形态的最有效工具，其中反映出来的不是人们对自由、成就和幸福的追求，而是民族主义、消费主义和资本主义所倡导的仇恨、偏见和自以为是。他们的研究结果强调休闲不仅仅是个人娱乐的形式，更是社

---

[1] Sebastian de Grazia, *Of Time Work and Leisure* (New York: The Twentieth Century Fund, 1962), pp. 8-9.

[2] John Clarke, Chas Critcher, *The Devil Makes Work* (Basinstoke: Palgrave Macmillan, 1985).

会结构和权力关系的角逐场域，是控制与反控制、压迫与反压迫之间的对抗，在这种背景下，具有地方性和草根性的体育和休闲活动成为抵抗全球资本主义和文化殖民的重要力量。[①]

关于建构主义观点，我们在这里就不赘述了，主要观点都已经在批判主义研究路向中的经典理论中呈现过了，当前的研究大多是这些观点在具体休闲问题中的应用。所谓建构主义，不过是通过批判和反思的方式揭示出某个概念的产生结构和机制，这种思维方式很大程度上受益于马克思的批判哲学。无论是法兰克福学派、后现代主义还是伯明翰学派，这些学者身上的马克思主义痕迹是非常清晰的，由此而产生的一个问题是，在当前社会中，全面化的阶级冲突和社会革命的浪潮已近平息，当批判理论揭示出休闲的不自由的一面时，我们还是禁不住要追问，究竟如何才能在休闲中获得自由和生命意义，还是说，这个提问根本就是伪命题？

四、追求整全的时间

上述关于休闲定义的回溯，不但没有给出一个令人信服的定义，反而呈现出理论研究中的对峙和认识论危机。从研究路向来看，实证主义和批判主义、自由主义和建构主义、科学主义和观念主义之间存在着难以沟通的障碍，因为各自所依据的理论出发点、世界观和价值观有着本质区别，大家各执一词，互不让步。而且，以往试图承认并兼容二者的尝试，最终"都会坍塌成为一种或另一种话语"[②]。

[①] John Sugden, Alan Tomlinson, *Power Games: A Critical Sociology of Sport* (London: Routledge, 2002).

[②] ［英］卡尔·斯普拉克伦：《哈贝马斯与现代性终末处的休闲》，陈献译，浙江大学出版社，2022年，第11页。

上述认识论危机在著名休闲学者克里斯·罗杰克（Chris Rojek）的思想发展脉络中就有所体现。在罗杰克早期研究中，他接受了"莱斯特学派"（Leicester School）的观念以及诺伯特·埃利亚斯（Norbert Elias）的型态社会学（Figurational Sociology）。该学派认为"型态"（figuration）是介于社会整体与个体之间的中间层，用于解释个人与社会结构之间的互动关系。埃利亚斯使用这个概念来批判传统结构主义和功能主义社会学中将结构理解为静态概念的倾向。他指出，型态是相互依存的人所构成的特定社会关系，这种社会关系始终处于变动过程中，亦即以人为中心的动态网络。型态社会学强调能动性和文明化进程，因而，埃利亚斯也把型态社会学称为过程社会学（Processual Sociology）。基于型态社会学，1992年，罗杰克与埃里克·邓宁（Eric Dunning）合作发表了《文明进程中的体育与休闲》（*Sport and Leisure in the Civilizing Process*）一书，指出体育在文明化进程中扮演了重要的社会控制角色，休闲具有自主性和独立性，随着社会规范的强化，体育活动逐渐成为人们表达情感、竞争和冲突的有组织的渠道。通过体育比赛，个人和群体的冲突得以在相对安全和受控的环境中表达，减轻了社会冲突的直接暴力性。这种组织化和规训化的过程反映了文明化进程中的社会控制需求。[①]随后，他开始接受后现代主义的影响，逐渐放弃了文明化进程的主张。在他1993年的著作《逃离的方式：休闲与旅游的现代转型》（*Ways of Escape: Modern Transformations of Leisure and Travel*）中，罗杰克认为休闲活动是现代人逃离日常生活的压力和责任的途径，通过休闲来获得身心上的解脱和自由，他把休

[①] Eric Dunning, Chris Rojek, *Sport and Leisure in the Civilizing Process* (London: Macmillan, 1992).

闲当作一种避世机制，这显然隐含着自由主义的态度。① 在他1995年的著作《去中心化的休闲》中，他在全球化背景下提出通过去中心化的视角重新理解休闲的多元性和复杂性。罗杰克开始意识到，以往的休闲研究默认了以西方中产阶级的休闲方式为标准，从而将休闲理解为稳定固化的概念，忽视了性别、种族、年龄、阶层、文化等因素对休闲的影响，此前将休闲理解为自发、自由地活动是过于肤浅的定义方式。② 在他2000年的著作《休闲与文化》（Leisure and Culture）一书中，罗杰克娴熟地运用后现代理论对当代休闲活动开展了深刻的分析，他探讨了休闲作为文化实践如何影响个人身份建构、社会分层以及全球化背景下的文化互动。休闲在身份建构中扮演了关键角色。个人通过参与不同的休闲活动来构建和表达自己的身份，这些活动可能包括运动、旅游、艺术等。休闲活动的选择和参与方式往往反映了个人的社会背景、文化资本和生活方式。传统的休闲形式逐渐被更加多元的、非中心化的活动所取代，个人在选择和参与休闲时更加自由，且不再局限于某一种特定的文化规范。他还讨论了数字化时代的虚拟休闲活动，如在线游戏、社交媒体和虚拟现实等。他认为，数字技术改变了休闲的时间和空间概念，使得休闲活动可以在虚拟世界中进行，打破了传统的现实与虚拟之间的界限。③ 显然，到此为止，罗杰克还比较认同休闲中的自由选择权。但是，在他2000年以后的著作中，他明显放弃了前面的主张，转向了一种折中和融合主义的观点。"行动路径无关乎本

---

① Chris Rojek, *Ways of Escape: Modern Transformations in Leisure and Travel* (London: Macmillan, 1993).
② Chris Rojek, *Decentring Leisure* (London: Sage, 1995).
③ Chris Rojek, *Leisure and Culture* (Basingstoke: Palgrave Macmillan, 2000).

质主义者那种将休闲探索视为好像是对'上帝赋予的'个人自由和选择的观点。它也不支持那种将休闲行动者作为阶级、性别和种族的结构力量愚蠢的'承受者'来调查研究的路径。能力和知识总是会被认定为行动的先决条件。同样,对这些资源的调用总是会被理解为有条件的和图示化的。"① 在这里,他认为休闲很难一概而论,既有被消费主义和商品化腐蚀的休闲,也有激发能动性和个人潜能的休闲,根本问题在于社会公众是否拥有恰当的休闲知识和教养。

斯坦利·帕克(Stanley Parker)较早地提出一种整合论的理想,主张休闲和工作能够合二为一,构建成为"整体性生存":"在这种(整体性的)结合中,劳动也许会失去它现有所具有的强迫性特征,并获得现在只有休闲才有的那种创造性。而休闲则将不再和工作对立起来,并会获得现在只有工作才有的地位。休闲作为一种资源,值得人们作出计划并获得可能的、最大程度的满足。"② 这个观点反对对休闲和工作的那种非此即彼的理解方式,帕克认为,上述理解来自工业社会和分工所带来的异化和伤害,这个观点显然受到了马克思的影响。

德国哲学家约瑟夫·皮珀(Joseph Pieper)指出,休闲是人的一种思想和精神的态度,不是外部因素作用的结果,也不由空闲时间所决定,更不是游手好闲的产物。"休闲只可能是如此这般,当一个人和他自己相一致,当他与他自己的存在相一致时……休闲因而是一种灵魂的状态(我们必须紧靠这个前提假

---

① Chris Rojek, *Leisure Theory: Principles and Practice* (Basingstoke: Palgrave Macmillan, 2005), pp. 12–13. 中译文参照了陈献翻译的《哈贝马斯与现代性终末处的休闲》,第26—27页。

② Stanley Parker, *The Future of Work and Leisure* (New York: Praeger, 1972), p. 229.

设，因为休闲在下面这些概念中并非必要的存在，比如'间歇''下班''周末''度假'，等等，休闲是一种灵魂的状态）。"[1] 他认为休闲对于维护人的生存整全性具有重要作用。休闲不是为了提高工作效率，而是为了让人们保持对更广阔世界的接触和理解，从而实现自我作为一个面向整体存在的人。"休闲的正当性并不是为了使人尽可能'无故障'地运作，尽量减少'停机时间'，而是要保持人性的功能（或者正如纽曼所言，使他能够做一个绅士）；这意味着人不会消散在他有限的工作功能所划分出的世界，而是仍然能够全面地感知完整的世界，并因此把自己实现成为一个定位于朝向整体存在的存在（to realize himself as a being who is oriented toward the whole of existence）。"[2]

皮珀强调休闲不仅仅是一种状态，更是一种深层次的能力，它能够把人们从日常的工作和焦虑中解脱出来，去体验更多义、更富有生命力的世界。这种体验能够让人们得到真正的心灵更新，以更充实的状态回到工作和日常生活中。休闲被皮珀描绘成一种能够通往自由的理想途径，它帮助人们摆脱工作世界的局限和焦虑。"这就是为什么能够'休闲'是人类灵魂中基本能力之一。正如同自我沉浸般沉思乃生命之天赋，以及节日中提振精神的能力，能去休闲的能力同时就是超越工作世界的能力，与那些超凡的、赋予生命的力相接触，这些力可以将我们焕然一新、充满活力地返回到繁忙的工作世界。只有在这种本真的休闲中，从那种'隐匿焦虑'的局限中才能开启'自由之门'，这种焦虑被某些敏锐的观察者视为工作世界的特征，即

---

[1] Josef Pieper, *Leisure: The Basis of Culture* (South Bend, Indiana: St. Augustine's Press, 1998), p. 50.

[2] Josef Pieper, *Leisure: The Basis of Culture* (South Bend, Indiana: St. Augustine's Press, 1998), p. 54.

'就业和失业是无路可逃的生存的两极'。"① 显然，皮珀所倡导的休闲已经远远超出了传统自由主义的语境，他特别指出工业化时代中盛行的"工作伦理"和"奋斗意识"对于当代人的生命意识的毒害，而休闲恰恰就是一种有效的解毒剂，它的功能和意义不可能在"中毒状态"中被领悟，人们需要借助宗教或崇拜的方式，超越当前的工作世界，重新回到本真的生命状态中，去直接感受生命内在的力量和情绪，这样才能真切地理解和创造休闲。

杰弗瑞·戈比的观点显然深受皮珀的影响，他认为"休闲是从文化环境和物质环境的外在压力中解脱出来的一种相对自由的生活，它使个体能以自己所喜爱的、本能地感到有价值的方式，在内心之爱的驱动下行动，并为信仰提供一个基础"②。

在上述的休闲定义回顾中，我们已经清晰地识别出现代社会的基本特征：冲突和悖论。在休闲的定义中存在着一系列尖锐的冲突：工作与休闲、自由与奴役、放纵与制约、乐观与悲观等。当自由主义者积极乐观地将休闲判定为自我选择的时间时，批判主义者则严峻地指出，现代社会中的个体根本不享有这种自由，反而制造"休闲"的生产机制更值得人们警觉。当然，自由主义者也可以反唇相讥，如果自由不存在，那么批判主义者揭示这些社会结构和运转逻辑又有何意义呢？批判的目的最终指向的还是自由，马克思主义哲学也是如此立场。那么，真正意义上的休闲究竟该如何理解？

---

① Josef Pieper, *Leisure: The Basis of Culture* (South Bend, Indiana: St. Augustine's Press, 1998), p. 55.

② Geoffre Godbey, *Leisure in Your Life* (State College, Pennsylvania: Venture Publishing, 1985), p. 9.

尽管休闲研究的视角和方法各有不同，但论者之间仍有共识，一个基础性观点：休闲是人的生活方式，是生命中有意义的时间，也是人们追求幸福的生存状态。这个命题的合理性应该是显而易见的，因为我们不会认为：休闲是一种痛苦，休闲是人类挥之不去的噩梦，或者避之不及的瘟疫云云。人们渴望有闲，渴望拥有休闲，渴望过上幸福生活，渴望在自己有限的生命中获取意义和价值。然而，这个共识充其量只能说是为休闲理解开辟了大致的方向，这个方向指向何处？应抵达哪里？如何抵达？这一切尚未确定，前途未卜。在前述文献回顾中，我们看到的是关于休闲定义的众说纷纭：它可以是空间，也可以是时间；可以是活动，也可以是心态；可以是产业经济，也可以是生活方式；可以是娱乐消遣，也可以是文化教养。好像休闲什么都是，无远弗届，但这也意味着，我们在理解休闲的道路上还有不少路要走。

第 2 节　当代研究中的边缘议题

近年来有学者已经开始关注"黑色休闲"（Dark Leisure）研究，如赌博、吸毒、网瘾、非法赛车、黑帮文化、青少年暴力等反社会现象。[①] 毫无疑问，这些研究进展是非常富有启发的，学者们关注当前互联网时代青年亚文化群体的生存状况，提出了传统学界未能充分重视和理解的边缘现象和边缘群体，

[①] 格尔达·里斯（Gerda Reith, 2007）、基斯·海沃德（Keith Hayward, 2012）、卡尔·斯普拉克伦（Karl Spracklen, 2017）、奥利弗·史密斯（Oliver Smith, 2016）、托马斯·雷曼（Thomas Raymen, 2018）等学者针对上瘾行为、青少年帮派、亚文化和犯罪行为开展了一系列有意义的研究，并提出了"黑色休闲"的研究主题。

这些研究同时也对传统的休闲定义和理解带来了颠覆性的冲击。如前所述，休闲大概可以被定义为符合社会规则的自由选择行为，在这种生活状态中，人们可以获得生命意义。然而"黑色休闲"的研究成果却呈现给我们一个完全不同的理解，青年亚文化群体游走在社会规范的边缘，试图以挑战主流价值观、突破道德甚至法律边界的方式来获得自我和社会认同。如果我们仅仅固守在传统观念中，那么针对上述现象的解决方案并不复杂，将这些少年划定为"不良少年"即可，该管教的管教，该收监的收监，必要时可以寻求专业的心理辅导和治疗，并结合家庭教育和社会支持等多方面措施进行综合干预。看看斯坦利·库布里克（Stanley Kubrick）的电影《发条橙子》（*A Clockwork Orange*），我们还能乐于固守在那些看似人畜无害的传统观念中吗？这些在中外历史上都曾真实发生过的耸人听闻的事件，背后隐藏着无知、无能与无良，这样的处置方式只能把迷茫中的青年人推向无尽的深渊。毫无疑问，青春期意味着反叛、挑战权威，通过身体对抗的方式来感受存在的意义，从自我内部来瓦解外在的灌输，从而树立起真正有意义的自我规范。这个过程需要审慎的理解包容和恰当的启蒙引导。毕竟，我们每个人几乎都是这样成长起来的，而理解也不是无条件的让步和纵容，理解是以同理心通达对方的内心世界，换位思考，以便进一步开展有效的帮助和教化，而非简单粗暴的否定和管制。笔者在这里赘述关于"黑色休闲"的研究，并非走题，也无意探讨相关研究成果，只是想借这个契机，提出一系列切合本书主题的关键问题：我们真的理解休闲吗？休闲是一个人人自明且无须多言的话题吗？休闲仅是一个无足轻重的专业问题吗？如其所是的理解休闲，难道真的不重要吗？

第 3 节　休闲研究中的存在论缺失

无论是国内还是国外学界，关于休闲概念的基础性讨论比较少。绝大多数的实证研究满足于对休闲进行简单明了的定义，前面已经充分展示过了，我们不再赘述。追求自明性的功能性定义仅满足于解释各自研究对象的合理性，对取得共识几乎毫无裨益。反思性研究的关注点主要在于当代社会中建构休闲活动、休闲空间和休闲体验的结构性或解构性机制，这些学者的理论目光更加深邃，看到了表象背后的生产机制，尽管他们的批判意味很浓烈，往往却缺乏对存在论问题的挖掘和理解，故而缺乏建设性主张。在反思性研究中，以哲学的方式开展休闲研究是一个比较独特的领域：一方面，休闲是一种包含价值观的生活方式，适合从哲学的角度进行讨论；另一方面，的确有很多当代哲学家会讨论与休闲相关的问题，比如前文中提到的阿多诺、马尔库塞、哈贝马斯、列斐伏尔、福柯等大思想家，他们对休闲问题都或多或少有所阐发，但是很难将他们称为专门研究休闲的哲学家。约瑟夫·皮珀的《闲暇：文化的基础》（*Leisure: the basis of culture*）这本书算是当代屈指可数的有影响力的休闲哲学专著，然而其将休闲本质归于基督教信仰生活的解读方式，也很难为不同文化背景的人所接受。罗素也有本《闲暇颂》，但是读起来更像是散文或社会观察，理论水平达不到皮珀的思考深度。托马斯·古德尔和杰弗瑞·戈比的《人类思想史中的休闲》（*The Evolution of Leisure: Historical and Philosophical Perspectives*）这本书中梳理了自古希腊以来西方思想史中关于休闲的重要讨论，看似面面俱到，但其实大多是蜻蜓点水般地提及而已。约翰·鲍尔比和马克·莱文的《休闲哲学：通往美好生活》（*Philosophy of Leisure: Fourdations of the Good Life*）基本上是各种与休闲哲学话题有关的文献综述，缺乏系统性的思考，也没有系统性地论证"为何休闲哲学通往美好生活"这一主题。

就当前的休闲研究现状而言，绝大多数以"哲学"名义开展的休闲研究，都是以术语或资料罗列的方式来呈现的，仅满足于梳理一下哲学史中相关概念的讨论，或者是某位哲学家关于某个概念的表述，缺乏从哲学的问题意识出发而开展研究的严肃态度。仿佛引用和罗列了哲学概念，便占有了哲学思想。这一类研究大多属于摘抄性质的堆砌之作，对于真正的研究而言，这些成果只是一个起点，对于我们加深对休闲概念的理解而言，它们的帮助非常有限，因为真正的哲学思想从来都不能用摘录的方式转述。需要指出的是，我国学者基于马克思主义哲学的休闲研究是一枝独秀的，我们前面提到过，国内休闲研究的起点较高，很多学者一开始就以马克思主义哲学为研究的出发点，围绕着马克思的"自由时间"概念的开展研究讨论。无论是休闲研究学者还是哲学研究学者都很关注这个议题。他们从马克思哲学中异化劳动的理论视角出发，探讨当前的休闲异化问题，以及在共产主义时代中自由时间的实现问题。毫无疑问，马克思主义哲学当然是一种当代在场的哲学思想，他关于资本主义世界的洞察和批判是极其敏锐的，他所建立起的理论框架也伴随着当代社会实践而不断发展更新，展示出强大的生命力。但当今世界之复杂与多样，容得下更多的理论范式来进行理解和阐释，只有在真正有思想见地的对话中，理论才能有所发展。

在20世纪，欧洲思想界诞生了两种极具创新性的哲学思想：

一种是奥地利哲学家路德维希·维特根斯坦（Ludwig Wittgenstein）构建起来的语言分析哲学，他仅用两本书便开辟了现代语言哲学中的语义研究和语用研究两大流派，前者还直接触发了关于人工语言和人工智能的哲学探讨；另一位与维特根斯坦双峰并峙的思想巨人，也是德语思维的德国哲学家马丁·海德格尔（Martin Heidegger），他的著作《存在与时间》（*Sein und Zeit*）是每位关心存在、关心时间、关心人类生存状态的读者不可错过的思想盛宴，尤其是休闲研究学者。因为如果我们将休闲理解为一种时间状态，或者说是一种存在状态，就像我们口语中经常说的"有空""有时间"，那么，《存在与时间》毋庸置疑地提供了一种解释存在和时间的重要思想范式，它有助于我们更准确地理解何谓"有空""有时间"。遗憾的是，迄今为止，国内外休闲研究对于《存在与时间》的重视程度是远远不够的，更缺乏关于休闲的本体论或存在论研究。

第 3 章

休闲研究的存在论视域

第 1 节 "是"与"有"的问题

一、"是"问题的语言学线索

当我们提问"休闲是什么?"的时候,摆在眼前真正的难题并非"休闲",亦非"什么",而是"是"。我们在日常生活中早已经司空见惯地用"是"来描述世界、表达观点,一切共识,无论科学、宗教、艺术还是哲学,人类精神世界的稳定性和持续性的来源就是"是"这个字。可是,我们真的理解什么是"是",以及其在描述世界中的作用吗?这个问题并非无中生有,而是真正的问题起源,海德格尔《存在与时间》中的问题起点,就是追问"是"是什么,以及"是"的意义。要阐释这个问题,我们还不能直接进入《存在与时间》的相关讨论,因为"是"是印欧语系中的一个普遍存在的语法现象,这种语言类型大量运用"是"来描述世界。这种语法现象当然也被当代中文世界所理解,现代中文中也大量地使用"是",尽管如此,中文中"是"的用法和意义与印欧语系中的"是"还是有着很大的不同,如果我们提前不作语法上的澄清,很容易望文生义，不自觉地坠入到思想困境中。无论如何，对中外读者概莫能外的是："是"是一个有待澄清的问题，这是一个对每个人而言既熟悉又陌生的问题。

印欧语系（Indo-European language family）指的是一组具有共同起源和语法特征的语言族群，这些语言都可以追溯到一个共同祖先，一种被假设的原始语言——原始印欧语（Proto-Indo-European）。尽管目前尚未发现关于原始印欧语的直接证据，但是通过语言比较法，语言学家已经在尝试着重构它的发音、词汇和构词法特征。随着早期印欧语系人群的迁徙和扩散，印欧语系开始从其起源地（通常认为是黑海-里海草原地区）向欧洲、中亚、南亚等地传播。在随后的语言种类分化和演变中，它们在词汇、语法结构和发音规则上保持着显著的家族相似性，目前印欧语系涵盖了欧洲大部分地区、伊朗、南亚次大陆及其周边地区的诸多语言类型，是当今世界使用人数最多、分布最广的一个语系。无论是古典文明中的希腊文、拉丁文、梵文，还是当代广为使用的英语、法语、德语、俄语、意大利语、西班牙语等主要语言，都从属于印欧语系。印欧语系语言普遍具有丰富的词形变化，通过词缀、词尾或元音交替来派生出一些基于某个词根的变化形式。比如名词的性、数、格的变化，用于表示语句中名词的关系和属性。印欧语系的动词又有着近似而复杂的屈折变化规则，反映动作的时态、语态和语气等。在很多印欧语系的语言中，上述的动词变位还要配合主语的性、数、格而变化。在印欧语系中，谓词（predicate）是句子中最重要的组成部分之一，主要用于表达主语的动作、状态、性质或身份。广义上，谓词就是句子中除主语之外的整个部分，用于说明主语的信息。谓词通常由动词或动词短语构成，但也可以包括形容词、名词或其他词类，形成系表结构的复合谓词。简言之，谓词就是对主语的描述或说明，将质量、特征或状态与主语相连接，因而在句子，尤其是陈述句的核心组成部分，决定了陈述句的整体语义和语法功能。而陈述句又构成一个语义段落的基本单元，它是意义结构中的基础构件，所以我们要理解语言的意义，首先要理解语言的结构，印欧语系最典型也最重要的语言结构，就体现在谓词的功能上。

系词（copula）是谓词的一个特殊部分，用于连接主语和主语补语，后者通常是名词、形容词或描述性词组。英语中最常用的系词包含 be、seem、become、appear 等，其中，be 这个系词，对应德文 sein、希腊语 εἰμί（拉丁转写为 eimi）、拉丁文 esse 等，是接下来我们要探讨的核心问题。因为 be 这个词在英语中既是一个系词，又是一个实义动词（lexical verb），还是个助动词（auxiliary verb），分别表达不同的意义，既有联系功能，表示状态，还表示在或存在的动作，以及命题的真与假的判断。当 be 被用作系动词时，连接的是表示身份、状态或特性的主语补语，通常译为"是"。比如"*She is a teacher*"，准确的翻译是"她是一名教师"。这句话是最常见的直陈句，把主语"她"与职业身份"老师"用"是"连接起来，意味着这句话所描述的这个状态是当下成立的，说话者用"她"所指称的这个人的职业不是其他类型而是老师，这件事是真的，因而也包含了真与假的承诺。系动词还有等同的意思，比如"*2 plus 2 is four*"，这里的"is"就是主词与宾词相等的意思，并非一个词限定另一个词。除了"是"之外，be 在英语中也可以表示有或存在，比如 there be 的句式或作为实义动词的 be。比如"*The book is on the table*"，这句话中的"is"翻译为"在"意思比较通顺：这本书在桌子上。"*There is a book on the table*"，这句话中"is"也是表示在或有的意思，应翻译为：桌子上有一本书。前面提到过，除了系动词之外，be 还可以用作实义动词，表达时空或意义上的存有状态，应该译作"存在"，比如"God is"，上帝存在。这个用法如果用在人身上，表达人的存在状态时，有时翻译成"生存"更妥帖，比如《哈姆雷特》（*Hamlet*）中的名句"*to be or not to be*"，经典译文为：生存还是毁灭，这个翻译相当准确地体现出哈姆雷特的人生困惑。在英语中，当 be 用作助动词时，往往与其他动词结合，构成不同的时态、语态或语气。比如 be+现在分词表示进行时，be+过去分词表示完成时或被动语态，be 还在命令式、虚拟式、条件句等句式中有着灵活的使用场景，用于表示语气。此外，be 还经常出现在固定搭配中，比如 be+不定式，用来表达目的、意图或将要发生的动作。在上述使用场景中，be 的语义基本上都可以理解为对主语状态的描述，类似于系词的意义，但功能上又不是系词，在翻译时就要灵活结合语境，甚至不出现"是""在""有"这些词，但隐含着这些意义。

综上所述，be 在英语中的使用至少有三种不同的功能：表连接、表存有、表真假，分别对应着中文语境中的"是""有"和"对"。上述复杂且多变的情况并非仅限于英语，而是在印欧语系中普遍存在的语法现象。一般来说，在英文中当我们遇到 be 的系词用法时，用"是"来翻译会比较符合中文表述习惯；当我们面对 be 的实义动词或存在用法时，用"有"来翻译会比较妥当；此外，关于陈述句还隐含着"对不对"的判断。显而易见，be 是一个最常见又最灵活、最复杂的单词，中文中没有一个单独的语词能够与印欧语系中的这个词相对应，而这个词在印欧语系中如此重要，以至于它发挥着描述世界构建思维的最基础、最本质的作用。也正是因为这个词的关键作用，它在中文中又缺乏完全对应的词语，引发了很多哲学争论。①如果硬要固定下来，用"是""有"或"存在"中的某一个词来解释 be，那就会让读者如坠雾中，不知所云，因为这样不符合中文的表达方式。比如，如果统一为"是"，把哈姆雷特的生命困惑翻译为"是还是不是"，显然不妥当；如果统一为"有"，那就要把所有的系词翻译为"有"，"她是一个老师"变成了"她有一个老师"，意思完全不对，这个方案不可取；还有一种方案是统一为"存在"，把这个概念作为 be 的哲学专名固定下来，但是也不能用于日常翻译，"她存在一个老师"更是令人费解的表述。与之相对，当我们用一词多译的方式进行翻译时，语义上通顺了，但往往又丢失了它的共同起源，增加了理解上的困难。比如，我们经常在经典哲学文本中看到，哲学家一会儿在讨论事物的属性或状态，一会儿又跳到它的存有问题，然后大谈特谈人的生存状况，再后面则是关于真理和本质的探讨。对一个哲学入门者而言，这些文字看起来完全是云山雾罩，不懂内在有何逻辑关系，更谈不上理解。鉴于 be 动词用法的复杂性以及中文中缺乏完全对应的词语，在本书中，我们会根据上下文语境灵活地使用"是""有"和"存在"来表

---

① 陈康先生在 1940 年回忆他的老师尼古拉·哈特曼（Nicolai Hartmann）的文章中提到过 το ὄν 和 ontology 等哲学概念很难翻译的问题。他在文章的一个注释里这样讲："中文译西方哲学上的名词是大有问题。后一点也许不仅由于著者缺乏翻译才能，而这困难在客观方面有它的根据。比如 Ontologie 一字在中文中不易寻得相当的译名。识者皆知'本体论''形上学''万有论'等等都不能成为定译。根本困难乃是 on 和它的动词 einal 以及拉丁、英、法、德文里和它们相当的字皆非中文所能译，因为中文里无一词的外延（umfang）是这样广大的。比如'有'乃中文里外延最广大的一词，但'有'不足以翻译 on 或 einai 等等。"参见汪子嵩、王太庆编：《陈康：论希腊哲学》，商务印书馆，2011 年，第 545 页。陈康先生的弟子汪子嵩、王太庆老师多次撰文讨论 on 的翻译问题，很多国内一流学者也对此问题开展过研究和讨论，参见《Being 与西方哲学传统》，宋继杰编，广东人民出版社，2011 年。

示 be 这个概念，因而在这里特别说明，文中并未把 be 及其相关问题固定为某个单一术语。当 be 作为一个学术化专题加以讨论时，我们往往采用的是"存在"的概念，所以要特别说明。在本书接下来的内容中，会出现"是""有""存在"的混用情况，也请读者原谅这种看似混乱的术语使用，实在是无奈之举，笔者力求用母语通顺准确地表达自己不成熟的想法，供方家批判。

二、"是"是哲学真问题

语言是人与世界之间的中介和桥梁，西方哲学中的问题绝大多数都是在印欧语系中提出来的，语言既是人的生存方式，也是世界的基本架构，用哲学术语来说，语言中隐藏着"先验"的结构，这种先验性与语法和谓词逻辑有极其密切的关系。正是因为语言扮演着如此这般重要的角色，所以我们用中文来阅读思考西方哲学问题，很容易出现偏差或陷入困境，关键问题就在于中文的表达方式与印欧语系相差甚远，人们经常在缺主语的情况下也能侃侃而谈，仿佛言不及物，但依然有人频频点头表示理解认同。

前文讲过，"是"在印欧语系中是普遍存在的最基础的单词，希腊文 eimi，拉丁语 esse，英语 be，德语 sein，法语 être，意大利语 essere，都是这个词，有着类似的用法和功能，既是系词，又是助动词，还是实义动词。但需要注意的是，即便印欧语系中的语言之间具有家族相似性，但"是"的用法也不能简单地一一对应，因为不同的语言有着不同的性、数、格、时态、语态和语气的规定。

这里我们要特别谈一下古希腊语，因为很多今天仍在使用的哲学术语起源于这里。古希腊语的名词有三种词性（阳性、阴性、中性）、三种数（单数、双数、复数）、五种格（主格、宾格、属格、与格、呼格）。与名词相搭配的冠词、形容词和代词也都有相应的变化。动词根据人称和数的关系分为确定形式和未定形式（不定式、分词和动名词），共有七个时态（现在时、未完成时、将来时、不定过去时、完成时、过去完成时和将来完成时）。古希腊语还有三种语态（主动态、中动态和被动态）和四种语气（陈述、虚拟、命令和祈愿）。

比如说，前文中提到的 be 的问题，可以视上下文译作"是""有""存在"等，这是构成世界意义和哲学问题的基准点，但同时也是一个语法现象。在古希腊文中，εἰμί（eimí）是意指"是"或"存在"的动词原型，对应于英文的 be。在古希腊语中，动词的原形通常指的是现在时第一人称单数直陈式的形态，它作为动词的基本形式，用于构建其他时态、语态和人称的变化。εἰμί 的现在时不定式形式是 εἶναι（拉丁转写为 einai），对应于英语的不定式 to be。在古希腊语中，动词不定式可以用作名词，常用于表达目的或意图，或者表示抽象概念、一般原则。主动分词也可以作为名词使用，表达正在进行或持续的动作，εἰμί 的现在主动分词的中性单数主格形式和宾格形式都是 ὄν（拉丁转写为 on），对应于英语的 being，表示某事物持存或正在存在着的状态，这个意思在中文就很难找到能达意的对应词了，可以翻译为存在，但它指的是存在着的状态，而非这种状态的抽象属性，因为后者在希腊文中有另一个重要术语来指称。εἰμί 的现在主动分词的阴性单数主格形式是 οὖσα（拉丁转写为 ousa），可以理解为阴性单数的 being。在现在分词的基础上，加上抽象名词后缀"-ια"（拉丁转写为-ia），将动词转化为抽象名词，用来表示某种抽象品质。这样就产生了哲学史上最重要的一个概念"实体"。阴性单数名词 οὐσία（拉丁转写为 ousia），表示为事物之持存状态提供依据的基底或本质，在英语中经常被翻译为 substance，在中文哲学语境中经常被翻译为"实体"或"实质"，它是从 εἰμί 这个动词中一层一层抽象派生出来的概念。然而在中文语境中，这种派生关系几乎完全丢失了，"是""存在""存在者""存在着""实体"，这些词之间看不出一目了然的内在关系。由此看来，从希腊文的系动词 εἰμί（eimí）派生出一系列极其关键的哲学概念：是、存在、存有、本质、实体、本体等，而且，这些从一个词中衍生出来的重要概念，在中文语境中很难得到准确的对应词，既能达意，又能表达出词与词之间的关系。

古希腊哲学家们关于 τὸ ὄν（being）的思考是非常深刻且系统的，从巴门尼德（Parmenides）、赫拉克利特（Heraclitus）、柏拉图、亚里士多德、斯多葛学派（The Stoics），直到新柏拉图主义（Neo-Platonism），该问题一直是哲学家们争论的焦点问题。希腊哲学家关于存在的思考，开辟了西方哲学史上最重要的一个领域：ontology（本体论，或存在论）。这个概念是 17 世纪经院哲学家们发明的，专门用以称谓研究存在的学问。τὸ ὄν 和 οὐσία 是亚里士多德哲学中的核心议题，在他的很多著作中都出现在关键论证部分，尤其是《形而上学》（Metaphysics）。他提出有一门专门研究"存在之为存在"（τὸ ὄν ᾗ ὄν，Being qua Being）的学问①，并将其称为关于第一因的研究。《形而上学》第七卷（Z）专门讨论了存在于实体的问题，亚里士多德

---

① 吴寿彭翻译的《形而上学》中文为"实是之所以为实是"，他将 τὸ ὄν 翻译为"实是"，其实就是存在或者是，是 being，吴先生可能认为"实是"能够兼有是和存在的意思，但在今天读来可能会更令人费解，很容易联想到还有个"虚是"，故而中文有所调整。英语译文参见 William David Ross 的英译本，Aristotle's Metaphysics, ed. W. D. Ross（Oxford：Clarendon Press，1924），p. 1003a.

在第一章中指出:"'存在（τὸ ὄν）'是什么?以及'本体（οὐσία）'是什么?这个问题不仅在过去和现在会提出来,而且会永远提出来,它是永远令人困惑的问题。"① 如果我们不理解 τὸ ὄν 与 οὐσία 之间的语言派生关系,恐怕就要质疑亚里士多德的思维跳跃了,可一旦我们知道了 οὐσία 就是 τὸ ὄν 阴性形式的抽象化名词,亚里士多德所提出的问题就没那么难以理解了。存在与本质必然是密切关联的两个问题。

是、有、存在、本体、本质、真理,这一系列哲学概念都派生于印欧语言的一个独特的语法现象,这些问题已经在前面关于语法的梳理过程中,逐步聚焦到了 εἰμί、sein、be 等这一类动词的功能上。在前一节中,我们已经简要地归纳了英语中 be 的用法,以及连接、存有和表真三种功能。接下来我们要从"存在"的语法现象推进到命题的功能分析上,因为"存在"是通过命题形式来实现其功能的,因而命题的表述也是"存在"的实现方式。命题（proposition）通常是指表达一个陈述性内容的句子或表达式,在逻辑学中,命题是能够判断真假、表述事实或断言的陈述。根据不同的标准,命题可以有多种形式和分类,比如肯定和否定、全称和特指、直言和假言等。其中,直陈式命题（Declarative Propositions）是指对某个事实、事件、状态或情况的描述,明确表达某种情况的真或假,它是以"存在"为核心的语句。直陈式命题是最常见也最基础的一种命题形式,它的主要功能如下:第一,陈述事实,用来描述一个现实状况,比如"太阳是发光体";第二,表示断言,用来作出断言或声明,比如"所有的人都是会死的";第三,提

---

① ［古希腊］亚里士多德:《形而上学》(1028b2—4),中文参见汪子嵩等著的《希腊哲学史》(第三卷),人民出版社,2003年,第71页。

供信息，用于传达信息、提供知识或说明情况，比如"北京是中国的首都"；第四，逻辑推理，直陈式命题是逻辑推理和论证的基本单元，用于构建逻辑思维，比如在三段论中，所有的前提和结论都是直陈式命题。基于上述功能，直陈式命题可以明确判断其真假，也正因此，直陈式命题是逻辑学中最基本的命题形式，在日常语言和科学论证中都扮演着极其重要的角色，是构建语言意义的前提和基础，也是人们通过语言进行理解和交流的基本方式。

在语义学和逻辑学研究中，直陈式命题所表述的内容具有三个结构性环节：第一，命题内容，即以"存在"来构建的表述内容，连接主语与主语补语，表达了一个具体信息或陈述事实，它是命题的语义核心；第二，命题对象，我们所表述的命题都有一个对应的对象，它是一个意义对象，无论它是否存在于时空中，它是被命题所言及的东西，如果这个命题的对象不合逻辑，那便是无稽之谈，比如"这是一个方的圆"，符合语法，但不值得讨论，命题对象是判断命题内容真与假的重要依据；第三，命题意义，一个命题被说出来的目的是要描述和阐释它所指涉的对象，它的完整意义要在具体语境中才能得以把握，而这个语境不仅限于文本中的上下文分析，更重要的是结合具体的言说场景和行为方式进行理解。比如说，言外之意往往是命题真正要表达的意思，而对言外之意的理解绝对不能仅限于文字本身，还要涉及说话的语气、方式等，这也就涉及对命题内容和命题对象的整体意义的理解。人们陈述命题的目的是让其他的对话方能够理解命题意义，针对命题内容和命题对象进行交流和阐释，比如这个命题内容对命题对象的描述是否准确妥当等，就此开展讨论对话，命题的意义才能被清晰地表达出来。简言之，命题就是人们用合乎语法和逻辑规则的句子或表达式来描述一个对象或事态，并赋予它意义，无论它是否实有，这个过程就是直陈式命题发挥作用的过程，同时也是"存在"、εἰμί 和 be 等动词发挥作用的过程，它的目的就是产生意义并进行交流。

需要特别注意的是，在我们的分析中，命题对象只是个意义对象，并不必然是实存对象，比如"神笔马良画的是一座金山"，在这个表述中，尽管"神笔马良""画"和"金山"均非实存，但这句话的意义却能够被听过神笔马良故事的人所理解。尽管 εἰμί 和 be 中也包含着"实存"的意味，但这只是关于命题对象占有空间的意义表达，一个有意义的命题中并不必然包含着占据空间的对象，比如"正义是人类社会不可或缺的美德"，这句话并不是关于正义在当下实存的断言，而是表达一种应然的价值观。综上所述，使用 εἰμί、be、sein 等动词来构成命题去描述世界并理解其意义，这是西方哲学的先验方式，也是理性主义思维的先验结构。"存在"这个动词的作用就是用有意义的命题来描述、理解和阐释世界，或者说，能够被人们清晰理解的世界是由命题构建起来的意义整体。命题的作用是表述世界的意义，其中，断言世界的实存状态只是意义表达的一种方式。被理解的世界总是有意义的世界，总是与人关联并能够被人们赋予意义的世界。所以，我们现在可以明确这一点，所谓的被理解的世界，就是一个意义关联整体，它是被人们言说、被人们思考、被人们阐释的对象，它既是对象，又是对象的背景，还是人们的栖身之处。如果我们把"存在"简单化地理解为空间中的"实有"或"实存"，那就很容易滑入一系列认知的迷误。例如，将所谓的"实有之物"理解为与人类活动无关的独立存在，无论人类是否跟它打交道，它都独立自在。这种理解忽视了"实有"不过是一种空间性的意义表达方式，而意义则是人类认知行为的结果。一旦将存在误解成为脱离意义世界的客观实存，就会出现主体客体分离与统一的各种悖论。比如，主体的思维如何能够与实存的客体达到一致？当本质被理解为实存事物的内在规定，认识如何掌握事物的本质？当真理被理解为认识与存在相一致，这种一致如何发生？类似的问题在哲学史上连篇累牍，聚讼不已，根本无法解决，其根本原因在于错解了存在的意义。

三、"是"与"有"的转化

我们在这一节里简要回顾了 εἰμί 和 be 的语法现象与哲学问题的关系，并不是要把哲学问题完全还原为语言问题，恰恰相反，真正的哲学思考尽管始于语言、依赖语言，但终究要抵达语言之外的经验世界，因为，只有经验世界才能提供断定综合命题真与假的依据，而只有综合命题才是知识的基础，分析命题只是重复了主词中所包含的信息。就此而言，知识的拓展不仅依赖于合规则的语言和思维，还需要鲜活的经验。如若不然，知识的真假问题就变成了语法分析，真命题就等同于符合语法的命题，这种理解毫无疑问是荒谬的。"这是一张桌子"，这个命题的真与假，需要我们在经验中检查一下这个命题所指称的对象，它如果与桌子的定义相符，则命题为真，否则为假。实际上，我们在这里强调语言的重要性，无非是在表达如下几层意思：第一，思维与存在问题从来都不是割裂的两个世界，它们都根源于语言的使用；第二，印欧语系关于世界的描述方式有其独特性，它最关键也最独特的用法就是"是"这个词，它是哲学语境中思维和存在的共同根脉；第三，哲学问题是关于真理的思考，因而必然植根于"存在问题"；第四，语言既是人类理解活动中的工具和中介，也是构成世界意义整体的结构性要素，更是理解活动的对象；第五，语言是关于鲜活生动的生命体验的清晰表象，它是一个固化提纯的结果，而被表述的对象则远远超出了语言的边界，因为语言只是这个对象的清晰表象，同时，它也是回溯到生命体验的重要线索，更是哲学寻求真理道路上的路标；第六，语言所建构的意义世界只是世界的一个组成部分，或者说是最清晰、最能被人们理解把握的世界表象，这个表象的产生基于一个更为源始的经验世界，关于这个经验世界，我们尽管现在还很难把它清晰地说出来，因为一旦说出来，它就是命题所构成的意义世界了，但是我们非常确定地断言，这个前语言的，并为语言行动所奠基的经验世界，一定是实有的存在。因为，一旦没有这个实有的世界，"是"的动作就失去了方向，语言也就丢失了言及的目标，命题就变成了似是而非的表述。更为重要的是，在实有的世界中还有实际生活着的人，人们用"是"和命题的方式赋予对象意义，从而获得了意义世界，如果没有人的实有，这个"是"的动作就失去了发出动作的主体。显而易见，命题中的"是"仅是一个赋予对象意义的动作，这个动作要想达到其自身的目的，产生命题意义并能够被人们所理解，就必须有一个实有的、共同的经验世界和生存着、用语言交往着的人来为其奠基。这样一来，原本意义世界中的"是"的问题，就转化成为经验世界的"有"的问题，在这层意义上，"有"为"是"之基础。令人心烦意乱的情况发生了，"是"与"有"在印欧语系中都是一个动词，但产生了相互纠结的关系。"存在"这个动词在意义世界的整体关联中，主要体现为"是"的表述方式，因为在命题中的"有"，大多情况下可以用"是"来转述，只是转述方式很奇怪而已。比如"这本书在桌子上"，可以改写为"这本书是在桌子上的"；"上帝存在"可以改为"上帝是存在的"；

"生存还是毁灭"可以改为"是活下去还是去死",当然,这个表述不够雅观,但是意思没错。然而,真正无法被"是"所替代的"有",却不可否认地存在于命题和意义之外,那就是世界和人的实有,这个实有已经不再是关于空间关系的命题表述了,而是那个未能被命题所涵盖的,前命题的,前意义世界的实存世界本身,或者说为语言和"是"提供前提和基础的现实经验世界。

如果我们认为"是"(εἰμί、be)的作用就是用有意义的命题来描述、理解和阐释世界,那么这个赋予意义的动作和过程是如何发生的?只是在人们不断的讨论中,命题被说出来,世界就生成了吗?事实显然不是这样的。世界的生成,意义的涌现,存在的展开,显然不可能单纯作为言说和推理的结果,这个过程无法仅仅通过语言分析来获得理解。毋宁说,语言是人类描述世界的重要工具,也是世界产生意义且能够被理解的主要方式。在语言发挥其功能赋予对象意义的过程中,最神秘也最令人费解的事情,恰恰就是人们为何能够把一些特定的概念用于一个特定对象之上,而且能够在言说中逐渐形成关于对象的共识,也就是对象在如其所是的状态中自我呈现了。关于这个问题,我们目前只能够这样回答,它的答案一定在语言和概念之外,又在世界之中。因为语言只是一套符号体系,它需要附着于某个对象之上才有意义,这个"附着"需要依据,不是任意的,这个依据一定来自符号之外的某些源发性的行为或活动,这些行为或活动为语言的赋意功能提供了导向作用,这才是世界尚未彰显且更为隐秘的一面。

行文至此,我们开始逐渐展现出"存在"问题的艰难之处了:首先,意义世界是由命题组成的,命题的关键在于"是","是"是一个赋予对象意义的动作,这个对象无论是否实存,它只是个意义对象；其次，"是"这个动作是实存的人面向实有的世界而发出的动作，只有这样，"是"和由之而来的意义世界才是可能的，就此而言，"有"为"是"的前提；再次，为"是"和意义世界奠基的实存世界和生存的人是无法用概念和命题来替代的，而且也未被充分地理解和阐释，被理解的世界和自我都是前概念世界和人的清晰表象而已；最后，我们无法用命题、逻辑和推理去完整复制经验实存，因只能尽可能用不同方式描述它。

正是基于上述认识，我们特别要重申语言、哲学与生命之间的真实关系：语言是生命进行自我表达的重要方式之一，但不能由此而将语言等同于生命自身，除了语言之外，生命还拥有音乐、造型、视觉艺术等表达形式；语言之所以重要，在于它是人类最普遍、最方便的沟通工具，通过语言，人与人之间可以实现交流，达成共识，在这方面，语言是人类开展生命活动的最源初也最有效的手段之一；语言拥有相对独立的表达规则和意义体系，人使用语言的过程，也是人成为语言载体的过程，语言通过人来进行表述，把事情如其所是地说出来，或者说，让一个对象慢慢地在对话中自我显现，这就是语言的功能。因而语言既是生命的存在方式，也是理解和表达活动的工具，更是世界意义的呈现方式。就此而言，语言当然也必然是哲学思维中不可脱离的工具，是哲学活动的必要方式，因为哲学本身就是一个意义体系。所以，语言也决定了哲学的自我表达方式和边界，语言是哲学的命运，但是我们不能说语言和哲学是人类的命运，回到原初，它们只是生命进行自我表达的方式，仅此而已。借助语言，生命可以获得丰富的自我理解和意义充实，但如果不通过语言和哲学，生命仍然可以通过其他方式得以充实，因为生命是自在自为的，因而也是自由的。

第2节 "存在"的名字

一、存在、存在者、存在着

发表于1927年的《存在与时间》被誉为20世纪最重要也最难懂的哲学著作之一,该书行文佶屈聱牙是主要原因之一,海德格尔思想之深刻是另一个原因,而且二者之间是必然关联的。海德格尔自称无法找到更恰当的词汇来表达他的思想,因而只能基于德语语法规则和构词法去创造一系列新概念,并且活用一些旧术语,用这种方式开展他的哲学研究,以至于很多德国语言学专家以此来诟病海氏文体,称其为个人怪癖式的夸夸其谈。① 其实,这种情况在哲学史中是很常见的,伊曼努尔·康德(Immanuel Kant)出版了《纯粹理性批判》(*Kritik der reinen Vernunft*)之后,同时代的诗人文学家克里斯托夫·维兰德(Christoph Wieland)便公开声称康氏文体是对德语的"败坏"。康德本人马上承认了他的语言过于晦涩,语句过于冗长,从句结构过于复杂之类的问题,但他仍然坚持认为,只有如此这般的表述,才能够清晰准确地讨论哲学问题,所以在后续出版的哲学著作中,他仍然保持着晦涩冗长的康氏文风,为德国古典哲学开辟了康庄大道。海德格尔所面临的困境也是类似的,他也感受到康德内心中的危机感、责任感和庄严感。哲学是一种生活方式,这种生活方式对哲学家而言也是一种天命

---

① [美]约瑟夫·科克尔曼斯:《海德格尔的〈存在与时间〉》,陈小文等译,商务印书馆,1996年,第41页。

的召唤，作为哲学家必须积极响应这个召唤，正视生活世界中正在发生的意义危机。而哲学家应对时代危机的方式就是对它审视、沉思、阐释，讲清楚其由来、局限和超越方式，这就是康德意义上的"批判"，这也是哲学家的时代使命和生命责任，这个探索过程无疑是极其庄严而沉重的，他们的困境很难被世人所理解。

《存在与时间》究竟要讨论什么重要问题？答案就在书名里。海德格尔开章明义，人类文明长久以来遗忘了"存在"，误解了生命的意义，这是当代社会中最大的危机。海德格尔沿着柏拉图和奥古斯丁的提问[①]，开展对存在和时间的追问，从而构建起极其个人化的原创性思维，揭示出当代社会的潜在危机，这些真知灼见正在被人类历史的发展所验证。海德格尔认为，哲学的首要问题应该是"追问存在（Sein）的意义"，然而长久以来，哲学家们更爱讨论的问题是"存在者（das Seiende）是什么"，这就错过了哲学的真问题，从而陷入一系列莫名其妙的争论中。"存在"被人们遗忘，是一个刻不容缓需要人类走出的困境，但其并不是一件偶发事件，"存在"被遗忘，似乎是西方哲学中的命运，海德格尔就站在这条命运之路的分岔路口，他希望通过这本书开辟出另外一个方向，通往问题的起点，获得对存在的正确理解。

为什么说海德格尔恰如其分地指出了这一事实：西方哲学长久以来迷失在存在与存在者的混淆之中呢？关于这个问题的澄清，还是需要回到语言中进行分析。在前文中关于语言现象

---

① 柏拉图在《智者篇》（244a）中，借爱丽亚客人之口感慨道："既然我们陷于困惑之中了，你们必须向我们充分显明，当表述'是'（ὄν）的时候，你们究竟想表示什么，因为你们显然早就理解它了。我们从前也这样认为，而现在却感到困惑。"中译文参见《智者》，詹文杰译，商务印书馆，2012年，第54页。

和存在问题的回顾中，我们已经明确了"存在"在语言和思维中的关键地位、主要功能和阐释困境。尽管我们目前还是无法清晰地阐述何谓存在以及如何存在的问题，但是有几个语法点是必须重申的，只有这样才能够准确地理解海德格尔的问题起点。第一，存在（εἰμί、sein、be）能且只能被理解为一个产生意义的行为或动作，存在是一种动态过程，而不是静止状态，这个动作可以用动名词（εἶναι、sein、being）来指称。第二，存在实施其赋意行动的方式是陈述命题，命题都会指称着对象，这个对象被称为存在者（τὸ ὄν、das Seiende、being），存在者是广义的意义对象，而不能被狭义地理解为实存对象。第三，关于存在者正在存在着的状态，我们可以用现在分词（ὄν、seiend、being）来描述这个状态。搞清楚这些语法点的区别之后，我们就可以更清晰地理解海德格尔关于存在和存在者的论断了。所谓存在者，指的是命题中的意义对象，这个对象也是意义集合，命题关于这个对象的陈述，构成了存在者的意义和内涵，解释了存在者是什么。可是，"存在者为何存在？"这个问题无法通过命题的意义集合来回答，它只能回溯至"用命题阐释对象"这一行动过程中加以理解。如前所述，存在就是赋予对象意义的那个动作，存在者的存在状态也是存在这个动作的结果，也就是存在者的意义正在当下彰显着和持存着。就此而言，存在当然是存在者存在着的原因和依据，所以，sein 是 das Seiende 及其 seiend 状态的前提条件，这三者必须清晰地区分开。

如前所述，存在是印欧语系中命题和推理得以成立的前提，也是符合逻辑规则可交流的语言及思想的前提。因而，存在这个动作是令世界呈现出意义的前提条件，世界之所以能够被理解，而且能被众人所理解，这是存在发生作用的结果和历史进程，因而产生了人类所共同拥有的可相互沟通交流的意义世界。就此而言，存在是存在者得以呈现的前提条件，所谓存在者就是命题中所指涉的对象，这个对象只是个意义对象，不能被误解为实存，意义对象的出现是赋意行为发生作用的结果，这也就是说，存在是存在者显现的可能性条件，被存在所揭示的存在者是一个意义对象，是一个被言说的对象，也是一个可被思维、可被理解的对象。在古希腊文中，λόγος（转写为 logos）既是言说，也是理性、规律和尺度，被逻各斯所言说的对象就是存在者。海德格尔区分出存在与存在者之间的差异，是极其关键的哲学起点。存在不是存在者，二者绝对不能混淆，他认为传统哲学之所以"遗忘存在"，主要原因就是将存在问题误解为存在者问题，将存在误解为存在者之一类，或者范畴，这都是错误的思考方式，因为存在既不是谓词，也不是存在者，而是一切谓词和存在者成为可能的条件。换句话说，存在是理解存在者意义的前提条件，也就是存在者何以能够如此这般地存在着的前提。存在不仅让意义对象得以成立，而且还给这个对象赋予意义，因而要理解存在者的意义，就必须先理解这种令其呈现和持存的存在行动。存在也是保持存在者在意义上持存状态的前提，存在是使得意义对象的意义得以持存的那个动作，也就是说，保持存在者的当下持存状态。关于这种状态，我们可以用现在分词或现在进行时来描述，一旦这个状态结束，我们就应该使用完成式或过去分词来描述它。那么，如此看来，使得存在者能够得以保持在持存状态的那个动作（εἰμί、sein、be、存在），就应该与存在者的持存状态相区别（ὄν、seiend、being、存在着）。就此而言，《存在与时间》英译本中关于 sein 及其相关概念的翻译也是容易引起混淆的。Sein 在德语中就是动词 sein 的动名词形式，把这个动作以名词化的方式来称谓，在英文中用 be 的动名词 being 来翻译它。德语用 seiend 作为 sein 的现在分词形式，用来描述存在者的持存状态，这个词对应于英语中的现在分词 being。而德语用 das Seiende 来指称存在者，其英译文也是 being。这样看来，海德格尔严加区分的三个概念：存在、存在者、存在着，在英文中都对应于 being，这个译法使得海德格尔悉心整理出来的概念差异又混为一谈了。所以，即便是印欧语系内部，由于语言之间的差异，要准确翻译海德格尔的思想也是有难度的。

二、区分存在与存在者的意义

区分出存在、存在者和存在着之间的区别，只是海德格尔哲学的起点，它改变了哲学发问的方向，将关于存在的沉思导向一个更加晦暗不明的区域，也面临着更多的挑战。如果说，此前诸多哲学家思考的对象都寓于存在者领域，他们关于命题意义的分析和梳理只是在回答存在者是什么，尽管他们忽视了对存在这个源始动作的关注，但大规模、多层次地推进了对存在者的研究，在《存在与时间》诞生之前，相对论和量子力学已经日臻成熟，在存在被遗忘的年代，关于存在者的知识却在突飞猛进，这一现象又该作何解释？

关于这个疑问的解答，实质上涉及科学和哲学的根本区别与联系。科学是建立在经验观察和逻辑推理基础之上的理性学说，基于命题与实验之间的相互修正。事实上，科学家们在经验科学的观察和实验中，对于科研对象的表述也是句子或者表达式，都属于命题形式。就此而言，科学是一整套关于存在者的基于明确的、清晰的、可验证的命题集合而组成的理性知识系统。而哲学则应该关注为命题和存在者奠基的存在问题，而非关于存在者的研究。所谓存在者，如前所述，并非限定于实存对象,它是命题的意义对象,也就是说,当一个对象能够被命题清晰地表述的时候,它就成为存在者了。与之相对,哲学的对象是作为存在者前提的存在,哲学必须找到一种恰当合理的方式,突破存在者的意义世界,用理性和生命经验相结合的方式,借助存在者来领悟前概念、前命题的"存在"的意义。所以,哲学,究其实质,是一整套描述前命题、前理性经验的存在活动的求真思想,它必须具备穿透力、洞察力和领悟力,从体系化、论证化的逻辑世界中突围,用最贴近生命经验的方式来直接表达、描述和探究那个为确定性知识奠基的前知识、前论证的源始经验世界。从哲学与科学的区别来看,正是 Metaphysik(形而上学)与 Physik(物理)之间的关系,前者为后者奠基,并阐明其如何得其是,如何以如此这般的方式而存在着。所以,当海德格尔指出哲学家遗忘了存在的时候,并非因此要颠覆近代科学成就,他只是在提醒我们,这些科学成就只是关于存在者的理性知识,它们如此这般的存在着是有前提的,它们的前提就是变动不居且与生命息息相关的源始经验世界和从这个世界中发出的存在行动。一旦我们把存在者等同于存在,那就将引发一系列危机甚至是灾难。

首先,命题只是人们基于理性思维对世界的清晰表述,如果把世界的存在等同于存在者,那就意味着把世界理解为理性构造和命题集合,这个观点看起来似乎有些接近于维特根斯坦在《逻辑哲学论》(*Tractatus Logico-philosophicus*)中的立场,但是维氏在该书结尾处写道:"凡是可说的都可以说清楚,不能说的则必须保持沉默。"显然,能被说清楚的只是生命经验中很少的一部分,也仅是意义清晰的部分。那么不可说的部分是什么?它们与可说的部分有什么关系?这些问题维氏在早期著作中并未加以重视，他只是承认，在意义清晰的理性世界之外还有更广阔的领域，后者的重要性在《哲学研究》（*Philosophische Untersuchungen*）阶段得到充分的关注和考察。这个问题对于海德格尔而言是非常清晰的，他在《存在与时间》中就是要解答理性世界与前理性世界之间的关系问题，在他看来，对前理性世界的研究和强调要比构建理性世界重要得多。

其次，命题和理性追求的是确定性，它们要求在变化不居的现象界中提炼出不变的规律，认为后者更具有真理性，这个诉求从柏拉图一直贯通到当代科学主义。这种对确定性的迫切追求也就否定了经验世界的真理性，将变化排除在真理之外，所以巴门尼德就反复强调：真理是一，是不变，是整全。这个立场造就了生命与真理之间的对峙，当二者之间发生冲突时，真理先于生命，苏格拉底（Socrates）宁可追求真理而放弃生命。在这种理论思维中，存在者不再是有限定、有前提的对象，存在者存在着的状态也不再是有时间特征的存在状态，存在者超出了自身的限制而成为不变的超感性存在者，同时又要从超感性世界中降临到现象界，让时空中的存在者分有它的本质，柏拉图主义哲学基本上都是在这个逻辑框架中开展研究的。

再次，一旦真理被理解为由命题构成的理性逻辑规律，而科学和技术被理解为最符合理性特征的知识，那么人类世界将走向极为恐怖的未来，只有科学家可以代表真理，只有科学技术才是人类唯一值得学习掌握的知识，正义、善和美这些人文教育都要为科学让路。哪怕是不关心道德问题的科学家，也可能是掌握真理的精神导师，这样的生活和世界值得人类追求吗？可悲的是，当代的人类社会仿佛正在向这个方向走去，人类在欢呼机器人和人工智能时代的到来，科技进步正在成为评价社会发展和生命价值的核心指标，人们寄希望于生物技术和基因科学的进步，来获得更长久的生命，人类沉醉于一种由科学主义、乐观主义和进步主义共同演奏的安魂曲中不能自拔。

最后，如果把存在等同于存在者，最直接也最深层的影响，就是把人仅仅理解为存在者，而丧失了存在的可能性。存在者是命题和理性的对象，是能够用规律来掌握和研究的对象，也是现成的对象，我们可以精准地预测、控制这个对象的行为和感受。当人沦为丧失存在功能的存在者时，世界也就同时沦为丧失存在功能的一堆存在者了。一言以蔽之，无论人还是世界，在以存在者取代存在地位的时代，都处于生命的危机之中。

行文至此，我们大致能够理解，为何《存在与时间》这本书对于当代社会是如此重要。在佶屈聱牙的写作风格背后，在晦涩艰深的哲学概念运用之时，海德格尔作为一位真正的思想大师，其真切关注的问题是人类的共同命运。存在远比存在者重要和关键，因为只有追问存在问题，我们才能回答存在者为何以如此这般的方式而存在着，也只有在探索存在问题的道路上，生命的价值才能得以彰显，因为关于存在的问题只能由有生命意识的人来提出。同样，存在作为一种行动，也只能由拥有自由意志、生存欲望和领会能力的人来发出。作为世界中诸存在者之一的人，才是存在之谜的答案。

三、此在的意义

作为动名词的"存在"，也就是赋意行为，它的发出者是有理性、有语言能力、思维能力和行动能力的人。人既是存在行动的发出者，同时又是存在行动的赋意对象，也就是说，人既是赋意者，也是被赋意者，既是存在的行为主体，又是存在的实施对象。具体来说，存在这种赋意行为是人的生存方式和生命意义的来源，人的存在活动赋予人活着的意义，并不断扩展这个意义，这种活动让人能感受到生命的价值，而生命的意义就是在人的存在活动中不断展开的。就此而言，人是集存在和存在者于一体的特殊存在者，世界之所以有意义，就是因为人这种存在者所展开的存在活动，人类运用语言和思维能力来理解和建构世界，而在这个意义网络中，人又是存在活动的对象，意义世界同样也赋予人自身以生命意义，人才是意义世界的起源和目的。从这个角度来看，英文用 being 来翻译 sein 这个词，也并不错，因为人类这种存在者的存在状态就天然地包含着存在这个动作，并且是被存在行动所指向的目标。但是即便如此，我们还是认为二者之间不能画等号，因为人的存在具有超越性，超出自身，并以自身为对象，这完全不同于其他存在者的持存状态。这样看来，要理解存在的意义，首先必须理解人的生存状态，而人的生存状态中又内在地包含了存在行为，因为存在是人发出的行为。为了表达上述复杂关系，海德格尔别出心裁地使用德语词"Dasein"来指称"人"：Dasein 内在地包含了 sein，sein 是 Dasein 的生存方式，也是 das Seiende（存在者）的意义呈现的前提。而 das Seiende 中有一类非常独特，就是 Dasein，Dasein 既是 sein 这个动作的发出者，又是众多 das Seiende 的存在依据和意义起源，这里还包括他自身。也就是说，Dasein 还是 sein 这个动作所指向的对象，以及存在者意义整体所注释的对象。Dasein 就是这样一类极其独特的存在者，他是存在问题的起源，也是存在问题的目的和结果，还是世界意义的创制者和承载者。用 Dasein 指称人类，中文译作"此在",是海德格尔哲学思想中最重要的创见之一,它是开启通往存在迷宫的正门钥匙,只有清晰地描述出人、存在、存在者这三者之间相互嵌套的循环关系,才能正确呈现出存在问题的结构特征及解答思路。另外,Dasein 的使用也一举超越了传统哲学中的主体、客体、实体等人类中心主义所带来的困境,Da 在德语中就是"在那儿"的意思,表示在场。比如我们问一个人某物在哪儿,对方最简单的答复就是"Da",往往还附有指向性动作,意思就是:"喏,就在那里。"这种姿态隐含了海德格尔的哲学方法和理解存在的态度,其实问题并没那么复杂,就在那儿,只需要清晰地摆事实讲道理即可。这个方法被海德格尔称为现象学的方法,是让对象如其所是的显现的方法。由于 Dasein 在德语中是中性名词,因而在中译文中往往用"它"来指代 Dasein,我们在行文中也沿用这一惯例。

在海德格尔哲学中,Dasein 的意义是从最原初的视角来理解存在问题,人并不是某种神秘的存在者,而是一直在那里的存在者,人们天然地与其他存在者在一起,为了生存不断与周遭事物打交道,同时还不断地提问和反思:世界是什么?人是什么?自己又是谁?Dasein 所独具的生存结构,既是存在问题的根源,又是存在问题的指向对象,这种的循环结构给存在问题研究带来了很大的困扰,要回答"存在是什么?"的问题,就要回答"人是如何生存?"的问题,进而就要回答"人是如何在世界中生存?"的问题,而这个问题又关联着"存在者如何存在?"的问题,这仿佛回到了问题的原点。为了解开上面环环相扣的谜题,走进存在迷宫并获得真相,海德格尔运用了一系列独特的方法,这些方法有必要在正式进入存在问题的分析之前,预先做好阐明。

第 3 节　存在问题的研究方法

一、基础存在论的优先地位

存在问题之所以复杂，是因为我们所生活的世界中存在着两类存在者：一类是承载和彰显着意义的对象，无论是否在空间中实存，比如桌子、正义，都是存在者；另一类不仅是意义对象，还是赋意行动的发出者，他不仅承载和彰显意义，他还在不断探寻意义，他既是存在的承载者和执行者，也是存在的对象和过程，又是在世界之中与其他存在者共存的存在者，他就是生活着的人，海德格尔称其为 Dasein，中文翻译为此在。这两类存在者都与存在密切相关，或者说，都是以存在为前提的存在着的存在者。然而二者之间还是有着本质的差异，显而易见，此在在存在者中具有不可或缺的基础地位和优先性。此在这个独特的存在者是存在行动的承载者和发出者，存在是一种赋意行动，在这个赋意行动中，赋意的对象就显现为存在者，并由此被赋予不同的意义，存在者的丰富性与多样性就开始逐渐展现出来了。此在也是存在行动的实施对象，而且是非常重要的实施对象，此在最渴望赋予意义并获得意义的对象恰恰是他自己。此在一直是自己的一个问题，"我是谁？"这个问题并不具有现成答案，它是伴随着此在的成长和发展一直在追问和更新的问题。但是这个问题是不可能从其他存在者身上提出来的，此在会对其他存在者发问："它是什么？它为何存在？"但是被问者是不会主动提问和回答的，这就是此在与其他存在者之间的本质性差异。

让我们再重新梳理一下存在、存在者与此在之间错综复杂的关系。存在者是意义的承载者和彰显者，因而是最容易被理解的对象，它们以客体的形式呈现，在通俗意义上被认为是客观存在的。海德格尔将关于存在者所承载的意义内容的研究称为存在者层次的（ontisch）研究，比如科学、历史学、语言学等。如前所述，海德格尔真正关心的是存在问题，当我们思考的对象从现成的存在者转向存在，也就是探寻存在者何以可能的问题时，这种研究就是存在论上的（ontologisch）研究了，它所研究的东西就不是处于客体化现成状态的客观对象了，而是处于前理论、前反思的实践中的存在行动和过程。"关于存在的各种可能方式的以非演绎方式建构着的谱系学，它的存在论任务需要对如下问题预先有所领会：'我们在表述存在时究竟在意味着什么？'"① 与存在者的研究相比较而言，存在论问题显得更加源始和重要，如果我们对存在者的存在问题无法清晰地阐明，那么关于存在者的相关研究一定也是不明究竟的。

"存在问题的目标不仅指向使科学成为可能的先天条件，这些科学对如此这般地存在着的存在者开展研究，也就说科学已经在一种存在领悟中开展工作了；除此之外，存在问题的目标还指向的是使先于任何存在者科学并为其奠基的存在论自身成为可能的先天条件。"② 这句话读起来比较绕，但是意思还是很明确的，存在问题涉及两种知识的可能性先天条件，如果缺乏这些先天条件，这些知识就是不可能成立的。第一类知识就是关于存在者的科学研究，比如自然科学，当人们领会了自然存在者的存在方式之后，自然科学也就可以顺利开展了，因而存

---

① Martin Heidegger, *Sein und Zeit* (Tübingen：Max Niemeyer Verlag, 1993), p. 11.
② 同上。

在问题首先是自然科学之所以可能的先天条件。其次，更为重要的是，存在问题还是使科学成为可能的那个存在论之所以可能的先天条件。也就是说，自然科学需要关于自然存在者的存在论奠基，以阐明自然存在者之存在方式，从而保障自然科学的顺利开展。然而，自然存在者的存在论也是有前提的，它的前提条件也是存在问题，但不是就自然存在者的存在而提问，而是对此在的存在进行提问。这样看来，海德格尔把存在问题区分为两类：一般存在论（Allgemeine Ontologie）和基础存在论（Fundamentalontologie）。一般存在论指的是针对普遍意义上的存在者的存在所开展的研究，关注的是使存在者（das Seiende）成为可能的一般存在问题（Seinsfrage überhaupt）；而基础存在论则是为一般存在论进行奠基的存在论，它关注的是此在这个特殊存在者的存在方式，因为此在是存在问题和存在行动的发出者，因而，此在的存在问题也是一般存在论和其他各种区域存在论的可能性条件，没有此在的发问和赋意行为，也就无所谓意义世界的存在了。就此而言，针对此在的存在方式和结构进行研究的基础存在论就成为哲学研究中的首要问题。基础存在论通过对此在的生存结构进行先天性的、建构性的研究，揭示出此在之存在的方式和意义，从而为一般存在论奠定基础，海德格尔将其称为"对此在的生存论分析"（die existenzialen Analytik des Daseins）。

存在者有两类，此在和其他存在者，导致存在论也分作两种，一种是以此在的存在为研究课题，一种以其他存在者的存在为研究课题。此在作为特殊地询问着存在问题并以存在作为生存样式的存在者，他的存在活动是其他存在者存在的前提，这样的生存结构决定了此在的存在论研究必然是最基础的工作，这项工作被海德格尔称为基础存在论，以便与其他存在者的存在论相区别。"由此可见，同其他一切存在者相比，此在具有几层优先地位。第一层是存在者层次上的优先地位：这种存在者在它的存在中是通过生存得到规定的。第二层是存在论上的优先地位；此在由于以生存为其规定性，故就它本身而言就是'存在论的'。而作为生存之领会的受托者，此在却又同样源始地包含有对一切非此在式的存在者的存在的领会。因而此在的第三层优先地位就在于：它是使一切存在论在存在者层次上及存在论上（ontisch-ontologisch）都得以可能的条件。于是此在就摆明它是先于其他一切存在者而从存在论上首须问及的东西了。"①

海德格尔将此在的"本质"定义为"去存在"（Zu-sein），就是一直朝向某种目标的潜能与实现，这个过程也就是此在这种存在者的存在，被界定为生存（Existenz，这个词后来被海德格尔改写为 Eksistenz，以强调此在生存的超越性）。由于此在总是在其存在中领会到一种可能性，先行于它的现实存在状态而筹划、引领、规定着它的存在，也就是所谓的去存在，这样的存在特征被定义为此在存在的生存论建构（Existenzialität），或生存论性质（Existenzialien）。与之相对，非此在式的存在者的存在规定则是用范畴的方式。这个区别非常重要，海德格尔提醒到，我们在开展关于此在的生存研究时，无法使用范畴对其进行规定，因为这些范畴是在描述现成存在者的规定性时有效。基于此在的生存论特征，无论它处于存在者层次上还是在存在论上，都是一种可能性，一种在其存在中这样或那样领会到某种存在可能性并去存在的状态，因而不能将其当作现成之物来界定。海德格尔特别指出，此在的日常平均状态（Durchschnittlichkeit），也

---

① ［德］海德格尔：《存在与时间》，陈嘉映译，生活·读书·新知三联书店，1999年，第 16 页。这个词后来被海德格尔改写为 Eksistenz，以强调此在生存的超越性。

就是此在在存在者层次上的状态,具有特别重要的意义。因为它先天地具有生存论结构,即便是在存在者或非本真状态中,此在仍然在以某种方式为了它的存在而存在,只不过不是自在自为地,而是在逃避或遗忘自我中盲目地去存在。因而,即便如此,浑浑噩噩的存在中也包含着此在的生存论特征。经由对此在日常平均状态的存在论结构进行分析,我们就可以逐次深入地开展此在本真存在的生存论研究了。上述研究过程被海德格尔称为此在的生存论分析,分为此在的存在者层次上的分析和存在论分析,上述工作也被称为基础存在论。

基础存在论的提出是海德格尔为哲学作出的最重要贡献之一,他将哲学研究的聚焦点校正到关于人类生存的先天性知识上,将其定义为哲学和一切知识的基础和内核,开辟出其基础且关键的哲学领域,并提出一系列独特的研究方法,从前概念、前理性、前科学的人类生存活动中领会存在的本真意义,这也就是基础存在论的工作任务。海德格尔指出,理性和科学只是此在的存在方式之一,虽然也是非常重要的存在方式,但不是唯一可能的存在方式,更不是最切近的可能存在方式。① 如果我们将科学概念和理性思维等同于此在的存在,那将导致巨大的灾难,也就是说把活生生的人理解成为理性机器,从而把世界也理解成为理性机器所加工和改造的对象,这个灾难正在当代社会弥漫开来,尤其是人工智能带来的新的科学迷信,在很大程度上推进了人类沦陷入唯科学主义的进程。就此而言,海德格尔提出的基础存在论研究,不仅仅具有哲学上的重要意义,它实质上为人类的生存状态提出了非常严峻的警示,这个问题

---

① [德]海德格尔:《存在与时间》,陈嘉映译,生活·读书·新知三联书店,1999年,第14页。

不容忽视也不能懈怠，人类必须捍卫、珍视生存状态中理性之外的领域，那里是更加鲜活、更加生动、更有诗意、更有人情味的存在之根，它为一切科学和工具主义思想指明方向，划定界限，如果纵容科学和理性对人类生存方式的全面替代，那么人类将走向一个被工具、机器和机械思维所引导的反人类的冷酷未来。

二、诠释学的现象学

现象学既是一种哲学方法，也是一个哲学流派，后者也被称为现象学运动，哲学主张可被归约为"回到事实本身"（Zu den Sachen sebst!），用本源性的经验来解释哲学问题。现象学的奠基人是德国哲学家埃德蒙德·胡塞尔（Edmund Husserl），他青年时代在莱比锡大学学习天文学、数学和哲学，在维也纳大学获得数学博士学位，在早期的学术生涯中，胡塞尔从事于数学和逻辑学研究。胡塞尔在维也纳大学就读时，参加过哲学家和心理学家弗朗兹·布伦塔诺（Franz Brentano）的课程，后者提出在人类的心理表象活动中普遍存在着"意向性的内存在"（inexistenz）特征，即任何心理表象活动都意向性地指向或包含着一个内容或对象。在布伦塔诺的影响下，胡塞尔开始关注哲学问题，他尝试通过"意向性"原理来解释意识活动的结构和本质，从而使哲学成为一门"严格的科学"。胡塞尔提出的意向性原理指的是先悬置外在世界有无问题的争议，将表象活动还原为内在但又确定的过程，从反思内感官表象机制出发去描述意识活动的客观规律，这样就可以为哲学思想争取到一个确定性基础。胡塞尔指出，任何知觉表象和经验都是意识建构的结果，意识包含着一个先天的、前概念化的、纯功能性的建构机制，即隐藏在直观对象背后的作为意义背景的视域

(horizont)。

海德格尔非常推崇胡塞尔所提出的"回到事实本身"的立场，但他不满足于胡塞尔在内在意识方面的执着探索，也不认可先验主体和先验观念的提法，更不认为"主体间性"有助于突破意识内在性的问题，他认为胡塞尔意识研究的起点就出了问题，现象学还原的不应该是意识与对象之间的认识问题，而应该是前反思、前理论的存在问题。他在《存在与时间》的"导论"中重新阐释了"回到事实本身"的意义：那自我显示的东西，如同它从自身中显示的那样，被人们从它自身中看到（*Das was sich zeigt, so wie es sich von ihm selbst her zeigt, von ihm selbst her sehen lassen*）[1]。他在后文中反复阐释了这个现象学的观念，海德格尔直白地表达了他对胡塞尔现象学的感激之情，他如此写道："通过胡塞尔，我们不仅重新领会了一切真实的哲学'经验'的意义，而且也学会了使用解决这个问题所必须的工具。只要一种哲学是科学的哲学而对其自身有所领会，'先天论'就是它的方法。正因为先天论同虚构毫不相干，所以先天的研究要求我们妥善地准备好现象基地。必须为此在的分析工作做好准备的切近的视野，就在此在的平均日常状态之中。"[2] 根据海德格尔的解释，回到基础存在论研究的事实本身，也就意味着对此在的生存构造开展研究，这些研究来自经验领域，但不是经验的归纳总结，它只能是先天的研究，关于生命事实的前概念、前理论式的领悟。

海德格尔在《存在与时间》中指出："存在论与现象学不

---

[1] Martin Heidegger, *Sein und Zeit* (Tübingen: Max Niemeyer Verlag, 1993), p. 34.

[2] ［德］海德格尔：《存在与时间》，陈嘉映译，北京：生活·读书·新知三联书店，1999年，第59页。

是两门不同的哲学学科……这两个名称从对象与处理方式两个方面描述哲学本身。哲学是普遍的现象学存在论；它从此在的诠释学出发，而此在的诠释学作为生存的分析工作则把一切哲学发问的主导线索的端点固定在这种发问所从之出且向之归的地方上了。"① 这个地方就是人的存在，即 Dasein。此在是世界中众多存在者中的一类，但是是非常与众不同的一类，此在作为存在者在它的存在中与这个存在自身相关，也就是说，此在的存在建构（die Seinsverfassung des Daseins）中包含这样的情况，此在在它的存在中与这个存在之间具有一种存在关系（Seinsverhältnis）②，换句话说，此在是在其存在中关心这个存在本身的存在者，只有对于此在这种独特的存在者而言，存在才是一个值得和必须关心的问题，此在总是在存在中以某种方式对自身有所领悟，这个存在者与存在的关系是存在论意义上此在存在的独有关系。简言之，只有在此在的存在中，存在问题才能够得以提出和彰显。简言之，此在这个存在者的独特之处就在于：此在总是在它的存在中领会着存在、谋划着存在，且经由它的存在而不断发展。此在与存在的存在关系既是自我对自我的提问，也是自我对自我的回答，此在对存在的领会就是此在本身的一个存在规定（Seinsbestimmtheit）。需要指出的是，对此在而言，存在问题和存在领会是先于任何理论研究的，它的存在论特征是前反思的，因而是此在的存在规定，也是此在的存在建构。面对如此这般的存在建构，此在的生存论分析工作是很难开展的，因为此在和它的存在不是一个现成的对象，

---

① ［德］海德格尔：《存在与时间》，陈嘉映译，北京：生活·读书·新知三联书店，1999 年，第 45 页。
② 同上书，第 14 页。

此在通过去存在的行动来存在，这种去存在的存在行动又改变着此在和它的存在，这里面存在着一个难以拆解的循环。面临如此困境，威廉·狄尔泰（Wilhelm Dilthey）提出的生命诠释学给了海德格尔非常重要的提示。狄尔泰认为，人文学科与自然科学之间有着本质的差异：前者研究的对象是有生命的人，生命是充满意义的流动的体验，其研究方法应该是理解与解释；后者研究的对象是可重复的自然界，研究方法是观察、实验与推理。狄尔泰指出，生命是个人内在的直接体验，是不可能通过外部观察和实验来获取的，这种流动的生命体验是我们理解他人和自我的基础，也是人文学科不可背离的基准点。人文学科有别于自然科学，应该放弃对客观性的追求，而更加专注个体的生活体验和历史背景，研究者通过共情的方式来进入他人的视角，通过自身的生命体验去感受另一个生命并产生共鸣，从而完成对研究对象的理解和诠释。狄尔泰认为，人类的理解是历史性的，即它总是在具体的历史情境中进行。狄尔泰认为，人类的每一个经验都是时间性的，都是历史的一部分，因此理解必须考虑到时间和历史的影响。狄尔泰的生命诠释学试图解决人文学科中如何理解和解释人类行为、文本和历史的问题。人类生活在一个由意义构成的世界中。这个世界不是由客观事实堆砌而成的，而是充满了文化、历史和社会赋予的意义。诠释学的任务是通过理解这些意义来把握生命的全貌。狄尔泰反对将自然科学的方法应用于人文学科。他认为，自然科学研究的是外在的、可观察的现象，而人文学科研究的是内在的、不可观察的生命体验。因此，他主张人文学科需要一种独特的理解方法，即诠释学（Hermeneutik）。

　　狄尔泰的生命诠释学对海德格尔解开此在生存的谜团提供了极其重要的方法论指引，生命是直接的、内在的、流动的体验，是一种前理论的生存状态，我们每个人所拥有的活生生的生活经历（erlebnis）总是以前概念和前反思的方式构成一切理解活动的背景。因而，关于此在存在的研究，只能是诠释学、现象学二者相结合的方式，诠释学将生命与生命之间的对话作为方法，以生命共有之领会为彰显生存结构的契机，而现象学则让存在者以如其所是的方式显现自身，二者的结合，为此在的生存论分析提供了不可替代的思想方法。

第 4 章

日常性、本真性与时间性

第 1 节 日常生活的存在论诠释

一、转向生活世界

"生活世界转向"是 20 世纪哲学中的一个重要趋势，特别在现象学、诠释学以及马克思主义哲学的引领中，当代重要哲学家纷纷将研究视野转向日常生活。威廉·狄尔泰生活在自然科学蓬勃发展而人文科学日渐式微的时代，他敏锐地觉察到欧洲文化在其根基处出现了问题，人文精神正在让位于科技进步，他感叹，自希腊罗马世界灭亡以来，人类社会及其全部观念还从未受到过如此巨大的摇撼。面对前所未有的变局，狄尔泰把哲学研究的核心问题转向人类生活活动。狄尔泰反对抽象的概念思维方式，他在《精神科学导论》(*Einleitung in die geisteswissenschaften*)中，把生命概念（Leben）规定为哲学的核心对象。他认为生命是思想的起源，"所谓'生命'，作为某种包含整个人类的关连，乃是在体验与理解时产生于我们心中的东西的全体"。狄尔泰要求人们从生命的实际体验来了解生命，他认为生命的原初经验是一种关连整体，是一种动态的历史性的存在历程，是自我与世界的统一体，自然与自由的统一体。主体与客体的分离植根于"活生生的生命经验"中，因而是生命的结果和部分。狄尔泰主张哲学应该去理解日常生活，而非空洞的概念。

现象学奠基人胡塞尔在后期著作中提出，生活世界是人类所有理论建构的基础，是未经科学化、抽象化或系统化处理的原初经验世界，现象学必须从对先验自我的关注走向日常生活世界的阐释，否则就不能"回到事实本身"。如同胡塞尔在先验在意识结构领域中所开展的探索，他试图在日常生活世界中基于先验自我来构建一个人与人共处的生活世界，因而也提出"主体间性"问题，将复数的先验自我安置到先验世界的原初构建中。受胡塞尔影响，海德格尔、梅洛庞蒂、伽达默尔、德里达等现象学家都尝试着用不同的方式来理解日常生活世界，他们强调日常经验的根源性与本体论意义。"生活世界转向"代表了一种哲学研究的重心从抽象的、理论化的世界观转向对日常生活经验、实践活动和具体世界的关注。这一转向强调了人类生活实际情境的优先性及其在世界和自我建构中的核心地位。

20 世纪 30 年代，马克思早期的三部重要手稿得以清理问世，分别是《黑格尔法哲学批判》（*Zur Kritik der Hegelschen Rechts-Philosophie*）《1844 年经济学哲学手稿》（*Ökonomisch-philosophische Manuskripte aus dem Jahre 1844*）和《德意志意识形态》（*Die Deutsche Ideologie*）。这三部手稿如实地勾勒出马克思哲学思想的成长历程，也为后继学者的马克思思想史研究提供了重要的参考。上述三部手稿由于各种历史原因，都未能在马克思生前得以发表，因而长久以来不为人所知。自从 20 世纪初公开了这批手稿之后，关于它们的讨论在中外学界中绵延不绝，其中的焦点问题之一便是"生活"概念的哲学意义。在这三部早期手稿中，马克思从不同角度将生活概念提升到哲学本体论位置，从这个关键问题出发，马克思分别扬弃了黑格尔的绝对观念论、费尔巴哈人本主义和青年黑格尔派的种种批判哲学，开辟出通往历史唯物主义的哲学通路。上述问题在笔者的博士论文《"生活"的发现与历史唯物主义的形成》中有所探索和梳理，在这里不作赘述。需要指出的是，马克思早期手稿的刊发引发了西方马克思主义关于日常生活研究的持续热潮，尤其是以马尔库塞、哈贝马斯、列斐伏尔等为代表的学者，分别开展了极其具有启发性的研究，相关综述在前文中已经有所涉及。

一战结束之前，维特根斯坦基本上完成了《逻辑哲学论》的写作，他在书中提出了一系列原创性思想，被后人归纳为逻辑原子论。这本薄书引发了20世纪的"语言哲学转向"，并为当下如火如荼的人工智能研究奠定了哲学和语言学基础。维特根斯坦在书中提出了七个语言哲学的基本命题：（一）世界就是事实的集合，事实是事态关系；（二）事实的存在和不存在构成了世界的状态；（三）思想是事实的逻辑图像，语言表达思想，语言的结构也反映了世界的结构；（四）思想可以通过有意义的命题来表达，思想也是关于世界中某一事实的陈述，只有有意义的命题才能表达思想，它可以被验证为真或假；（五）一个命题的意义在于它的真实性条件，也就是它能否在世界中找到一个相对应的事实；（六）逻辑是思想的镜像，它反映了世界的结构，是所有命题和思想的基础，是所有语言陈述的前提；（七）对于无法言说的东西，人们必须保持沉默——这也是《逻辑哲学论》最后也是最著名的一个命题。维特根斯坦认为，有很多语言表述对象超出了语言的功能范围，比如伦理、宗教、形而上学等问题，传统哲学问题实际上是语言误用的结果，通过清晰的逻辑分析，这些问题可以被解决或被消除。完成《逻辑哲学论》后，维特根斯坦认为自己已经解决了哲学的根本问题，因此他觉得没有必要继续从事哲学研究，应该去追寻另一种更有意义的生活方式。在1920年至1926年间，维特根斯坦离开了剑桥大学，隐居到奥地利的乡村中担任小学老师，希望通过教书来找到内心的宁静和生命的意义。但事实并非如他所愿，在乡村教书期间，维特根斯坦对于道德标准的严苛和对孩子的体罚令村民难以接受，乡村生活的平庸、孤独乃至冲突令他难以安顿。与此同时，《逻辑哲学论》的德文版和英文版问世后，逐渐获得了学界的认可和共鸣，他的思想能够被理解和接受，而与此同时，维特根斯坦也在隐居中意识到此前认识中的不足和缺憾，那就是对于语言逻辑的过度自信，语言本质上不是逻辑问题，而是使用问题。1929年，维特根斯坦回到剑桥大学，以《逻辑哲学论》完成博士学位答辩，成为三一学院的哲学教师，1939年接替摩尔的教授职位。在此之后，他开始酝酿另一本惊世骇俗的巨著《哲学研究》，这本书中提出了"语言游戏"理论，基本上放弃了早期逻辑原子论主张，将语言哲学的研究重点从逻辑分析转向日常语言规则的研究。1947年，在《哲学研究》的构思和习作行将完成之前，维特根斯坦义无反顾地辞去教职，离开剑桥，因为他深刻感受到现代学术体制的荒诞与无聊，这个职业身份是哲学的敌人，限制了他的思想自由。维特根斯坦在自杀冲动和道德义务的纠结中度过了令世人敬仰的一生，他在临终之际，对身边的友人说："告诉他们我过了极好的一生。"维特根斯坦在后期思想中指出，语言不是单纯的逻辑结构和严守规则的世界图像，语言如同现实生活一样变动不居，想象一种语言就是想象一种生活方式，语言的意义不在逻辑分析中，而在于日常使用中。理解语言也就意味着理解它的日常使用规则，维特根斯坦将其称为"语言游戏"，决定这个游戏规则的因素并非仅限于逻辑，而是具体使用场合和形成共识的方式。由此，维特根斯坦的语言哲学思想也不可避免地通往日常生活研究。

二、此在的世界

海德格尔在20世纪的日常生活研究中无疑是独树一帜的，在《存在与时间》中，关于日常生活的存在论分析成为海德格尔剖析此在生存状态的关键线索，由此导出此在的生存论建构。我们在上一章中业已阐明，海德格尔真正关心的哲学问题是"存在"，当人们提问"何为存在？"时，实际上涉及三方面的问题：第一，问之所问（Gefragtes），即"何为存在"中的"存在"；第二，被问及的东西（Befragtes），被问及的对象，谁的存在？问题所指涉的是存在者之存在，存在者就是被问及的东西；第三，问之何所以问（Erfragtes），提问真正指向的问题领域，也就是"存在者何以存在"的问题。基于上述问题结构的剖析，我们可以把存在问题进一步推进到存在者何以存在的探讨上。前面已经有所阐释，存在者之所以存在，是因为有一类独特的存在者此在（Dasein），它既是存在行动的发出者，又是存在问题的提出者，因而，关于"存在者何以存在"的问题就转换成为"此在如何存在"的问题，或者说，澄清后者是回答前一个问题的前提条件。

此在的存在状态被界定为去存在（Zu-sein），因而此在不是其他存在者的现成状态，它是一种在先行领会中不断实现的过程，因而被称为生存（Existenz）。此在的生存状态是解答存在问题的关键，只有从生存论上对此在的生存状况进行透彻且适当的阐释，也就是基础存在论研究，才能够将存在问题的探究推进到其他存在者的存在问题上，即区域存在论研究。为了让问题更加清晰，海德格尔区分了存在者层次上和存在论上的两种思考方式，前者思考的是存在者是什么，后者思考的是存在者何以如此这般地存在。相对于其他存在者而言，存在者层次上的"是什么"是一种现成状态，也就是被存在行为所规定的对象意义，或者说，一个被意义所充实着的对象；就其存在论上，该存在者是由于此在的存在行动而区分出对象和对象意义，而此在的存在行动是如何运作的，这一问题有待澄清。"此在总是从它所是的一种可能性、从它在其存在中这样那样领会到的一种可能性来规定自身为存在者。"① 这句话的关键在于"这样"或"那样"，此在如何获得存在领会，决定了此在以何种方式存在，这是《存在与时间》中重点关注的问题。让我们进一步关注此在的存在状态，此在在存在者层次上表现为生存的一般状态，也被称为日常状态或平均状态，此在是什么，就是一种一般意义上的去存在状态，也就是一种"其所是"的可能性；此在在存在论上则需要阐明此在的平均状态何以会如此这般地构建并持续着，关于这个问题的探讨才是基础存在论的根本议题。这里需要特别指出的是，对于海德格尔而言，存在论上的思考当然是根本究竟，但这并不意味着存在者层面上的探讨不重要，恰恰相反，在存在者层次上的准确和恰当的描述，正是可靠地开展存在论研究的必要导引和准备基础。正如海德格尔所言："我们所选择那样一种通达此在和解释此在的方式必须使这种存在者能够在其本身从其本身显示出来。也就是说，这类方式应当像此在首先与通常（zunächst und zumeist）所是

---

① ［德］海德格尔：《存在与时间》，陈嘉映译，生活·读书·新知三联书店，1999年，第51页。

的那样显示这个存在者,应当在此在的平均的日常状态中显示这个存在者。我们就日常状态提供出来的东西不应是某些任意的偶然的结构,而应是本质的结构。"① 关于此在的日常生活分析,开启了海德格尔解答存在问题的序幕。

海德格尔的此在存在分析基于两个出发点:第一,此在的"本质"在于它的生存,它总是去存在的种种可能方式;第二,此在总是我的存在,这种"向来我属"(Jemeinigkeit)的性质决定了此在把自己的存在作为它最本己的可能性来对之有所作为。正是基于上述两个特征,此在总是在这样或那样的方式中选择着它想成为的那个自己,这也就意味着存在有本真状态与非本真状态,这是由向来我属这一点来规定的。非本真状态并非"较少"或"较低"存在,而是"可以按照此在最充分的具体化情况而在此在的忙碌、激动、兴致、嗜好中规定此在"②。事实上,海德格尔开展的此在生存的日常平均状态研究,远非日常生活研究领域中常见的经验性研究,关于此在的生存活动阐释毋宁说是一种关于日常生活的先验研究,它从经验事实出发而阐述经验背后的先验结构。就此而言,海德格尔的此在分析绝不能被理解为人类学、心理学或生物学意义上的研究,尽管这是一个长久以来难以消除的误会,确切地说,它既是一个先验研究,也是为了基础存在论的深入探讨而开展的准备性研究,这个研究的关键词是"世界"。海德格尔没有像胡塞尔或其他主体主义哲学家那样,从自我或先验自我出发构建世界,他反其道而行之,开宗明义地将世界定义为此在存在的经验

---

① [德]海德格尔:《存在与时间》,陈嘉映译,生活・读书・新知三联书店,1999年,第20页。

② 同上书,第51页。

和先验意义上的事实和前提。"我们现在必须先天地根据于我们称为'在世界之中'的这一存在建构来看待和领会此在的这些存在规定性。"① 在进一步阐释"世界"和"在世界之中"的观念之前，我们需要明确，海德格尔意义上的世界既非与人无关的所谓客观或自然世界，也不是以思维和逻辑为内核的观念世界，而是一种前概念、前反思的事实性的先验生存结构，它天然地包含此在，并内在于此在，因而不能把世界理解为"人与世界"这种对象关系意义上的世界。世界"绝非意指把一些现成物体摆在一起之类的现成存在。绝没有一个叫作'此在'的存在者同另一个叫作'世界'的存在者'比肩并列'那样一回事"。②

海德格尔反复强调研究此在和此在存在的困难和独特性，同样的困境也体现在世界问题上。"这个存在者没有而且绝不会有只是作为在世界范围之内的现成东西的存在方式，因而也不应采用发现现成东西的方式来使它成为课题"③，此在不是现成的存在者，而是一种去存在的可能性，我们也可以如此理解世界，世界是此在的一种结构性生存方式，它也不是现成的存在者集合，而是一种发展着的可能性。关于此在、此在存在方式以及世界的研究，本质上是一回事，只是从不同的角度进行描述而已，这个研究不可能用范畴和概念的方式开展，因为这些方式仅对现成存在者有效，因而我们必须采用诠释学、现象学的方式，用自己的生命体验和领悟来让上述概念如其所是地呈现出来。由此，海德格尔特别强调前概念、前逻辑的理解方

---

① [德]海德格尔：《存在与时间》，陈嘉映译，生活·读书·新知三联书店，1999年，第62页。
② 同上书，第64页。
③ 同上书，第51页。

式:"领会"(verstehen)。领会指的是此在对自身存在可能性的一种理解和预见。它不仅仅是对世界中的事物的认知或知识获取,更重要的是它涉及此在如何理解和解释自己的存在以及与世界的关系。海德格尔认为,领会是一种根本性的存在方式,它体现了此在在世界中的行动、选择和可能性的结构,它是一种先行并引领着此在去存在的原初生存方式,从而使得此在和其他存在者获得存在者层次上的意义,这也就是所谓的"存在先于本质"。领会是海德格尔对于胡塞尔现象学的重要改造,是将现象学"视域"与意向性概念移植到存在论的创新,也是存在论分析中最重要的概念术语,只有通过领会,此在存在才得以可能,对此在存在的存在论分析才得以可能。

对于海德格尔来说,世界是此在存在的一种性质,是此在"在世"(In-der-Welt-sein)的基本结构,世界不是简单的物理空间,而是意义的网络。世界是此在在其中生活、行动、理解和解读自身及其他存在者的架构,是此在的存在方式,也是其活动和理解的形式。世界由一系列相互关联的意义和活动构成,海德格尔称之为"世界之世界性"(Weltlichkeit der Welt)。这一概念表明,世界是通过各种事物及其功能、目的、价值等相互关联的方式而展现的,这意味着世界是一个充满意义的场域,物体、工具、环境都通过其在世界中的功能和关联被赋予意义。

在世界之中也就意味着存在者消散在世界之中,这个消散的方式不是从一个"自我"和"世界"的原初对峙方式而开展的,而是自始至终的消散与融合,在世界中,是此在作为存在者与其他存在者相照面的前提条件。这种在世界中一点也不玄妙离奇,相反是实实在在的生命事实,无论何种身份、教养或感知方式,人们总是以这样或那样的方式和某种东西打交道,设计着、制作着、安置着某种东西,利用着、消耗着、放弃着某种东西，考察、询问、谈论、规定着某种东西，这就是在世界之中此在的根本存在方式：操劳（Besorgen）。Besorgen 这个词就是引起众多误读的"麻烦"之一，在德语中，besorgen 是具有多重含义的动词，首字母大写后也可以用作动名词。这个词的主要意涵有：第一，购买，获取，设法得到某样东西；第二，照顾、照料、照看；第三，办理、处理、担任、执行；第四，担心，担忧。海德格尔在使用这个术语时，应该说上述意思兼而有之，但又不能归属于某一种意思，它指的是此在在世界中存在的基本方式，就是跟其他存在者打交道的方式。在《存在与时间》的中译本中，这个概念有时被译为"烦"，不能说这种译法错误，但是只强调"担心"的意思，显然有所偏颇。这个概念首先是个动词，并非"烦"所表达出的强烈的负面情绪，更接近于操持、操劳。而且在海德格尔关于本真生存和本真时间的分析中，besorgen 是一个非常重要的此在自我觉醒的方式，也就是为自己的生命意义而操心，这个意义肯定不能用"烦"来表达，相反，它是此在从沉沦走向真我的回归之路。英译本有时将 besorgen 译为 care，也不是非常准确，care 的关切和情感意味太浓，besorgen 更强调具体的、实践性的操作和对事物的处理，并非关心、关切的意思。

海德格尔在使用"在世界之中存在"（In-der-Welt-sein）或"在之中"（In-Sein）时，特别强调这里并非空间上包含或并在的意思，它不是一种现成的静态关系，而是一种原初的亲近、熟悉、逗留方式，它是此在生存的基本结构特征。"只有当一个存在者本来就具有'在之中'这种存在方式，也就是说，只有当世界这样的东西由于这个存在者的'在此'已经对它揭示开来了，这个存在者才可能接触现成存在的世界之内的东西。因为存在者只能从世界方面才能以接触方式公开出来，进而在它的现成存在中成为可通达的。如果两个存在者在世界之内现成存在，而且就它们本身来说是无世界的，那么它们永不可能'接触'，它们没有一个能'依'另一个而'存'。"① 正是操劳（besorgen）这种原初的此在与世界内的存在者打交道的基本方式，使得世界作为整体关联得以呈现，世界又区分为以用具为关注点的"周围世界"（Umwelt）、以平均状态上的此在为关注点的"共在"（Mitsein）和"自己此在"（Selbstsein），以及对此在生存状态和结构的阐释"在之中"（In-Sein）和"在此"（Da-sein）。

在关于周围世界的分析中，海德格尔赋予用具（Zeug）这个最平凡的词以极其不平凡的意义。他指出，用具从来都不是一个东西，而是指向一个用具意义整体，这个用具意义整体规定着具体某个用具的"所是"。当人们使用某个用具时，总是被特定的实用目的所牵引，在对周遭寻视（Umsicht）中找到称手的用具来达成这个目的。这种看似平白无奇的陈述中，其实隐含着海德格尔极为独特的现象学研究方式"看"（Sicht）。"看"是一种原初的前理论、前概念的领会，在"看"中，世界和存在者得以呈现，而"看"则是一种有视域的直观行为，这种视域也就是用具意义整体，只有在视域中，对象才能被赋予个体意义。海德格尔在这里要强调的，无非就是即便在日常状态的用具使用中，此在先天的"看"一直发挥作用，这是一种前知识的领会。

海德格尔将用具区分为上手状态（Zuhandenheit）与现成在手状态（Vorhandenheit）。所谓上手状态指的是工具称手的情

---

① ［德］海德格尔：《存在与时间》，陈嘉映译，生活·读书·新知三联书店，1999年，第65页。

况，存在者消融在具体的使用关系中，而没有作为一个"专题"呈现出来，也就是说，在用具整体意义的指引中，对象性关系尚未成立。"上手的东西根本不是从理论上来把握的，即使对寻视来说，上手的东西首先也不是在寻视上形成专题。"① 所谓现成在手状态指的是工具不再称手、不再合用时的情况，也就是说它在使用中遇到了问题，当使用者需要想办法来解决这个不正常的问题时，用具就从上手状态转变成在手状态，它成为思考和研究的专题对象，从用具意义整体中凸显出来，成为一个用命题、逻辑和思维来解释的对象。需要指出的是，在手状态与上手状态之间并非非此即彼的关系，后者不过是前者的一种不正常状态，在手的东西仍然是上手的。上手的东西具有适合性（Geeignetheiten）与不适合性，而它的"属性"（Eigenschaften）就依附于现成在手状态，如同现成在手状态只是上手事物的一种可能存在方式。

之所以要区分工具的上手状态与在手状态，海德格尔希望由此而引出周围世界的存在论规定。首先，在世界中的此在与在世界中的其他存在者打交道的原初方式是操劳，这种照面中的存在者处于上手状态。其次，当上手之物成为专题研究对象之后，它就成为可以用范畴、命题和定义加以规定的那种存在者的现成在手状态。由此可见，现成在手之物，也就是被理论清晰描述的对象，是以上手之物为前提的，而上手之物之所以能够如其所是地被拿来使用，是因为此在在操劳中领悟了用具意义整体，也就是在寻视中看到了某个称手工具，便拿起来用。就此而言，世界之为世界，是此在在操劳中连接起来的意义整

---

① ［德］海德格尔：《存在与时间》，陈嘉映译，生活·读书·新知三联书店，1999 年，第 82 页。

体，也是一切在世存在者能够在存在者层次上得以呈现的根本条件。世界作为世界或视域，是此在所独具的前理论、前概念的存在方式，它是由生存活动所引发的一系列意义关联整体，它具有历史性和当下性，它属于并内在于每个此在，但也并非每个此在从无到有的发明创造。

三、此在的常人状态

世界除了具有用具意义上的适用性与不适用性之外，更是人与人共处的意义关联整体，此在作为特殊存在者，在世界中始终要与其他此在共存，这种打交道的方式完全不同于使用工具的方式。海德格尔在解释完日常状态的用具之后，马上开始提问：此在在日常状态中所是者为何人？如前所述，此在作为特殊存在者是一种去存在的可能性，因而不能用工具的上手或在手状态去描述，此在与他人共在的世界也不能用使用关系来解说。海德格尔特别指出，关于世界中的他人，一直隐藏在用具的意涵背景中，因为工具从来都不是给某个人所独用的，他人的共同此在往往从世内上手的东西方面来照面。作为世界整体关联的领会，一直都是对他人共在的关系的领会，他人不是通过用具所推论出来的结果，与他人共在是此在存在的先天结构。"他人的这种共同此在在世界之内为一个此在从而也为诸共同在此的存在者开展出来，只因为本质上此在自己本来就是共同存在。此在本质上是共在——这一现象学命题有一种生存论存在论的意义。……即便他人实际上不现成摆在那里，不被感知，共在也在生存论上规定着此在。此在之独在也是在世界中共在。"[①]

[①] [德]海德格尔：《存在与时间》，陈嘉映译，生活·读书·新知三联书店，1999年，第140页。

操劳是此在在世的一般存在方式（Sein des Daseins überhaupt），当这种活动面向在世界中的上手之物的寻视打交道时，被称为操持或操劳（Sorge），当这种活动面向在世界中的他人开展时，被区别定义为操心（Fürsorge）。海德格尔将为衣食、起居、照顾他人而发生的为此在而操劳的活动区别出来。所谓的 Sorge 与 Fürsorge 之间多了一个前缀 Für-，意思是"为了……"，指的是为了另一个同等的此在而发生的操劳，这里的活动本质上不同于对用具的操作，这种行动是一个意志面对另一意志，一个此在面对另一个此在的活动。中译本中将对用具的 Sorge 译为操心，将对此在的 Fürsorge 译为操持，我们认为意思恰恰反了，对物的关系可以不动心而动手，所以操持可能更准确，而且海德格尔一再用上手与在手来谈论用具关系。而对他人的操劳之所以不同，就在于需要用心，就是 Fuer- 的意思，所以操心更准确。我们可以说"这个孩子真让人操心"，这里把操心换成操持就很怪。

与他人打交道时的操心（Fürsorge）并未特别倾向于某种情绪或关系，可以是爱、关切、牺牲，也可以是冷漠、蔑视、抛弃等态度。在与他人的操心关系中，此在面临两种极端的可能性，一种是代劳（einspringen），一种是表率（vorausspringen）。代劳意味着把他人的义务或权利揽到自己身上，表面上是替他人操劳，事实上是剥夺了他人的权利，使对方成为依附者或被控制者。表率则体现为另一种关系，此在不会对他人越俎代庖，而是把操劳的权利还给他人，保持着宽容与放手的态度，让对方真正能够在事关己身的操劳中有所成长。当现象学的"看"之目光触及这两种面对他人的关系时，这种看就不是为了实用目的的寻视（Umsicht），而是作为控制和从属关系的顾视（Rücksicht），也就是瞻前顾后的意思；以及作为宽恕与放任的顾惜（Nachsicht），类似于达观的意思。

海德格尔在描述此在的在世之在的周围世界时，提及此在在与世界打交道的过程中，会消融在世界中，在操劳中失去了本真的自我，这种情况同样也体现在此在与他人的共在中。此在在与他人打交道的过程中，总是操心于它与他人之间的差异，此在希望逃避自己的独特性而隐藏到一个庸常的面具之后，这个面具可以帮它承担或规避很多责任和义务。此在的日常状态中有一种顽固且迫切的诉求，就是隐藏到人群中去，不要显山露水，也不要特立独行，成为"他人"，这样最安全，最不容易被指摘。"这样的'他人'就是那些在日常共处中首先与通常'在此'的人们。这个谁不是这个人，不是那个人，不是人本身，不是一些人，不是一切人的总数。这个'谁'是个中性的东西：常人。"① 海德格尔在这里的分析揭开了日常生活掩盖之下的一个惊人事实，人们心甘情愿地生活在"常人"（das Man）的暴政和独裁之下。常人不是一个具体的人，它谁也不是，但谁也都是，它是一个有意义的符号，是一种被指定的生活方式。常人并非不努力、不勤奋，常人也在规划未来去实现存在的可能性，只是常人所接纳的自我是一个虚假的、被社会平均化之后的异在自我。之所以要接纳这个外在的平均意义上的自我，关键原因之一在于，常人是一种排除大多数例外的模棱两可的安全保护，它通过"公众意见"告诉此在，什么是可以预期的，什么是可以争取的，什么是应该放弃的，这一切都来自共在的"常驻状态"。常人抹去了每一个此在的独特性和本真身份，用日常身份来换取此在应有的自由抉择和操劳义务，

---

① ［德］海德格尔：《存在与时间》，陈嘉映译，生活·读书·新知三联书店，1999年，第147页。

同时也就剥夺了此在的本真性。常人卸除了每一此在在日常生活中的生命责任，取而代之的是泯然众人的安全感和规范性，它担保着此在对未来的幻觉和预期，也安抚着此在的繁忙与操心。"常人怎样享乐，我们就怎样享乐；常人对文学艺术怎样阅读怎样判断，我们就怎样阅读怎样判断；甚至常人怎样从'大众'抽身，我们也就怎样抽身；常人对什么东西愤怒，我们就对什么东西'愤怒'。这个常人不是任何确定的人，一切人——却不是作为总和——倒都是这个常人。就是这个常人指定着日常生活的存在方式。"①

即便如此，我们也不能把常人理解为现成状态，相反，它是日常生活中最生机勃勃的"最实在的主体"，也是"一种生存论环节并作为源始现象而属于此在之积极状态"②。此话怎讲呢？其实，海德格尔并未从世俗意义上批判常人的伪善庸俗，而是将其视作人之为人的必然阶段。常人是每个人接触世界、融入世界的第一个身份，人们都是在各种熟悉的经验和惯常中成长起来，在常人所维系的共同世界中理解和阐释意义，"我首先是从常人方面而且是作为这个常人而'被给予'我'自己'的。此在首先是常人而且通常一直是常人"③。就此而言，常人不仅仅是每一个此在在追寻真我道路上的必由之路，也是关于此在的存在论阐释的必要环节，通过对常人状态的分析，我们就可以发掘出隐藏在常人状态背后的此在的先天存在建构，这个建构本身才是存在论阐释所关注的问题，而这个问题只有通过常人分析才能够得以呈现。

---

① ［德］海德格尔：《存在与时间》，陈嘉映译，生活·读书·新知三联书店，1999年，第147—148页。
② 同上书，第150页。
③ 同上书，第151页。

四、此在的生存论建构

此在的存在论分析在准备阶段中的任务是在现象上如实阐述此在在世界中存在的基本生存建构,海德格尔通过对周围世界和共在的阐述,已经清晰地描述了此在存在的世界结构和日常生活身份,接下来就需要如实阐述此在存在是如何展开的,也就是要讲清楚此在存在的原初活动——操心的内在结构。

关于操劳的存在论分析,要从此在,即 Dasein 中的 Da 来开始理解。Da 的意思就是事实性在场——在那里。Da 是一个有指向、有关系、有定位的处所,是在那里与此在照面的所有存在者的规定性。因而,此在生存的内在结构,一定是关于 Da 的存在论分析。Da 不是一个物理空间上的点位,而是此在去存在的源发地,也是存在者如其所是显现的可能性,它是一种本质性的敞开和展开状态。这一展开状态使得此在与在此的世界融为一体,成为独特而自在的 Da。海德格尔用了一个很有隐喻意味的术语 Lichtung 来描述 Da 的敞开状态。Lichtung 指的是林中空地,或森林里的开阔地,中文有时译为澄明,派生自动词 lichten,这个词是清理、移除的意思。Lichtung 是将树林里遮天蔽日的杂木清除掉后所开辟的一个空旷场域,引申义为除去遮蔽和障碍,让一个地方敞开。Lichtung 还隐含着一个意义,Licht,指的是光,这个引申义让敞开的空间更具想象力,林中清理好的空地可以让光无碍地照进来,让其中的存在者如其所是地显现。有光亮的一面,也有阴影,这才是事物的真正显现方式。这种存在者的去蔽且遮蔽着的状态,也就是海德格尔念兹在兹的古希腊真理概念 ἀλήθεια(拉丁转写为 aletheia),如同光照亮了林中空地,Da 就是去除杂木的敞开过程,Sein 就是照亮存在者的光。由此可见,Da 在 Dasein 这个概念中的重要意义，Da 使得 Sein 成为可能，事物由此显现，真理由此彰显，自由由此实现，此在由此存在。

通过这个隐喻性的概念，我们可以更为直观地理解海德格尔要开展的最艰难也最富有创造力的思维实验，就是要讲清楚 Da-Sein 的这个敞开的过程，亦即此在的存在建构。"'此在就是它的展开状态'这一生存论命题也就等于说：在其存在中的存在者之存在，就是去成为它的 Da。"① 这个令人费解的句子，如果结合上面的隐喻，我们就能恰当地理解了，此在的存在就是它的展开状态，这个状态也就是此在去除遮蔽成为敞开之境的状态，让存在发生，让存在者如其所是的显现。因而，这里的"让"（lassen）也是海德格尔哲学中极其重要的一个概念，存在有时也被表达为让存在（Seinlassen），就是这个意思，让光照进来，让存在发生，这个态度被称为"泰然处之"（Gelassenheit），其实就是"去成为它的 Da"所表达的意思。

那么，此在是如何"去成为它的 Da"呢？海德格尔将此在的生存论建构区分为三个同等本源的方式：现身情态（Befindlichkeit）、领会（Verstehen）和话语（Rede）。

现身情态指的是生存论意义上的生存情绪，并非一般意义上的心情或情感，是把此在带入到当下的 Da 之中并现身为自我的那种先天情绪。此在自始至终处于一种事实性的被抛状态（Geworfenheit），它与周围世界照面，它无奈且无法控制地遭遇着各种存在者，它不得不去存在，去跟存在者打交道，由此而产生的先天的本源性情绪被称为现身情态，无奈、无助、无望

---

① Martin Heidegger, *Sein und Zeit* (Tübingen: Max Niemeyer Verlag, 1993), p. 133. 这句话的意思很难翻译，只能用中文夹杂德文的方式，通过上下文来理解，中译文将"sein Da zu sein"译为"去是它的'此'"，字面意思对，但是意义令人费解。

但又不得不面对的状况所产生的情绪使此在在当下现身。正是现身情态使得 Dasein 中的 Da 向 Sein 敞开，世界、共在和常人都是在现身情态中展开的。海德格尔特别指出，现身情态决不能被理解为"外在"的触发或"内在"的感受，它是作为在世方式从这个在世本身中升起来的，它把在世作为整体展开了，牵引着此在朝向某个存在者而谋划着制定着打交道的方式。海德格尔举出的最典型的现实情态例证就是"怕"（Furcht）。怕从来都是对迫近的未知事物而感到威胁，此在将眼前的未知之物领悟为有害性，同时，害怕着的此在就在对某种东西的可怕性的担忧中让这个东西呈现出来。此在在害怕中揭示出可怕之物，从而把它弄明白，平息此在的害怕情绪，可怕之物也就不再可怕了。"怕总绽露出此在的此之在。对于怕之何以怕的这一规定来说，即使我们之所以害怕的缘故是家园。"① 此在在世最常见的情绪就是惧怕。

除了现实情态之外，领会同样也是源始地引导着此在现身于当下之 Da 的一种生存方式。现身从来都是对当前情况有所领会的现身，领会总是带着情绪的领会。需要强调的是，海德格尔意义上的领会（Verstehen）决不能被理解为一种思维活动，它是此在在开展生存过程中熟悉周围世界并谋划着向某种可能性敞开的本源性实践，领会也就是此在对自身当下存在的潜在展开方式的领悟和洞察。毫无疑问，领会一定是产生于此在过往生存经验中的直觉性把握，并指向当下某个具体情境的，领会也一定是先行于实践、面向未来引导实践的领会。进一步而言，领会其实就是海德格尔现象学中的基本方法和视域——

---

① ［德］海德格尔：《存在与时间》，陈嘉映译，生活·读书·新知三联书店，1999 年，第 165 页。

看（Sicht）。操劳活动的寻视、操心中的顾视等，都是一种领会活动。"那个首要地和整体地关涉到生存的视，我们称之为透视（Durchsichtigkeit）。我们选择这个术语来标明领会得恰当的'自我认识'。以此指明：自我认识所说的并不是通过感知察觉和静观一个自我点，而是贯透在世的所有本质环节来领会掌握在世的整个展开状态。只有当生存着的存在者同样源始地在它的寓世之在及共他人之在——它们都是它的生存的组建环节——中对自己成为透彻明晰的，它才'自'视。反过来说，此在的浑噩不明（Undurchsichtigkeit）也并非唯一地或首要地植根于'自我中心'的自迷自欺，而是同样地植根于对世界的不认识。"① 这段话不仅提出了现象学的"看"对于理解此在的生存建构的重要性，还指出了"看"的不同样式，有日常的观察和静观，也有整体性的洞察和透视，后者不是一种理论态度，而是在与世界打交道的生存中领悟到的统摄的自我，这个领悟过程必须经历此在在世的诸多环节。弥散沉沦在常人和周围世界后，此在才能够有所领悟，得以返璞归真。

领会包含着解释（Auslegung），Aus-是拿出来，legung就是放下，Auslegung就是拿出来摆明的意思，也就是解释。解释是对被领会的东西的占有，是此在用话语的方式把领会之内容说出来，因而这种解释和揭示活动也是源始的存在论上的现身。语言（Sprache）是现成的、系统的、被说出来的东西，语言的存在论基础是话语（Rede），话语是生动的表达和分享的过程，倾听与沉默都从属于话语的言谈结构，话语是人与人之间可理解、可沟通的生活形式。话语是环环相扣（Artikulation）的整

---

① ［德］海德格尔：《存在与时间》，陈嘉映译，生活・读书・新知三联书店，1999年，第171页。

体关联，其中可被拆解出来的环节就是含义，话语把人与人、人与事统统关联起来。斥责、赞许、请求、警告、协商、说服等，这些都是通过话语所关联起来的共在。"共在本质上已经在共同现身和共同领会中公开了。在话语中，共在以形诸语言的方式被分享着"①。此在在当下的现身，带着情绪的领会，"在之中"的展开状态，都是通过话语公布出来的，不仅仅通过语义，还有声调、速度、抑扬顿挫、言说姿态，这些都构成了话语的传达方式。海德格尔在关于话语的存在论分析中特别关注了"听"（Hören）。倾听把此在的领会、理解、话语等存在建构环节勾连起来，倾听到的话语意义是否准确，取决于倾听者对于当下情形的领会。朝向某某方向的倾听就是一种典型的此在存在的敞开状态，听这个动作让声音如其所是地通达存在者，这个声音可以是外在传来的，也可以是发自内心的呼唤，可以是有声的，也可以是无声的。"每一个此在都随身带着一个朋友，当此在听这个朋友的声音之际，这个听还构成此在对它最本己能在的首要的和本真的敞开状态。此在听，因为它领会。"② 这也就是说，此在先天地能够倾听发自良知的召唤，这也就为此在能够获得统摄性的、透视性的自我认识而提供了契机，这个问题也构成了此在的日常存在分析转向源始存在分析的转折点。

综上所述，话语与现身情态和领会之间形成相互构成的关系，没有领会和情绪的引导和铺垫，话语是不可能达成沟通的，没有话语，此在的现身与领会也无法表达出来，而且，这种现实

---

① [德]海德格尔：《存在与时间》，陈嘉映译，生活·读书·新知三联书店，1999年，第189页。

② 同上书，第191页。

情态与领会也是借助话语来形成的。简言之，现身情态、领会和话语构成了此在在世存在的操劳，也就是此在的生存论建构。

五、此在的沉沦

海德格尔在将此在的现身情态、领会和话语阐释为此在存在建构之后，他还需要将这些先天的存在论要素还原到日常生活，用以解释此在的日常状态，也就是说，此在如何在操劳中陷入沉沦状态，只有这样的如实还原才能够充分说明存在建构的先天性。正如他反复提到的态度："此在的日常状态的这种无差别相并不是无，而是这种存在者的一种积极的现象性质。一切如其所是的生存活动都是从这一存在方式中来而又回到这一存在方式中去。"① Dasein 的 Da，也就是被抛状态，在日常生活中体现为沉沦（verfallen）。此在在日常生活中惯于隐藏在常人身份中，在闲言（话语）、好奇（现身情态）和两可（领会）中现身于日常状态中的当下在此。

闲言就是话语的平均可理解性，也就是常人所使用的话语。它不再是源始地把此在本己的现身和领会据为己有的表达方式，而是人云亦云、名言警句、权威说法和陈词滥调。在这种闲言中，此在也逐渐丧失了领会本真自我的能力，取而代之的是一种平均领会的能力，常人只能掌握平均领会和平均情绪，在平均话语中交流，完全进入且安驻于常人角色。闲言不再是此在在世的敞开状态，相反，是自我封闭的生存方式，封闭于常态化的言论、情绪和领会方式中，遮蔽了此在现身于当下的可能性。"人们在闲言之际自以为达到了对谈

---

① ［德］海德格尔:《存在与时间》，陈嘉映译，生活·读书·新知三联书店，1999 年，第 51 页。

及的东西的领会,这就加深了封闭。由于这种自以为是,一切新的诘问和一切分析工作都被束之高阁,并以某种特殊的方式压制延宕下来。"① 闲言的封闭作用阻断了此在真正领会当下情境的可能性,它用一套不断更新、不断生成的公众讲法来规定着此在的情绪和领会,让此在作为在世的存在,滞留于平均化、大众化的口口相传的生活智慧中,此在也就放弃了对自我的追问,从而漂浮在闲言所构建的无根世界中,在公众讲法的自明与自信中展开自己。

本真意义上的此在存在状态应该是澄明(Lichtung),是面向存在者的敞开状态,只有在敞开之中,事物才能够如其所是地被看到,即被准确地领会。就此而言,现象学意义上的"看"是此在存在的基本方式,也是理解此在存在的根本方式。在日常生活状态中的"看",表现为此在在世中的操劳寻视和闲暇中的好奇寻视。如前所述,此在与世界打交道的方式是操劳,操劳在寻视中展开,寻找称手的用具以达到实用目的。在工作间歇和休闲中,常人的操劳并未消失,只是它的寻视不再是为了工作和其他实用目的,不再被约束在用具整体意义的世界中,而获得了所谓的自由,从一个新鲜事跳到另一个新鲜事上,不逗留,也不深究。在操劳中,上手事物来到此在的眼前,而在自由空闲的寻视中,不再有用具上手,寻视的目光趋向遥远陌生的世界。工作中的操劳转化为另外一种操持样式:"休息着、逗留着,只就其外观看'世界'。此在寻找远方的事物,只是为了在其外观中把它带近前来。此在一任自己由世界的外观所收攫;它在这种存在样式中操劳着摆脱着它自身,摆

---

① [德]海德格尔:《存在与时间》,陈嘉映译,生活·读书·新知三联书店,1999年,第197页。

脱在世，摆脱对日常切近上手的东西的依存。"① 这段引文是海德格尔无意中给予当代休闲研究的最重要提示，结合我们此前的文献回顾，当代休闲产业的基础无非就是海德格尔所言及的好奇，制造好奇，引导好奇，满足好奇，再制造新的好奇。就此而言，当代社会中日常生活的休闲的本质就是好奇，所谓休闲中的"自由抉择"，无非就是"贪新骛奇，仅止为了从这一新奇重新跳到另一新奇上去"②。好奇的目光不是为了领会所见之存在者之存在，也不是为了探究真相，而是涣散于新奇物的外观中。"好奇的特征恰恰是不逗留于切近的事物。所以，好奇也不寻求闲暇以便有所逗留考察，而是通过不断翻新的东西、通过照面者的变异寻求着不安和激动。好奇因不肯逗留而操劳于不断涣散的可能性。"③ 需要特别澄清的是，海德格尔在这里所批判的好奇，乃是日常生活状态中常人的好奇心，绝非柏拉图所说的对世界的惊异之好奇。毫无疑问，人类的知识起源于好奇心，海德格尔无意挑战和颠覆这个观点，他要讲的恰恰是此在对于存在的本真好奇心被常人的好奇所取代和遮蔽了。常人的好奇心与探究真理的好奇心有着本质的不同，前者只是为了从一个新奇跳到另一个新奇上去，对真相毫无兴趣，只是在追求新奇中获得肤浅的满足，因而在不断地求新求异中变得无所持驻逗留（Aufenthaltslosigkeit）④，无处不在，又无一处在。

海德格尔在这里关于日常闲暇与好奇心的分析，精准地描述了当代休闲产业和大众旅游业的本质与症结，人们只是在操

---

① ［德］海德格尔：《存在与时间》，陈嘉映译，生活·读书·新知三联书店，1999 年，第 200 页。
② 同上书，第 200 页。
③ 同上。
④ Martin Heidegger, *Sein und Zeit* (Tübingen：Max Niemeyer Verlage, 1993), p. 173.

劳之余获得了片刻安歇，便继续用操劳之心来寻视着别处，将远方视作满足好奇心的安慰剂。远方并不意味着另一种生活方式或者他者的存在，而只是堆积在非惯常环境中的用于满足好奇心的吸引物。大众旅行者对于这些吸引物并无尊重也无探究之意，更不会去换位思考，他们不会也不愿去理解不同的存在，他们只是出于简单的好奇，去看看远方与自己有多么不同，当自己的好奇心被满足之后，他们又会去继续寻找另一个新奇。由此，世界的意义也就被日常寻视、操劳和好奇所充实，在工作中，世界不过是一个提供工具满足实用需要的资源库，在工作之余的闲暇中，世界不过是一个放纵和满足好奇心的娱乐场。只有如此这般，远方才能够激起大众的好奇心，旅游目的地才能够得以广而告之，如潮的游客才会蜂拥而至，当地的经济才能抓住新的发展机遇。而这一切，都是以放弃此在的本真存在为代价，无论对旅行者还是对目的地居民而言，这样的好奇心产业不可能关心存在，更不可能开辟和持驻此在的澄明状态，它只是不停歇的流动与拥堵，只是一种封闭的意义循环，在不断的翻新和求异中消耗着世界和自我。在结束了娱乐场的新奇游历之后，人们又可以心满意足地回到工作中了，这就是涣散与消耗之间的不断切换，也就是常人的沉沦人生。当"诗意栖居"变成日常生活中随处可见的房地产和旅游业广告语时，这可能是海德格尔哲学在当代社会中最可悲的命运，也可能是他对这个无聊世界的最精准预言和反讽。

　　两可是此在日常生活中最常见的态度，即对自我和其他存在者的存在之领会不明就里，也不再关注真实情况，只是满足于模棱两可和含混不清的意思。这种两可状态在日常生活中表现为常人的肤浅庸俗的观点、随波逐流的判断以及无关痛痒的决定。由于两可中的意见和态度是暧昧不清的，所以两可往往体现出很强的"预见性"和"统筹力"。人们在两可中对未来大发议论，用各种先见之明来否定此在对于当下情况的本己选择和判断能力，这种夸夸其谈和因循守旧充当起此在对于未来的领会，否定了此在走向本己的可能性，实际上是对每一个人的潜在创新能力的最大威胁和伤害。集体性的两可意见是拒绝创新、反对创造的，因为一旦有人将其独特的想法付诸实践并有所成就时，也就揭穿了两可态度背后的伪善。常人们照理还会说"我就知道会是这个结果"，或是"不听老人言吃亏在眼前"诸如此类的废话，用于维护自己两可态度的权威性、影响力和先知先觉。但是，在两可中，此在也就远离了他们自己应该承担起来的生命责任，放弃了自由抉择的权利，同时也就错过了存在的本真意义，迷失在常人社会的似是而非之中。

此在的沉沦是其日常生存的一种基本方式，这并不表示一种消极和指责态度，而是说，此在首先也必然寓于它所操劳的"世界"之中，它不由自主地消散于公众意见中，关于世界的领会主要来自闲言、好奇和两可，而非真知。"此在首先总已从它自己脱落、即从本真的能在即存在脱落而沉沦于'世界'。共处是靠闲言，好奇与两可来引导的，而沉沦于'世界'就意指消散在这种共处之中。"① 就此而言，沉沦是此在必然要经历的阶段，也是存在论、生存论上的规定，它并非一种应该被杜绝的存在者层次上的迷失状态，恰恰相反，它是此在在世的一种不可避免的样式，在这种样式中，此在的存在完全被"世界"以及被在常人中的共同此在所取代了。"这种'不是它自己存在'是作为本质上操劳消散在一个世界之中的那种存在者

---

① ［德］海德格尔：《存在与时间》，陈嘉映译，生活·读书·新知三联书店，1999年，第204页。

的积极的可能性而起作用的。"① 这也就是说，沉沦作为此在的非本真状态，实则是本真状态的铺垫、准备、导引和揭示，因而也是此在存在之最切近、最常见的存在方式，只有在沉沦中的此在，才是有可能对人生有所觉悟的此在。

沉沦具有引诱、安定、异化和拘执等本质特征。消失在周围世界和常人之中，本身就是一种引诱，公众意见也在时时刻刻发挥着引诱作用。闲言与两可向此在宣布：一切都已见过，一切都已在掌握，只要接受常人角色，就可以拥有稳定而充实的生活，"一切都是最好的安排"，这种说法实质上起到一种自以为是、自欺欺人的安定作用。异化则是指此在不再从自身寻求答案，而是在好奇心的引导下去探寻包罗万象的客观知识，用各种现成理论来剖析自己、解释世界。在这种异化中，此在在由自己引发的动荡不安中，把自己拘执在它自身之中了，"跌入非本真的日常生活的无根基状态与虚无中"②，这个跌落与虚无在公众意见中被表述为"上升"与"具体生活"。

第 2 节　本真生命意识的觉醒

一、本真存在与非本真存在

本真状态（Eigentlichkeit）与非本真状态（Uneigentlichkeit）是《存在与时间》中贯彻始终的一对概念，本真状态指的是此

---

① ［德］海德格尔：《存在与时间》，陈嘉映译，生活·读书·新知三联书店，1999 年，第 204 页。

② 同上书，第 207 页。

在是否从它的本己（eigen）出发，以实现真我的可能性来领会自身并展开存在活动的状态。如前所述，此在的存在具有两种基本特征：一，此在的存在是去存在的生存过程，存在先于本质；二，此在具有"向来我属"的性质，它的存在样式总是出自它的选择。这两种特征决定了此在的存在是一种可能性状态，而非现成状态，只能用诠释学、现象学的方法开展相关研究。此在的生存论建构是一种先天的生存结构，也就是操劳，无论此在是否处于本真状态中，这个结构化的生存方式都是在起作用的，也就是说，现身情态、领会、话语这些生存建构环节在此在的生存过程中自始至终地发挥着作用，只是发挥作用的方式有所不同。在非本真状态中，也就是在此在的日常沉沦状态中，此在以"遗忘本己"的操劳方式与周围世界、他人和自己打交道，消融弥散于存在者之中。在周围世界的关系中，此在出于实用目的寻视着用具，思考着适用性与便利性的问题，逐渐将上手状态中的存在者理解为现成在手之物，将自己也理解为忙碌于周围世界中的"工具人"。此在还在共在世界中忙于操心他人，操心他人的所思所想，操心他人能否为己所用，操心他人是否会构成威胁和伤害，操心他人是否按照自己的规划和意愿去存在，诸如此类。非本真状态中共在的此在把自己活成了"操心人"，它偏执地为身边所有人操心，就是不为自己操心，因为它已经在日常操心中成为常人。常人不是一个有血有肉、会扪心自问的人，常人只是一个抽象符号，只是个适于每个人佩戴的面具，戴上它，此在就可以心安理得、肆无忌惮地关注他人而忘却自己了。在非本真状态中，此在也在怕着某物的迫近，也在用常人的方式领会着存在，也在用闲言、好奇和两可的方式传播、表达着自己的生存智慧。生存论建构在此在的非本真状态中并未失效，反而运作良好，只是迷失了方向，它未能从本己出发来真诚地面对本己的生命，而只是熟练掌握了世俗生活中的那一套"好死不如赖活"的处世之道。海德格尔在《存在与时间》中启用艰难晦涩的生存论阐释，不是为了指责常人，而是要唤醒常人。他指出，每个人都拥有属于自己的人生选择权，我们可以成为自己生命的主人，去选择真正属于自己生命的可能性，去感受发自本己内心的波澜壮阔的生命意识，这个本己是谁，只能扪心自问，自问自答，这个真正的自我应该也必须从常人的面具后走出来，担当起自己生命的主人公，才能真正获得生存的意义。

海德格尔反复强调，此在在世存在的沉沦与本真状态是一个硬币的两面，二者之间尽管有对立和区别，但更为重要的是联系和贯通。没有此在的沉沦，此在也就不可能走向本真生命。本真生命意识的觉醒是以日常沉沦为前提的，没有沉沦，也就不会有觉醒，二者是一体两面。"此在本质上总是它的可能性，所以这个存在者可以在它的存在中'选择'自己本身、获得自己本身；它也可能失去自身，或者说绝非获得自身而只是'貌似'获得自身。只有当它就其本质而言可能是本真的存在者时，也就是说，可能是拥有本己的存在者时，它才可能已经失去自身，它才可能还没有获得自身。存在有本真状态与非本真状态——这两个词是按照严格的字义挑选来作术语的——两种样式，这是由于此在根本是由向来我属这一点来规定的。但是，此在的非本真状态并不意味着'较少'存在或'较低'存在。非本真状态反而可以按照此在最充分的具体化情况而在此在的忙碌、激动、兴致、嗜好中规定此在。"① "去存在"与"向来

---

① ［德］海德格尔：《存在与时间》，陈嘉映译，生活·读书·新知三联书店，1999年，第50—51页。

我属"的两个特征，保证了此在必然地、内在地拥有自由选择权，差别只是此在如何决定使用它的选择权来成为它自己：究竟是在外在规训中墨守成规、抱残守缺，还是在内在觉醒中我行我素、狂狷自为，这取决于它是否愿意成为一个本真的存在者。"只有当它就其本质而言可能是本真的存在者时，也就是说，可能是拥有本己的存在者时，它才可能已经失去自身，它才可能还没有获得自身。"这句话表达的就是上面的意思，也就是说，此在的存在天然地是自由的，此在的本真状态，也就是自由选择如何去存在的状态，保障了它能够选择这样或那样的生活方式，丧失自己还是回归自己，此在这种"能选择"的状态才是本真与非本真状态的根本区别。非本真状态仿佛在说："我很难，我没得选，人生充满无奈，我只能如此这般做一个常人。"而当人们学会倾听本真状态下的内心呼唤时，它可能说的是："你有的选，人生的确很难，但是做自己没那么难。"

需要明确的是，此在的非本真状态并不是被谴责或被鄙夷的对象，也不是一种道德或教育水平低下的状况，此在的非本真状态本质上就是此在的"被抛"状态，它是实际上已经发生的过去和正在发生的当下。每一此在都要在常人状态中成长，经历世界，结交朋友，这一切都是自然而然地发生着。由于此在始终又是一种先行着的、领会着、筹划着的去存在，所以它必然地、不由自主地将会从自身中站出来，站到周围世界的对面，站到常人世界的对面，站到自己已有生活的对面，仔细端量思虑着这一切究竟是否如其所愿，究竟是否本己真切。"领会作为能在，其本身就具有种种可能性，这些可能性通过本质上可以在领会中展开的东西的范围被先行标画出来。领会可以首先置身于世界的展开状态中，这就是说：此在可以首先与通常从它的世界方面来领会自身。但领会也可以主要把自己抛入

'为何之故',这就是说:此在如其本然地生存着。领会可以是本真的领会,这种领会源于如其本然的本己自身。领会也可是非本真的领会。这个'非'并不是说:此在把自己从它本身割断,而'仅仅'领会世界。世界属于此在的自己存在,而自己存在就是在世的存在。无论本真的领会还是非本真的领会都可能是真实的或不真实的。领会作为能在彻头彻尾地贯穿着可能性。置身于领会的这两种基本可能性之一却并不排斥另一可能性。"① 就此而言,本真状态的领会仅指的是领会方式的本己特征,而非对于领会内容真实性的保障,本真的领会也可能包含着错误内容,这很好理解,一个真性情的人并不代言着真理。同样,非本真的领会只是意指着此在从在世存在的生存结构中的非本己的角度来领会生存,这种领会所获知的信息并非谬误,其中也包含着真理的部分,否则我们就无法从日常生活分析中获得关于此在的生存论、存在论分析结论了。本真与非本真并不是表面上非黑即白、非此即彼的关系,它们之间是相互构成、相互成就、相互阐释的关系。但是,归根到底,本真状态是非本真状态的前提、基础与归宿。因为,此在的本真存在状态不仅是非本真存在的前提和可能性,还是揭示后者走出沉沦的前提和可能性。"如果说此在本己地揭示世界并使世界靠近自身,如果说此在对其自身开展出它的本真的存在来,那么这种揭示'世界'与开展此在的活动总也就是把一切掩盖与蒙蔽拆除,总也就是把此在用以把自身对自己本身阻塞起来的那些伪装拆穿。"② 本真存在是一种敞开状态,非本真存在是一种自我封闭

---

① [德]海德格尔:《存在与时间》,陈嘉映译,生活·读书·新知三联书店,1999年,第170页。

② 同上书,第151页。

状态，二者之间并非严格的对立和非此即彼关系，这种自我封闭也是敞开的一种特殊方式，是此在存在的一种具有确定性和安全感的敞开，而真正的敞开一定是要拆除这些自我封闭的伪装，将真正的自我敞开为"林间空地"，让存在之光照进来，让存在者如其所是地呈现出来。

就此而言，本真状态与非本真状态都是海德格尔基础存在论中不可或缺的分析对象，本真是非本真的前提和依据，而非本真又是本真的实际和必然存在样式，通过对非本真状态的现象学观察，我们可以获悉此在生存论建构的关键环节，这些预备知识是开启此在基础存在论中本真存在研究的必要准备。

二、此在在世存在的统一性：畏与操心

海德格尔的基础存在论并未止步于此在生存论建构的描述，即对现身情态、领会和话语的揭示和阐释，他马上提出了一个更为深刻的问题："在世界之中存在"是如何源始整体地保持在一个统一的生存结构中？也就是说，上述生存论建构诸环节应如何从生存论存在论上进行整体规定和把握，也就是关于生存论建构的结构整体性问题。

生存论存在论（existenzial-ontologisch）是海德格尔常用的一个概念，它指的是从生存论角度（existenzial）开展的存在论（ontologisch）分析，换句话说，就是通过分析此在的生存方式来探讨存在的本质，此在的生存就是在世界中展开其存在的过程，这也就是说，关于此在的生存论分析同时也就是存在论研究的基础和核心内容。

关于此在的生存论分析，我们得出一个总结性描述："此在实际生存着"① （Das Dasein existiert faktisch.）。这个论断的中译文看似一句同义反复的废话，但事实上，这句话的意思是此在的生存中包含着两个至关重要的维度：实际性（Faktizität）与生存论建构（Existenzialität）。此在的实际性指的是此在的具体生存状态，此在被抛生到一个特定世界中，与具体的周围世界、社会群体和历史文化打交道建立联系，这就决定了此在不可能是抽象概念，而是具体的、有时空局限性的、事实性的存在。实际性所强调的也就是此在的被抛状态（Geworfenheit），指的是人生乃被动卷入到一个已经存在的世界中的现实情况。就此而言，人没有自由，无法选择自己进入世界的方式。但另一方面，生存论分析中还凸显了此在生存过程中的主动性与可能性，也就是说此在总是去存在，这个去存在的过程就是此在在实际性的被抛状态中的自为存在，对自己有所作为的存在，具体展开方式就是存在论建构——操心（或操劳）。存在论建构强调的是此在的主动性、筹划性和创造性，此在的现身情态、领会和话语都是基于实际性但又对实际性的否定，此在的情绪是对被抛状态的否定，此在的领会是对当下现实的否定，此在的话语是对事实关系的重组。尽管实际性为每一此在设定了时空、文化和社会局限性，但此在之所以存在就是因为它内在地、先天地、本质地要从被抛状态中站出来，通过自我选择来开展行动，实现其存在可能性，只是这种自我选择会因是否本己而有所不同。"此在实际生存着"这句话意味着，此在的存在，无论在实际性方面，还是在生存建构方面，必然是一个整体上统一的过程，实际性是此在生存的前提条件，而此在生存又是对

---

① ［德］海德格尔：《存在与时间》，陈嘉映译，生活·读书·新知三联书店，1999年，第209页。

实际性的否定、超越和生成,二者相互制约相互构成。

在此在的生存论分析中,此在的日常生活状态被规定为:"沉沦着开展的、被抛地筹划着的在世,这种在世为最本己的能在本身而'寓世'存在和共他人存在。"(das verfallend-erschlossene, geworfen-entwerfende In-der-Welt-sein, dem es in seinem Sein bei der ‚Welt' und im Mitsein mit Anderen um das eigenste Seinkönnen selbst geht.)①。在德文原著中,这一句话描述了此在日常状态,充分展示了此在存在中实际性与存在论建构之间的张力和统一关系。沉沦着的此在(实际性)同时也在展开着(生存性),被抛中的此在(实际性)也在筹划中(生存性),此在作为在世界中的存在,既与世界中的其他存在者混杂交织在一起(实际性),又与他人共同生活在一起(实际性),同时还是它自身最本己的能在(生存性)。这些现象只是被描述为在一起同时呈现,在这种"同时"背后一定不是偶然的巧合,而具有源始的存在论上的依据。就此而言,海德格尔所追问的问题:"在世界之中存在"是如何源始整体地保持在一个统一的生存结构中?这个问题也就是在问:此在在世存在的实际性与生存论建构之间如何达成存在论上的统一性?上面引文中所展示出来的此在存在之诸环节究竟是如何同时汇集在一起的?在后面的论述中,海德格尔给出了答案,只有生存论建构才能担负起这种生存结构之统一性和完整性的功能,此在生存的可能性是生存结构统一性的根源。

如前所述,此在存在的展开方式是现身、领会和话语,这

---

① [德]海德格尔:《存在与时间》,陈嘉映译,生活·读书·新知三联书店,1999 年,第 210 页。Martin Heidegger, *Sein und Zeit* (Tübingen: Max Niemeyer Verlage, 1993), p. 181.

些方式都是此在基于被抛状态和否定被抛状态的源始行动。在上述展开方式中,是否有一种最广泛、最源始的可能性,它使得此在在其本身中展开:"此在借以把自己带到自己面前来的这种开展方式必须是这样的:它可以以某种简化的方式通达此在本身。然后,所寻求的存在的结构整体就势必随着在这种方式中展开的东西而从根本上摆到明处。"① 这个最基础的现身方式就是"畏"(Angst),展现在此在存在中就是"操劳"(Sorge)。

"畏"不同于前文中提及的"怕"(Furcht),"怕"总是怕某种东西,这个东西总是一个在世界中的、从一定场所到来着的、在附近中潜伏着的、逼近着的、有害的存在者。无论这个存在者最终是否露面,此在总是对它心有余悸,"一朝被蛇咬十年怕井绳",表达的就是这种状态。而"畏"则全然不是对于在世界中的某个存在者的畏惧之情,"畏"所指向的是世界本身和整体,也就是"畏"于世界的无意义。在"怕"中,此在要对所怕之物退避三舍,而且还要"看"这个有害者究竟在这里或那里。但是"畏"却不看对象,因为对象是"无处"(Nirgends),"畏"根本不知道它所畏惧的东西具体是什么、在哪里。"畏"之所畏者,其实就是此在在世界中存在的那个世界,忽然对它自身而言变得没有任何意义,"畏"是此在对于存在本身的担忧,是对生命的虚无与无根基状态的深层体验。当此在处于畏的状态时,日常生活中操劳着的一切熟悉的存在者,如世界、他人、自己,一瞬间都失去了它们日常原有的意义和关联性,此在感觉自己被剥夺了在家状态和生存依据,暴露在一个没有任何确定性的无所栖居的场景里,无家可归。

---

① [德]海德格尔:《存在与时间》,陈嘉映译,生活·读书·新知三联书店,1999年,第211页。

"畏"这种现身情态使此在终于意识到,它自始至终都处于"虚无"面前,它的存在的意义不可能依赖于外在的事物和常人世界,它不得不直接面对本己的本真存在。"在畏中,周围世界上手的东西,一般世内存在者,都沉陷了。'世界'已不能呈现任何东西,他人的共同此在也不能。所以畏剥夺了此在沉沦着从'世界'以及从公众讲法方面来领会自身的可能性。畏把此在抛回此在所为而畏者处去,即抛回此在的本真的能在世那儿去。畏使此在个别化为其最本己的在世的存在。这种最本己的在世的存在领会着自身,从本质上向各种可能性筹划自身。因此有所畏以其所为而畏者把此在作为可能的存在开展出来,其实就是把此在开展为只能从此在本身方面来作为个别的此在而在其个别化中存在的东西。"① 这段话的意思是,在"畏"的状态下,世界中的具体事物和日常事务变得失去意义。此在不再与外界的物体和他人产生通常的关联,日常生活的意义结构瓦解。世界失去了其通常的秩序和意义,也不再是此在的安身立命之所,此在体验到的是一种个体意义上的存在的虚无,而不是恐惧某个特定的事物。这种对世界和事物的虚无体验,是"畏"揭示此在与其存在关系的关键所在。"畏"指引着此在意识到并直面自己的个别化存在,也就是说,此在只能是它自己的存在,这个自己不是别人所规定的自己,而是它自己为自己所设立的那个自己,这种本己的个别化是"畏"所产生的必然结果。只有当"畏"把个别化的此在作为生存事实直白地揭示出来后,此在才能够将本己的存在作为一种能在来开展积极筹划,将面向世界的操劳转化为面向自我的操劳,在这层意义上,

---

① [德]海德格尔:《存在与时间》,陈嘉映译,生活·读书·新知三联书店,1999年,第217页。

沉沦中的操劳也就转变成本真生存中的操心，为真实的自我存在而操心和有所作为。

"畏"作为此在的一种最为源始的现身情态，把此在实际生存的在世存在状态整体地和盘托出：生畏作为现身情态是此在在世存在的一种在此的方式；畏的对象就是被抛入的在世存在；而畏所关涉之事则是此在的能在世。上述三种环节分别对应于此在基础存在论上的沉沦、实际性和生存论性质。上述这些存在论的规定并非生搬硬凑在一起，而是基于一种源始的联系："这种联系即构成所追寻的结构整体的整体性。"① 海德格尔对前面所提出的问题，给出了自己的答案。"畏"之所以如此重要，是因为它担当着此在在基础存在论上的"能在世-已抛在世-寓世"的诸环节之间的整体关联性。"畏"把此在生存问题整体地带到它自己面前，存在的本真与非本真状态已经不再是概念上的争论，而是此在当下现实情态所给出的事实和答案了，"畏"来自此在的整体性非本真存在状态：对本己能在的放弃，对被抛入世界的误解和遗忘自我而寓于世界的沉沦。此在的非本真状态构成了"畏"的现身条件，此在内在地、本己地意识到，它自己才是本己生命的谋划者，它自己才是周围世界意义的阐释者，它自己才是让世界中的存在者存在着的存在本身。此在作为最本己的能在"就是此在一向为其故而如其所在地存在着的东西。此在在其存在中总已经和它本身的一种可能性合在一起了"②。"畏"把此在最本己的能在而自由存在这一事实揭示了出来，无论选择

---

① ［德］海德格尔：《存在与时间》，陈嘉映译，生活·读书·新知三联书店，1999年，第221页。

② 同上书，第221页。

本真状态还是非本真状态，都是此在的自由选择，这种自由选择权始终是一个生存论上的事实，也是此在被抛的生命事实。当"畏"的情绪把上述事实摆在沉沦于常人世界中的此在面前时，它逃无可逃，虚无感笼罩着它所遍及的一切事物，它发自内心地感到无家可归，生命无意义。在这时，此在被"畏"逼入绝境，它为了能够克服这种整体意义上的虚无感和无家可归状态，只能选择进入到本真状态，面对真实的自我生命，即为自己本真存在的"操心"。此在在存在论结构整体上的生存论形式整体性无非就是："先行于自身已经在（世）的存在就是寓于（世内照面的存在者）的存在。"① 这句话的意思是，在此在的本真存在状态中，原先支离破碎的由常人世界所规定的先行筹划、被抛世界意义和沉沦状态被畏一举瓦解，本真意义上的操心在此刻现身登场，它能够行使起整合此在存在状态的治愈功能，先行地为自己而筹划未来，如实地为自己去领会已经被抛入的周围世界，主动地为自己如其所是地显示当下的存在者。在本真意义上的"操心"中，此在从常人世界中的涣散和分崩离析中重新聚合为统一体，从常年安于现状、心满意足的无家可归状态中惊醒，开始自发地寻找、建设属于自己的家园。此在如此这般的存在方式就是"操心"这个概念的本真含义，为自己的存在而操心，这种"操心"的本真含义中绝对没有烦或烦心的意思，它是远离常人世界的决心和承担起本己生命责任的勇气，这里的 Sorge 不再是"操劳"，因为它是对自己生存状态的热切关注，因而用"操心"来翻译是恰当的。在这里，"操心"具有纯粹的存在论、

---

① ［德］海德格尔：《存在与时间》，陈嘉映译，生活·读书·新知三联书店，1999 年，第 222 页。

生存论意义，而非经验或先验意义上的烦。"操心"与"畏"同样具有生存论、存在论上源始的结构整体性，"畏"把常人世界所拼凑出来的未来、过去和当下意义一举击溃，让此在从整体结构上陷入虚无，也把自己的存在整体结构性地带到自己面前进行质询，而本真意义上的"操心"则从整体结构上把破碎的生命还原为统一体，真正从本己的生命可能性中理解过去和当下并积极筹划未来。

"畏"与"操心"帮助此在从日常生活中的非本真状态中走出来，发自内心地意识到本真存在对个人生命的重要意义。在日常生活中，人们通常沉湎于社会的角色、规则、期待和工作事务中，逃避着且失去了直面本己生命意义的机会，也就是说处于一种非本真的沉沦状态。而"畏"的体验将此在从这种日常性的沉迷中唤醒，使其面对自身的终极可能性——死亡。"畏"唤起了此在对死亡的意识，揭示了此在存在的有限性和脆弱性，并明确了死亡这一事实的绝对不可超越性、不可转让性和不可否认的个别性，死亡只能是自己的死亡。这种对死亡的意识促使此在超越日常事务，重新审视和操心自己的存在，从而进入本真存在的状态。在这种状态中，个体可以更加自由、真实地面对和选择自己的生活方式。虽然"畏"带来了强烈的孤立感和虚无感，但在海德格尔看来，"畏"具有极其重要和不可替代的哲学意义。"畏"揭示了此在的终极自由：个体不再被禁锢于被抛入的外在世界中寻求存在意义，而是面对自身存在的独特性和可能性，从本己的情绪、领会和话语中追问自我存在的意义。这种体验促使个体更加本真地选择自己的生活方式，不再简单地服从于常人世界的规范和期望。

第3节　时间的存在论阐释

一、此在在世的整体存在：向死而生

前面的讨论内容仅涉及存在问题，而《存在与时间》一书的另一个主题：时间，只有在上述此在生存论分析的准备工作完成之际，才能够得以阐释。事实上，当此在的生存论分析已经获得其结构整体的整体性时，时间问题也就呼之欲出了。

海德格尔首先指出，存在论研究是一种诠释方式，而诠释被理解为对某种领会的整理和占有。领会从来都是先行的，是前概念、前逻辑、前理论的理解方式，因而包含先行具有（Vorhabe）、先行视见（Vorsicht）和先行掌握（Vorgriff）。所谓先行具有指的是诠释者在领会中已经对要被领会的对象有所占有了；先行视见指的是在领会中已经有一种前置观点和观看方式了；而先行掌握则指的是在领会中已经有了前概念的构想和把握方式了。这些领会的前提要素汇总起来，就是诠释学情境（hermeneutische Situation），指的是诠释活动发生的整体背景或影响因素。在海德格尔所开展的以诠释学、现象学为方法的基础存在论研究中，诠释学情境指的是一种生存论结构，此在作为诠释者总是在某种特定情境中被抛入世界中，并在这种特定情境中形成对世界和自我的领会，在这种领会中，先行具有的是日常生活状态，先行视见的是此在在日常生活中的存在方式，先行掌握的是此在日常生活中的存在结构。但是目前，源始的存在论诠释就不能仅满足于日常状态中的领会和诠释学情境，因为它当前的诠释任务是要把此在本身完整地阐释清楚，

包括本真存在和非本真存在，只有这样才能彻底把存在之领会作为此在这种存在者的本质存在环节进行清晰完整的诠释。进而言之，我们此前拥有了此在非本真存在状态的领会和相关诠释，目前要把这个诠释工作推进到此在本真存在的领会上，就必然需要有相关的诠释学情境来保障这一工作的顺利推进。也就是说，我们现在首先要思考，关于此在的本真存在，我们拥有哪些先行具有、先行视见和先行掌握？如前所述，此在的本真存在状态就是向来我属的本真能在，这种本真能在必定朝向着某种尚未存在着的东西，就此而言，本真能在的此在作为整体存在者就是难以领会和把握的，我们在此在生存论分析中所先行具有的不过是此在的非本真存在和作为未完成本真此在的存在。如此说来，我们就从未也不可能先行具有这个整体存在者，也就不拥有相关的诠释学情境，这就将意味着诠释此在作为本真和整体存在者之任务将不可避免地失败。于是乎，关于此在源始的生存论分析，就必须首要地把此在存在所可能具有的本真性与整体性从生存论上讲清楚，这也就是说，我们必须能够先行具有作为整体而非完全不确定的本真此在。尽管此在是一种向来我属的能在，是一种实现中的可能性，但是此在的可能的整体存在还是能够被领会和作为整体来把握的。解答这一难题的关键点在于，此在的存在并非朝向弥散方位的不确定性，恰恰相反，任何一个此在，它的在世存在都在朝向着一个确定的终点：死亡。死亡就是此在本真能在的终结和边界，只要我们能够在生存论上获得足够充分的死亡理解，那么关于此在可能的完整存在的诠释学情境就是可以获取的。那么，死亡在生存论上意味着什么呢？

此在在死亡中达到了整全，同时也丧失了任何存在和领会的可能性，经历死亡或死亡经验这种表述是不合逻辑的，也是不现实的，因而不可能对此产生任何有意义的领会。关于死亡的存在论分析势必要与生命现象的终结相区别，也就是说，此在式的终结与某种生命的终结之间有着本质的差异，此在的死亡不是某个生命到头完结的意思，死亡的生存论阐释必须先于一切生物学、心理学、宗教学和生命存在论。"只要此在存在，它就始终已经是它的尚未，同样，它也总已经是它的终结。死所意指的结束意味着的不是此在的存在到头，而是这一存在者的一种向终结存在。死是一种此在刚一存在就承担起来的去存在的方式。"① 死亡作为生存的反义词，对于生存着的存在者而言，死亡不可能被真正地理解和把握，死亡只存在于一种生存上的向死而生（Sein zum Ende），此在就是向着死亡而生存着的能整体存在的存在者。所谓向着死亡的能整体存在，就意味着此在能够在死亡的生存论领会中获得其生命的整体意义，这也就是此在能整体存在的本真状态，这样也就提供了具有本真性和完整性的此在能存在的诠释学情境了，使得源始的、完整的、本真的存在论分析工作得以进一步推进和完成。

死亡在生存论上是由向来我属与去存在共同组建起来的。既然死亡是向着我自己的死亡而去存在的，而此在生存的基本建构是操心，那么死亡的生存论存在论结构分析就必须借助操心的结构来开展。在前面的论述中，操心被定义为：先行于自身的-已经在（世界）之中的-作为寓于（世内）来照面的存在者的存在。按照海德格尔的解释，在先行于自身中意味着生存；在已经在世界中的存在中，意味着被抛和实际性；在寓于世界中的存在中，意味着沉沦。如果说死亡对于此在而言具有一种

---

① ［德］海德格尔：《存在与时间》，陈嘉映译，生活·读书·新知三联书店，1999年，第282页。

独特的生存论意义,那么它的意义一定也能够通过上述结构展开。此在的死亡是它自己不再能存在的可能性,也是此在本身不能不自己承担下来的不可委托、不可转嫁的存在可能性。当此在的死亡作为一种存在可能性始终悬临在它自身之前时,此在就在它最本己的能在中来到自身面前。此在清晰地意识到:"死亡是完完全全的此在之不可能的可能性。于是死亡绽露为最本己的、无所关联的、不可逾越的可能性。作为这种可能性,死亡是一种与众不同的悬临。这种与众不同的悬临在生存论上的可能性根据于:此在本质上对它自身是展开的,而其展开的方式则是先行于自身。操心的这一结构环节在向死存在中有其最源始的具体化。"① 此在作为向来我属的本真能在,它清晰地意识到,死亡是不可转移、不可替代的生命事件,死亡是先天内含于生存概念的生存概念,"有生便有死""生者必死",此在的存在是被抛入世界中的,也是被抛入死亡中的。由此,此在的存在是被抛入死亡中的、向着完全不可能继续存在的可能性的存在。生存论存在论的死亡概念被界定为:"死作为此在的终结乃是此在最本己的、无所关联的、确知的,而作为其本身则不确定的、不可逾越的可能性。死,作为存在的终结存在,存在在这一存在者向其终结的存在之中。"② 死亡的生存论概念确定之后,此在的本真状态便是向死而生,也就是说面对着死亡无时无刻不在面前的悬临,它必须能够有所作为。本真的向死而生是不再像常人那样扭曲、逃避、遮蔽、无视这种最本己的无所关联的可能性,它的生存论筹划一定是建立在对死亡

---

① [德]海德格尔:《存在与时间》,陈嘉映译,生活·读书·新知三联书店,1999年,第288页。

② 同上书,第297页。

领会的基础上的。

向死而生，意味着此在先行地、本真地为着它本身而向着它的最极端的可能性来展开它自身的存在。向死而生，使得此在真正在能死的存在者自身中去领会存在，把自己引领到最本己的能在上去，彻底从常人状态中走出来，开展属于自己的本身生存。这样一来，我们就能够从先行到死亡中去的具体结构中找到此在本真生存的存在论建构了。

首先，死是此在最本己的可能性，这并非在说死亡是此在自己的死亡，而是说当此在领会了死亡的悬临时，它并不是消极地等死，而是必须积极开展出它最本己的能在，在有限的生命中，活出它自己。在这种最本己的可能性中，此在能够先行地摆脱常人的纠缠，面对真实的自己。当此在领会了它能够摆脱常人世界去活出它自己的生命意义时，它实际上就已经走出了它的日常生活。

其次，最本己的可能性是无所关联的可能性。这句话的意思是：死亡作为一种无所关联的状态，它仅仅与当下此在有关，也就是说，死亡把此在以个别化的方式强调出来。在先行领会中，死亡的无所关联状态让此在领会到它的个别化的"在此"是如此关键，以至于所有此前所形成的在世界中所操劳的东西以及每一个共在的他人都无助于它的"在此"，"只有当此在是由它自己来使它自己做到这一步的时候，此在才能本真地为它自己而存在"①。只有当此在把常人状态中总是面向世界和他人的操劳转向它自身，从自身去筹划它最本己的能在上去时，此在才本真地作为它自己而存在。"先行到无所关联的可能性中

---

① ［德］海德格尔：《存在与时间》，陈嘉映译，生活·读书·新知三联书店，1999年，第302页。

去，这一先行把先行着的存在者逼入一种可能性中，这种可能性即是：由它自己出发，主动把它的最本己的存在承担起来。"①

再次，这种最本己的、无所关联的可能性是无可逾越的可能性。这种可能性让此在领会到：为它自己的死就意味着它已经先行地拥有了自由，这也就是说，此在从日常生活中各种强制性、规范性、随意性、偶然性中超脱出来，它忽然意识到这些所谓的外在的无法拒绝的要求都已经失效了，它可以在死亡这种无可逾越的可能性到来之前，自由地选择安置它发自内心所需要的生活方式。这样一来，此在就领会到，当它先行地来到这种无可逾越的可能性中时，它在有限生命中的诸种生活可能性就一一摆在面前了，它首先不是去选择这个放弃那个，而是从整体上先行选取它的整体本真存在，也就是说，它首先决定它以何种统一的人格去存在，它也就此而拥有了作为整体能在去生存的可能性。

从次，最本己的、无所关联的而又无可逾越的可能性是确知的。确知意味着不变的真理，这种真理性不会因为时空改变而改变，当此在先行地领会到这种确知的可能性时，它就只能把自身保持在这个真理中，对所展开的生存有所确知，有所坚持。"确知着这种可能性而存在的方式从与这种可能性相应的真理（展开状态）来规定自身。"② 领会到这种确知的此在，就将生存在把死亡持以为真的确知的在世存在，"不仅要求此在的某一种确定的行为，而且是在生存的充分的本真状态中要求此在"③。

---

① ［德］海德格尔：《存在与时间》，陈嘉映译，生活·读书·新知三联书店，1999 年，第 303 页。
② 同上书，第 303—304 页。
③ 同上书，第 304 页。

最后，死亡是最本己的、无所关联的、无可逾越的而又确知的可能性，而其确定可知本身却是未规定的。这句话的意思是，此在确知着本己死亡不可逾越的现实，但不知道它的死亡会在何时何地以何种方式到来。此在对于这一未规定的可能性的先行领会，也即此在的向死而生是朝向着一种不确定的确知的死而先行领会着，它本己的、在此的此在始终面向着死亡的持续威胁，死亡始终悬临在此在面前，挥之不去，却也不明确宣布何时何地以何种方式实际到来，这也就是说，死亡对于此在是持续全面敞开着的可能性。"能够把持续而又完全的、从此在之最本己的个别化了的存在中涌现出来的此在本身的威胁保持在敞开状态中的现身情态就是畏。"① 此在被抛入死亡的状态就是畏，此在所畏的对象其实是死亡这种存在之能在本身，在此在生畏中所感受到的虚无和无意义，实际上就是此在对于死亡悬临在前的体验，这种体验发生于日常生活中，完全不同于临终前的死亡体验。"向死存在基于操心。此在作为被抛在世的存在向来已经委托给了它的死。作为向其死亡的存在者，此在实际上死着，并且只要它没有到达亡故之际就始终死着。此在实际上死着，这同时就是说，它在其向死存在之中总已经这样那样做出了决断。"②

综上所述，海德格尔基于死亡的生存论分析，得到了从生存论上所筹划的本真的向死存在的建构特征标画："先行向此在揭露出丧失在常人自己中的情况，并把此在带到主要不依靠操劳操持而是去作为此在自己存在的可能性之前，而这个自己却

---

① ［德］海德格尔：《存在与时间》，陈嘉映译，生活·读书·新知三联书店，1999年，第305页。
② 同上书，第297页。

就在热情的、解脱了常人的幻想的、实际的、确知它自己而又畏着的向死的自由之中。"① 就此而言，海德格尔已经明确给出了此在向死而生的生存论存在论意义，以及在此基础上构建面向死亡生存着的此在的整体本真能在。这也就完成了本节开始时，他自己所提出的工作任务。

二、决心与本真存在

当此在将向死而生领会为它的本真生存状态时，这种本真生存状态还仅仅是一种生存的可能性，它必须能够成为现实性，这也就是说，此在需要发自内心地要求自己去实现自我的本真能在，而不是仅满足于领会或思考这样一种可能性。这种"发自内心"去实践的状态被海德格尔以生存论建构中的本真话语加以阐明，所谓的发自内心的东西不是别的，正是一种呼唤，良知的呼唤（Gewissensruf），它把此在从常人状态中唤醒。海德格尔所使用的良知并非传统或日常意义上的道德意谓，而是指一种内在的自我责任意识，它促使个体面对自己不可推卸的生命责任。良知在海德格尔的哲学中与个体的本真性（Eigentlichkeit）密切相关，它强调此在在面对本己死亡的确定性和不确定性时，必须果断承担起向死而生的责任和选择。在日常生活中的某个片刻，良知会从内心深处升起，与此在在其自身内部形成对话，也就是以自我为对象的本真话语和倾听。良知把此在最本己的、能自我存在的状态召唤到自己面前，当日常的此在与本真的能在在良知的召唤中相遇时，此在会不由自主地产生负罪感，这种负罪感不是起源于对他人或外在世界

---

① ［德］海德格尔：《存在与时间》，陈嘉映译，生活·读书·新知三联书店，1999年，第305—306页。

的罪责（Schuld），而是对自己的亏欠和不负责任。此在意识到：生命只有一次，如此宝贵，可是它自己却在荒废着自己宝贵的生命。

关于操心、良知、无家可归和罪责等问题的讨论，《存在与时间》中有一段非常经典的描述："呼声是操心的呼声。罪责存在组建着我们称之为操心的存在。此在在无家可归状态中源始地与它自己本身相并。无家可归状态把这一存在者带到它未经伪装的不之状态面前；而这种'不性'属于此在最本己能在的可能性。只要此在是为其存在操心，它就从无家可归状态中把自己本身作为实际的沉沦的常人向着它的能在唤起。召唤是唤上前来的唤回，向前就是：唤回到被抛境况，以便把被抛境况领会为它不得不接纳到生存中来的不的根据。良知的这种唤上前来的唤回使此在得以领会：此在——在其存在的可能性中作为其不之筹划的不的根据——应把自己从迷失于常人的状态中收回到它本身来，也就是说：此在是有罪责的。"① 如此经典的一段引文，遗憾的是，这段重要论述的中文译文令人费解，感觉更像是无以名状的诗化语言，而非哲学论述。其实不然，海德格尔的原文意思还是非常清楚的，我们试着用自己的理解来解释一下这段话。

这段引文中的"不之状态"和"不性"对应的都是德语中的"Nichtigkeit"，是海德格尔基于否定副词 nicht 所构造出来的抽象名词，这个词指的是对一切现存事物的意义的否定状态，更准确的意译应该是虚无状态或虚无性。"不之状态"或"不性"保持了德语字面的意思，但对于中文读者而言很难理解。

---

① ［德］海德格尔：《存在与时间》，陈嘉映译，生活·读书·新知三联书店，1999 年，第 328—329 页。

其实这里的意思并不玄妙,就是"畏"所带来的此在对自我生命所产生的虚无感。"在其存在的可能性中作为其不之筹划的不的根据"中的作为形容词出现的 nichtig 也是类似的表达方式。"不"作为否定意义,是此在作为非同一般的存在者的根本特性。在传统哲学尤其是黑格尔哲学中,否定性是理性的基本特征,海德格尔也高度重视否定性,但他并非从理性和意识角度去理解和阐释此在的"不性",而是从现身情态从畏的角度将"不"与人生之虚无感相关联,从更为基础的生存论角度来确立"不"的哲学地位。如果没有此在对"不"在本真意义上的感同身受,此在也就不可能产生良知和罪责意识,此在更不可能从日常沉沦中觉醒,从而感知到死亡的威胁和本真自我的应在。可以说,"不"是连接此在日常生活状态和本真生存状态的核心枢纽,它内在于此在的生存论建构,无论是现身情态、先行领会还是话语,都是"不"的一种展示方式,都是对当下现成事实的否定。现身情态中的怕某事,就是对当下尚未出现威胁状态的否定,怕的是将要出现的危机;先行领会更是对当下的超越和否定,所谓的先行就是以否定当下的方式来改变当下状态;话语更是当下现成的对立面,本质地包含了否定性,它既是对当下的肯定又是否定,话语总是在言说已经和尚未发生的事。就此而言,此在的生存就是"不着"的过程,因而也是朝向未来的可能性,此在的这种状态是它的生存论建构方式,无论在日常生活的沉沦中,还是在本真生存中,"不"都深度参与并建构着此在的存在。也正因为如此,"不"才能够担当起海德格尔基础存在论分析中的核心概念,它连接着此在的日常生活状态与本真生命状态,它连接着此在存在的准备性分析与源始生存论分析,它还连接着此在时间性展开的过去、现在和将来。

众所周知，海德格尔喜欢在日常语言中挖掘出不寻常的意义，这段文字中的关键词是 Ruf，指的是呼声、呼唤。这段话中出现的基于 Ruf 所构造的术语有 Anruf、vorrufen、Rückruf 等一系列名词、动词和形容词。Anruf 中的词头 an 是方位介词，指的是朝向某人或某物，Anruf 指的是有明确指向性的呼唤，在这里的上下文中指的是针对此在的呼唤，也被翻译为召唤。Vorrufen 是表示呼唤某人现身当下的意思，vor 也是方位介词，指的是在……之前，与 Ruf 的动词形式 rufen 连用，就是把某人唤至眼前的意思。Rückruf 指的是召回或回复的意思，其中的 rück 来自 zurück，是表示向回、往回的介词，与 Ruf 连用表示呼唤某人或某事回到此前的状态。上面这段引文中的德语原文中有句话非常简短却非常重要：Der Anruf ist vorrufender Rückruf, vor: in die Möglichkeit, selbst das geworfene Seiende, das es ist, existierend zu übernehmen, zurück: in die Geworfenheit, um sie als den nichtigen Grund zu verstehen, den es in die Existenz aufzunehmen hat. 为了解释清楚下面这句话的含义：Der Anruf ist vorrufender Rückruf，我们必须加入一些补充信息。向着此在的召唤（Anruf）就是把它唤至当前现身的（vorrufend）召回（Rückruf）。这句话的意思是说，来自此在内心深处的良知向此在发出召唤，它让此在从沉沦中现身当下，去真诚地面对常人状态中所掩盖的真实生命状态，即无家可归、无处安身、无以立命。在此在的良知拆穿它自己常年沦陷于自我编织的生命谎言的真相之后，它也就必须重新开始操心自己真正的生命意义了，亦即进入本真存在状态，为自己真正负责任地去寻找令自己可以安身立命的生命展开过程，这种在良知的召唤中否定常人出离沉沦返回本真的状态，也就是良知的召回。就此而言，"召唤是唤上前来的唤回"。海德格尔在这句德文的后半句中关于介词 vor 和 zurück 的解释，同时也就是对"召唤是唤上前来的唤回"这句话含义的展开：所谓将此在唤至当前现身（vorrufen）的向前 vor，指的是此在作为已经被抛的和正在存在着的存在者，先行地在其本己的生存可能性中接管（übernehmen）它自己；召回中的向回 zurück，则指的是此在将其已然如此的被抛状态领会为否定的依据，此在在它的生存中不得不接纳并扬弃这个被抛状态。海德格尔在这句话结尾处所使用的动词 aufnehmen 有很多含义，auf 是方位介词，在……之上，向……上的意思，nehmen 是指拿、取、用的动词，这句话中的接管也是派生于这个动词。aufnehmen 指的是抬起来或拿起来的动作，也有接纳、吸收、收容、采纳等意思。海德格尔在这里使用 aufnehmen 的用意可以类比于黑格尔常用的 aufheben（扬弃）。aufheben 首先也有向上的意思，heben 则是抬起、提起、拿起的意思。扬弃指的是否定中包含肯定，去其糟粕取其精华，海德格尔这里所提到的"向回"也是这个意思，他并非在强调良知的召唤让此在返回到它的关于沉沦和被抛的记忆中，而是在向死而生的本真生存中重新拥有此在的被抛和过往经历，将其视作否定的依据，也就是说将此在的被抛状态理解为自我觉悟的基础和来源，同时也是本真自我对常人状态的否定，就此而言，这种基于个人被抛历史的真实自我领会，当然也是一种扬弃，也就是良知对此在的召回或唤回，既是对沉沦此在的否定，也是对本真此在的唤醒。海德格尔在这里的表述，并非痴迷于语言游戏，他要表达的无非就是：良知的召唤有如此几个意义层次。第一，良知的召唤是发自此在并面向此在的召唤，因而是 Anruf。第二，良知的召唤把此在从涣散的沉沦状态中召唤到自己面前，因而也是 vorrufend。第三，良知的召唤让此在能够从常人中觉醒并面向自己的本真能在向死而生，在将来的意义中重新领会过去和当下，这是对被抛状态的否定中包含肯定的扬弃过程，因而也就是 Rückruf。这三个环节统一于此在的良知的呼声（Ruf）中。

讲清楚了 nicht 和 Ruf 这两个词在这段引文中的用法后，这段文字的意思也就昭然若揭了。我们将这段话尝试着翻译如下："呼声是来自操心的呼声。罪责存在（Schuldigsein）中所构建着的存在（Sein），也就是我们所说的操心（Sorge）。此在在无家可归状态中源始地与它自己本身相遇并立。这种无家可归状态把（此在）这一存在者带到它无法遮掩的虚无状态面前，这种虚无状态属于此在最本己能在的可能性。只要此在作为操心关心它的存在，它就呼唤它自己从作为实际的沉沦的常人的无家可归状态中出来而朝向着它的能在。召唤是唤上前来的召回，上前：在可能性中，已经被抛的且当下存在着的存在者（此在）接管（它自己）的生存，向回：在被抛状态（实际性）中，此在将被抛状态领会为它的否定性根据，它在生存中不得不接纳扬弃的根据。良知的这种唤上前来的召回使此在得以领会：此在——它的否定性筹划中的否定性根据就在它的存在的可能性中——应把自己从迷失于常人的状态中收回到它本身来，这被称作有罪责。"① 需要特别指出的是，本段的开头结尾有着明确的呼应关系，作为名词在本段开头中出现的罪责存在（das Schuldigsein），在本段结尾中以系表结构"有罪责"（schuldig ist）出现。这也就提醒我们，这一整段文字都是用来解释何谓此在的"罪责存在"或"有罪责"。综上所述，所谓罪责存在或有罪责，指的是此在内在的一种生存建构能力或生存可能性：

---

① Martin Heidegger, *Sein und Zeit* (Tübingen: Max Niemeyer Verlag, 1993), pp. 286–287.

良知显现，否定沉沦，此在从自我否定中走向自我肯定。

召唤本己能在的是良知，正确地倾听这一召唤也就是此在在最本己的能在中领会自己，这种倾听和领会被称为"愿有良知"（Gewissenhabenwollen）。倾听召唤等于本真领会自己，亦即此在以领会良心召唤的方式听命于它最本己的生存可能性，此在有勇气、有担当地选择成为它自己。"领会呼声即是选择；不是说选择良知，良知之为良知是不能被选择的。被选择的是有良知，即对最本己的罪责存在的自由存在。"① 愿有良知也就是此在愿意倾听和领会其内心深处的召唤，并在它的触动和引领下从日常沉沦状态中走出来，清醒地意识到自己对本己的生活方式是可以自由选择的，这一选择活动就被称为生存论意义上的决心（Entschlossenheit）。此在本真地倾听良知的召唤，也就意味着它把自己带入到实际行动中，"在其罪责存在中从它自身出发而'让'最本己的自身'在自身中行动'。这种'让在自身中行动'在现象上代表着此在自身中所见证的本真能在"②。"此在在愿有良知之中的展开状态是由畏之现身情态、筹划自身到最本己的罪责存在上去的领会和缄默这种话语组建而成的。这种与众不同的、在此在本身之中由其良知加以见证的本真的展开状态，这种缄默的、时刻准备畏的、向着最本己的罪责存在的自身筹划，我们称之为决心。"③ 决心是此在的源始展开状态，即生存的真理，就此而言，此在决心在持以为真的本己能在中展开自己的生存，这也就是所谓的"此在在真理中"。

---

① ［德］海德格尔:《存在与时间》，陈嘉映译，生活·读书·新知三联书店，1999年，第329—330页。
② 同上书，第337页。
③ 同上书，第339页。

借由决心而进入源始真理状态的此在，并非进入了一个全新的世界，或者超脱出常人世界而孑然独居，它仍然"在世界之中存在"，只是世界展开的方式与其整体意义不再是由操劳中的工具性目的所决定，而是回归到此在本身。此在决心以最本己的方式先行地领会着"它的"世界，在操劳中展开着"它的"世界，在与他人共同生存中更好地领会人己关系，而不是盲目地丧失自我而成为常人。简言之，世界和他人并未消失亦未更迭，只是在原始真理状态中，它们都从此在最本己的能自我存在的方面得到了规定。决心之为本真的展开状态，恰恰也就是此在本真地在世，此在在本真自我中下决心实现自由：实现自我解放，实现世界的自由展开，实现自我自由地面对世界构建世界，实现自由之此在唤醒他人之良知，实现共同存在的他人也在其本真能在中去存在，实现共同存在中的"生存的真理"。就此而言，决心不是别的什么东西，它实质上就是操心（Sorge），而且是操心本身所具有的可能的本真状态。

三、时间的真相

时间问题是哲学和科学研究中的最基本问题，也是在日常生活中早已形成共识的问题。通常来说，时间是一种前后相继关系，可以区分为过去、现在、将来三个维度。过去就是一个不在当下持续的曾经的现在，现在是一个当下事实在场的现在，将来是一个尚未到来但将要到来的现在。时间不过是上述这些不同状态的现在之间的连接，它是一种客观的、不以个人意志为转移的、持续变化着的流逝。海德格尔并不满足于上述时间概念的理解，他认为上述时间观念是把时间误解为存在者而产生的时间理解，时间本质上不是存在者，时间是此在本真存在的基本方式，因而必须从生存论存在论的角度加以阐述。《存在与时间》这部巨著的写作意图就是提出一种非同寻常但又是源始意义上的时间观念，这种理解方式为其他一切存在者层次上的时间理解进行奠基。

如前所述:"此在以如下方式存在:它以存在者的方式领会着存在这样的东西。确立了这一联系，我们就应该指出:在隐而不彰地领会着解释着存在这样的东西之际，此在由之出发的视野就是时间。我们必须把时间摆明为对存在的一切领会及解释的视野。"① 此在作为下了决心去本真领会自己的此在，它也就是下定决心向死而生的此在，这时，此在在日常生活中沉沦着的常人状态就被先行决心颠覆了。良知的召唤与愿有良知把此在沉沦于常人中的境况展露出来，罪责和决心把此在拉回到他最本己的自我能在，在面向死亡这种最本己、最确信的生存可能性中，此在别无选择，只能成为真理中的存在，在本己能在中决心做真正自由的自己，这样也就从现象上展示出了此在的一种可能的本真的整体能在:先行地决心向死而生。"这一领会向死开放出将去掌握生存的可能性和把一切逃遁式的自我遮蔽彻底摧毁的可能性。被规定为向死存在的愿有良知也不意味着遁世的决绝，相反却毋宁意味着无所欺幻地投入'行动'的决心。先行的决心也不是来自某种高飞在生存及其可能性之上的'理想主义'期求，而是源自对此在诸实际的基本可能性的清醒领会。清醒的畏（把此在）带到个别化的能在面前，坦然乐乎这种可能性。坦荡之乐与清醒的畏并行不悖。在这坦荡之乐中，此在摆脱了求乐的种种'偶然性'，而忙忙碌碌的好奇

---

① [德]海德格尔:《存在与时间》，陈嘉映译，生活·读书·新知三联书店，1999年，第21页。

首要地是从诸种世事中为自己求乐的。"① 这句话中所提及的逃遁式的自我遮蔽也就是此在放弃拥有本真自我的方式,它习惯于从操劳所及的"世界"中领会自我,习惯于从常人的闲言中领会自我,从而也在沉沦中误会着自我,这也就导致了此在两可地、沉沦地、无独立性地常驻于非本真的自我状态之中。在面向着整体生存意义的畏中,此在的本真自我得以彰显,它以缄默的方式出现在源始个别化之中,在缄默中作为被抛存在者而存在,并且为这个存在者而本真地存在。无论是持驻于本真还是非本真的自我状态中,操心都作为生存性的组建因素为此在提供自身的存在论建构。"展开了的存在是为其存在而存在的存在者的存在。这一存在的意义亦即操心的意义使操心的建制成为可能;而正是这一意义源始地构成能在的存在。此在的存在意义不是一个飘浮无据的它物和在它本身'之外'的东西,而是领会着自己的此在本身。"②

本真的操心,也就是先行的决心,在生存论上就是朝向最本己的能在的去存在。"这种情况只有这样才可能——此在根本就能够在其最本己的可能性中来到自身,并把这种让自身来到自身的可能性作为可能性保持住,这就叫作生存。把这种别具一格的可能性保持着的让它自身来到自身,就是将来的源始现象。"③ 就本真意义上的向死而生来说,"将来"并非一种尚未变成现实且在以后将要成为现实的时间状态,而是指此在在先行的决心中本真地面向最本己、最确定的能在时,让它自身

---

① [德]海德格尔:《存在与时间》,陈嘉映译,生活·读书·新知三联书店,1999 年,第 353 页。
② 同上书,第 370 页。
③ 同上。中译文参照德文版略作调整,Martin Heidegger, *Sein und Zeit* (Tübingen: Max Niemeyer Verlag, 1993), p. 325.

来到自身的那种"到来"。也就是说,此在先行地朝向本真的能在,让最真实、最应被追求的自我在有限生命中来到自身中,或者说,此在在尚未完成的生命历程中充分占有其意义,让它不再消耗在常人或周围世界所塑造的非本真自我之中,如此这般的未来之到来才是对本真自我而言展现出生存论意义的"将来"。简言之,此在的生存实质上是一种自在自为的整体性统摄的本真能在,是一种在有限生命中自我担当、自我实现的可能性,这种可能性是以此在整体生命意义为预设的,就此而言,此在存在的本质是面向未来的存在,这种自我筹划是此在生存论建构的本质特征,生存论建构的首要意义就是将来。

本真意义上的"将来"不仅改变了此在朝向未来的方式,也改变了它面对过去的态度。将来赋予此在的过往经历以新的意义,此在的"如其一向已曾是"(wie es je schon war),也就是它的曾是(Gewesen),在本真的罪责存在和决心中成为此在不可否认、不可遗忘的必须直面的过往,只有在被抛的"曾在"或"曾是"中,此在才能以回来的方式从将来来到自己本身的被抛历史中。此在只有在自己的曾在中才能筹划将来,此在本真地朝向将来,也就是它本真地曾在着。此在先行地朝向最本己的最确信的最极端的能在,也就是向死存在,同时也就是此在有所领会地回到最本己的曾在,也就是在实际性和被抛状态中现身,直面此在的整体过往,在畏中领会向死存在。"只有当此在是将来的,它才能本真地是曾在。曾在以某种方式源自将来。"[1] 这句话的意思就是说,只有此在能够坦诚地直面自己的过往,它才能够积极地筹划未来,而只有它能够将尚未到

---

[1] [德]海德格尔:《存在与时间》,陈嘉映译,生活·读书·新知三联书店,1999年,第371页。

来的人生充分自主地担当起来之后，它所经历的过去才能对它显示出真正的意义，或者说，它才能够真正理解自己过往的人生之意义，就此而言，此在的曾在当然也必然是源自将来的，因为将来才真正承载着此在实现本真自我的生命意义。

德语中的将来 Zukunft，包含着朝向 Zu 和抵达 Kunft 两个语义单元，这两个词合在一起也就意味着：将来就是去抵达（自身）。此在本真的将来，作为一种独一无二的个体化可能性的实现过程，同时就是回到它自身。也就是说，当此在下定决心从沉沦中觉醒且返回自身并努力去拥有本真自我时，基于将来的本真能在也就返回到当下来参与构成本真和唯一的现在，亦即此在真正地在"此"。在海德格尔看来，现在的源始意义是"使……在场"（Gegenwärtigen），此在使存在者在场，只有如此这般，周围世界中的在场存在者才有可能与此在照面。使在场的存在者在场，也就是时间化的当前，预设了"曾在"和"将来"作为前提。使存在者在场，一方面意味着此在先行领会了它的将来，另一方面意味着此在对于曾在的占有和回归。就此而言，当前是时间的另外两种绽出样式的结果：先行的决心中产生"将来"，"曾在"源自"将来"，植根于"曾在"中的"将来"在揭示出"现在"。本真的现在就是此在下决心根据曾在的将来而展开的当下处境，这种情况被海德格尔称为"当下即是"（Augenblick）。在当下即是中，此在被先行决心从沉沦的常人状态中召唤回到它自身，毅然决然地绽出自身，自觉地领会着属于它自己的将来和曾在，并使周围世界中的存在者上前照面。将来、曾在、现在，这三个时间环节相互关联、相互包含但又相互区别，它们并非通常流俗时间观念中先后相继的无始无终的流逝，而是源发于先行的决心，也就是此在的本真存在，并且以"将来"作为时间的基础，作为源始的时间，它是有终点的，这个终点就是此在的个别化死亡。

源始的时间既不是外在之物，也不是容纳和测度事件发生过程的某种框架，更不是内在感知或意识结构，在海德格尔看来，时间性是此在的存在方式，时间就是此在，此在就是时间。时间性是此在源始性的、出离自身的自在自为状态，这种状态也被称为时间性的绽出（die Ekstasen der Zeitlichkeit）。时间性的本质就是此在在绽出的统一性中到时（zeitigen），而统一的绽出与到时则以本真的将来为基础，此在在有限生命中向死存在并构成先行决心的时刻，也就是本真将来的时间性到时。源始的将来的时间性绽出也就是对此在能在的限制和封闭，此在的本真能在是在有限生命中的能在，只有在这种封闭和有明确终点的将来中，此在对于自身本真的生存领会才成为可能，"源始而本真的来到自身就是在最本己的不之状态中生存的意义"①。用海德格尔的话说：源始的时间性以将来的曾在的方式最先唤醒当前②，处于虚无状态中的当前此在本真地领会到将来的有终性，以及时间性的有终性。"我们把前此对源始时间性的分析概括为下面几个命题：时间源始地作为时间性的到时存在；作为这种到时，时间使操心的结构之建制成为可能。时间性在本质上是绽出的。时间性源始地从将来到时。源始的时间是有终的。"③

当我们说"有时间"时，并不意味着时间是一个现成在手的东西，时间不是存在者，时间只是此在的存在，此在在生存

---

① ［德］海德格尔：《存在与时间》，陈嘉映译，生活・读书・新知三联书店，1999年，第376页。

② Martin Heidegger, *Sein und Zeit* (Tübingen: Max Niemeyer Verlag, 1993), p. 329.

③ 同上书，第377页。

中使自己的存在时间化并构成时间，换句话说，此在的存在使时间到时（Zeitigung），使时间成为存在。更确切地说，此在将其自身的存在时间化为时间，先行的决心在将来的指引下让周围世界在场的上手事物来照面。"从将来回到自身来，决心就有所当前化地把自身带入处境。曾在源自将来，其情况是：曾在的（更好的说法是：曾在着的）将来从自身放出当前。我们把如此这般作为曾在着的有所当前化的将来而统一起来的现象称作时间性。只有当此在被规定为时间性，它才为它本身使先行决心的已经标明的本真的整体存在成为可能。时间性绽露为本真的操心的意义。"① 我们在日常生活中所熟悉的时间，其实是本真时间的变样，它也遵循着上述时间性的整体统一性来展开，只不过是常人世界所规定的时间，基于它又进一步演变成客观的度量方式，这种度量方式为人们的共同存在和社会互动提供了基础。在此在的本真领会中，将来作为有限生命向死存在的自我筹划，以持驻的方式来到它自身，此在在其本真能在中不断地接管它本己的生命。上述将来到来的时间性同样也体现在常人时间中，只不过此在在其有限生命中筹划的不是实现真正自我，而是常人眼中的标杆，这种朝向常人标杆的自我筹划就是本真将来的变样，变成期备（Gewärtigen）。在期备持续不断地抵达当下时，此在却越来越迷茫，它并未感受到生命意义的充实，反而越来越感到虚无和畏的现身，因为在期备中并未包含着此在本真的自我决断和自我认同，期备中所实现的不过是常人帮它设定的生活意义。本真意义上的曾在其实是曾在着，过去并未被记忆舍弃，而是始终支持着成就着此在的生命

---

① ［德］海德格尔：《存在与时间》，陈嘉映译，生活·读书·新知三联书店，1999 年，第 372 页。

展开,这也就是说,此在生存的实际性亦即被抛状态是此在的个人历史,是它已然如此不可更改的过去,此在只有清晰地认识领会自己的过去,才能够合理地筹划未来。而在非本真的日常生活中,此在对于过去的态度是不认真不执着的无所谓,过去都已经过去,过去也不是自己能够决定的过去,这样的过去与将来之间并不存在必然联系,换句话说,非本真的过去被变样成为此在遗忘自我历史的状态,过去历历在目,但与此在真正的自我之间缺失了本质关联,过去只是过去的很多人和事的堆积拼贴,而非此在本真的曾在和当前仍然在场的曾在着。如此说来,此在只有在本真能在中才能够拥有曾在,而将来也始终是已然如此的作为曾在的此在的将来,此在的将来和曾在都来到当下,此在的时间化就是使事物成为当前,当前是将来和曾在的结果,这也就是源始时间中的现在。在本真的此在存在中,先行决心有所选择地与周围世界打交道,有决断地寓于处境(Situation)中,在当下即是(Augenblick)中下决心展开这种处境,它不会再长久地迷失沉沦于周围世界和常人生活,而是在对将来和曾在的领会中有所选择有所把持,将自身小心翼翼地保护在本真生命中直面当前的处境。用海德格尔的话说:业已处于曾在过程中的将来从自身那里释放当前,时间性的确切意义就是此在在曾在中当前化的将来这种结构整体的统一性。只有当此在真正地有所作为地拥有时间性的特征时,它才能够实现本真的存在,因而,时间性也就是本真意义上的操心的结构,同时也就是决心的结构。

时间性使生存论建构(将来)、实际性(曾在)与沉沦(现在)能够统一起来,并以这种源始的方式组建操心的结构整体。决心是本真的操心样式,而操心又是以时间性为前提条件的,这也就是说,无论是沉沦着的还是在本真状态中,此在的存在整体性就是操心，操心的结构整体是：先行于自身的-已经在（世界）中的-作为寓于（世内照面的存在者）的存在，这个结构对应于时间性中的将来-曾在-现在，就此而言，操心的结构源始统一于时间性。

行文至此，我们在海德格尔《存在与时间》中兜了一圈，所幸没有迷路，出口便是他关于时间的阐释：时间就是此在，此在就是时间。基于这一阐释，我们将进入关于休闲的存在论研究。在开展这些工作之前，有必要对本章的内容进行简要总结，以便顺利开展下面的工作。

海德格尔认为，关于哲学研究的对象是存在而非存在者，在开展关于一般存在问题（Seinsfrage überhaupt）的研究之前，我们首先要考察的是此在这种特殊存在者的存在问题，因为此在的存在，亦即此在的生存，是其他一切存在者存在的前提，这项工作被称为基础存在论（Fundamentalontologie）。此在的存在被海德格尔描述为"在世界中的存在"，它首先是一种先行的筹划和领会，其次是它处于被抛入的世界中，再次它始终以寓于其中的方式与周围世界打交道。就此而言，此在的生存就是操劳。当此在在操劳中迷失在周围世界中时，这种状态被称为沉沦，沉迷于常人闲言和对世界中各种新鲜事物的好奇，在闲言中从一个好奇跳向另一个好奇，而遗忘了自身，从而对自己的生命态度也处于犹豫不决的两可之中。此在之所以不同于其他存在者，就在于它除了沉沦之外，还拥有出离沉沦的可能性，这种可能性并非来自外在的教导或启蒙，而是它自己的生存能力中所拥有的天赋。此在的生存建构体现为现身情态、先行领会和话语三种方式，这三种方式都是此在在此（Da-sein）的现身方式，它们反复提醒着此在在它的生存中乃是"向来我属"的存在。此在的存在论建构也被称为操心，它所操心的对象既是外在之世界，同时也是它自己。此在之所以能够对沉沦有所觉悟，是因为它一直也在为自己的存在而操心。在对世界的操持中，现身情态表现为害怕某种即将到来的威胁，而在对自我的操心中，现身情态表现为对生命之虚无状态的畏，由此，它的存在变成它自己的一个问题，这也就为此在走出常人状态的沉沦提供了契机。畏把死亡和此在乃有限生命的事实带到它自己面前，死亡是此在最确定、最本己、最极端的存在可能性，当它严肃地对待这个问题时，它只能顺从良知的召唤选择向死而生，在它自己有限的生命中选择作它自己。就此而言，将来是此在的本真能在，先行领会把将来带到此在自身中，并在自我筹划所建立起来的时间视域中，重新审视自己的过去，在当下的处境中做出抉择。综上所述，此在的存在就是操心，操心就是此在存在的时间化。在此在的本真存在状态中，操心也就成为决心，决心在尚未完成的生命历程中成为它自己，如此这般，时间的三个维度（过去、现在、将来）就统一于将来，业已处于曾在过程中的将来从自身那里释放当前。此在下决心本真地生存，也就是时间化的过程，时间性使得此在的本真整体存在成为可能，严格来说，此在不仅具有时间性，或在时间中，此在在本质上就是时间，时间其实也就是此在。离开此在，时间本身并没有任何意义，时间永远只能是此在的时间，此在"有时间"，就意味着它拥有自己本真的生命意义。

第 5 章

西方古典文明中的休闲根源

休闲是人们日常生活中不可或缺的组成部分，也是人类社会中自古以来就被制度固定下来的生活形式，比如做六休一的制度，比如节日的休假制度，又比如婚丧嫁娶的放假制度，休闲的制度化历史可以上溯到距今五千年以前。在人类的古典文明时代，不约而同地出现了关于休闲的专门术语或概念，以便将这种独特的生活形式与日常劳作相区分，并进一步设定它的独特功能。这种区分的背后，表达着不同文明样式对于休闲的重视和各具特色的理解方式，更为重要的是，古典文明时代所产生的休闲成就在今天仍然深刻地影响着人类社会，比如希伯来文明的一神教信仰和希腊文明的理性主义精神。当我们在探寻休闲意义而四顾茫茫之际，也许回眸人类在古典时代的休闲成就，会给今天迷失在数字时代的休闲带来一些有益的启发。

第 1 节 希伯来文明的安息日传统及其影响

一、犹太教传统中的安息日

安息日（Sabbath）是一个在亚伯拉罕诸教中很常见且极其

重要的宗教概念①，它通常指一个特别的休息日，专门用于休息、敬拜和精神上的重建，起源于犹太教。"安息日"的词源可以追溯到希伯来语"שַׁבָּת, Shabbat"，经过不同语言的演变，最终形成了现代英语中的"Sabbath"。希伯来语中的"Shabbat"是一个名词，通常被翻译为"安息日"，这个词的本义是"休息"或"停止"，它源自动词"שָׁבַת, shavat"②。安息，意为"停止工作"或"休息"。"安息"作为一个基础教义，首次出现在《圣经》的《创世记》第二章，是以动词"shavat"的形式出现的。在《创世记》2：2—3 中描述了上帝在第七天停止创造的过程，这里使用了"shavat"这个词："到第七日，神造物的工已经完毕，就在第七日歇了他一切的工，安息了（shavat）。神赐福给第七日，定为圣日，因为在这日神歇了他一切创造的工，就安息了（shavat）。"③ 这段文字中明确将上帝创世的第七天定为圣日，以便与前六天相区别。在这一天上帝停止了对世界万物的创造活动，休息并用赐福和圣化的方式将这一天定为圣日。关于这段文字的意涵，历史上有很多经学家都以皓首穷经、殚思竭虑的方式不断挖掘其中的奥义并予以诠释。这段文字中隐含着很多重要问

---

① "亚伯拉罕诸教"（Abrahamic Religions）又称为亚伯拉罕一神教（Abrahamic monotheism）、闪米特诸教（Semitic religions）、天启宗教（Revealed religions、Revelatory religions）等，通常指的是信仰世间唯一的全能全知全在的真神，并以亚伯拉罕为信仰始祖的宗教，主要有犹太教、基督教（包括天主教、东正教和基督新教）和伊斯兰教。这些宗教具有共同的起源和相似的信仰特征，信仰都可追溯到亚伯拉罕。这些宗教有着极为亲近的历史根源、神学概念和道德框架，随着时间的推移，各自也形成了独特的宗教传统和风俗习惯。

② 希伯来文中，"发誓"这个动词שבע（shavá），数字"七"שֶׁבַע（sheva），与动词"安息"שָׁבַת（shavat）之间存在着某种词源学上的联系，这三个词都源于词根ש-ב-ע（sh-b-a），具有完全、满足和圆满的含义。

③ 本书所参考引述的《圣经》原文，如非特别注明，均引自中文和合本，并以希伯来马所拉文本（Masoretic Text）为参照。

题，比如，上帝为何要休息？如果上帝是全能的，那就不会因创造而感到疲惫，所以人类在工作之余的休息不可能构成上帝休息的理由。其次，赐福和圣化是上帝在第七天做的事，这也就意味着上帝在第七天并非无所事事，那么他所做的这些事与"创造的工"之间有何本质区别？再者，上帝为何要赐福并封圣第七天？这个赐福与圣化对于上帝意味着什么？它对于人类——无论是在伊甸园中还是被逐出伊甸园之后——又意味着什么？上帝安息意味着祂此后便不再行创造之工了吗？还是说上帝也遵循着做六休一的生活制度？天使和伊甸园里的众生灵也要在第七天安息吗？第七天作为安息日的源头是《创世记》，还是上帝与犹太人的立约？如果是后者的话，为何在亚伯拉罕立约中没有出现这个概念，但出现在摩西带领犹太人走出埃及后与上帝所订立的西奈之约中？甚至，关于为何安息发生在第七天，不是第六天也不是第八天，这个问题也存在着非常复杂的争议，这个问题同时还涉及人类历史中将七天作为一周的制度起源问题。综上所述，安息以及安息日在犹太教中是极其重要的基础教义观念，关于安息和安息日的理解也在不断发展和分化着信仰群体。

在《旧约》中，安息日作为一个特定宗教术语，首次出现在《出埃及记》中。根据相关记述，摩西带领以色列人走出埃及，在进入迦南地之前经历了长达四十年的沙漠流浪时期。在这四十年中，以色列人在摩西的带领下逐渐摆脱了百年奴役的影响，重新恢复了耶和华信仰和崇拜制度。在进入沙漠初期，以色列人便遭遇了食物危机，上帝告知摩西，祂每天都会按时降下食物供以色列人充饥，尤其在第六天会降下双份，但第七天就没有了，因为第七天是安息日。在《出埃及记》16：23 中，摩西警告以色列人，要按照上帝规定的安息日来休息和敬拜，前一天要准备好安息日的饭菜。"摩西对他们说：'耶和华这样说：明天是安息圣日,是向耶和华守的安息日（Shabbat）;你们要烤的烤了,要煮的煮了,所剩下的都留到早晨.'"这是在整个《圣经》文本中第一次出现安息日的场合,此后在《旧约》的《出埃及记》《利未记》《申命记》《尼希米记》《以赛亚书》《耶利米书》《以西结书》等篇章中反复强调:守安息日是上帝与犹太人立的世世代代需要遵守的圣约,在这一圣日中,犹太人和他的儿女、仆婢、牲畜和寄居的客旅都可不做工,不可在住处生火,只能祈祷和燔祭,如果违约的话,将被上帝视作极其严重的亵渎,将被处以极刑（《出埃及记》31:15;《出埃及记》35:2;《以西结书》20:13,21）.《利未记》中记述,犹太人不仅要守安息日,还要守安息年,他们的土地和葡萄园里,第七年不能耕种、修整和收割,田地在安息年的出产要分给他们的仆人、婢女、雇工和寄居的外人（《利未记》25,26）.

  以上是《旧约》中一些关于安息日的主要表述和相关文本来源,安息日是犹太教的一个非常重要的宗教节日,是休息和灵修的时间,它提醒人们在繁忙的工作中,应该留出时间与神联系,休息和修复.在犹太教的传统中,每一天从日落的黑暗开始,然后进入光明,这一传统源于《创世记》的记载,在描述上帝创造天地时,每一天都以"有晚上,有早晨"为结尾,象征着从混沌到秩序的创造过程.犹太历法的每周周期与西方的格里高利历相对应,每周的第一天被认定为星期日.按照这种秩序,安息日指的是从周五的太阳落山至周六的太阳落山之间的时间.在安息日到来之前,通常由家庭中的女性点燃至少两根安息日蜡烛,并致祝福祷词,这一仪式表示安息日的正式开始,这个习俗象征着安息日的光明与和平进入家庭中.日落后的时间常被用于家庭团聚、祷告和学习《圣经》.在犹太教传统中,日落后的安静时间被视为灵修和冥想的最佳时刻.在安息日晚上,有特别的祷告

"迎接安息日"（Kabbalat Shabbat）和礼拜仪式，通常在犹太会堂举行。在犹太会堂，信徒们聚集在一起，通过诵读特别的祷文和诗篇来迎接安息日。"迎接安息日"仪式中包括 *Lecha Dodi*（《来吧，我的良人》）的吟唱，象征着迎接被喻为"新娘"的安息日。在家庭晚餐前举行圣酒礼（Kiddush）仪式，通过祝福葡萄酒（或葡萄汁）来纪念创造的神圣。这一仪式通常由家庭的男性成员主持，伴随祝福词和葡萄酒的分享。安息日晚餐是家庭团聚的重要时刻，通常包括两根哈拉面包（象征着双份的吗哪）、鱼、鸡肉等特别的食物。晚餐前和餐中会有特别的祷告和祝福。安息日的早晨祷告（Shacharit）在犹太会堂举行，包括诵读《妥拉》的部分章节。在安息日的早晨祷告中，*Amidah*（诵祷词）十八祝福祷文的特别版本"Shabbat Amidah"也会被诵读，这段祷文在安息日的早晨祷告中占有重要地位，并且有其特定的结构和内容。在早晨祷告之后，进行附加祷告（Mussaf），这是为纪念圣殿时期的追加献祭而设置的特别祷告。下午祷告（Mincha）也在犹太会堂中进行，包括诵读特别的祷文和部分妥拉章节。下午祷告通常较短，但依然非常庄重。在安息日下午的晚些时候，会进行第三次餐食（Seudah Shlishit）。这一餐通常较为简单，但同样包括祝福和祷告，是家庭和社区团聚的时刻。在安息日结束之际，通常通过一场称为 Havdalah（分别礼）的仪式而结束，标志着人们从安息日的休息回到日常工作和活动中。

二、基督教传统中的主日

安息日在《新约》和基督教中同样具有重要教义与实践地位。在《马可福音》2：27—28、《马太福音》12：8 和《路加福音》6：5 中，门徒们都不约而同地记述了一件事。耶稣在安息日带着门徒从麦田里经过，有门徒饿了，便掐起麦穗充饥。

这个情况恰好被法利赛人看到,他们便指责耶稣及门徒违背了安息日的约。耶稣如此回复法利赛人:"安息日是为人设立的,人不是为安息日设立的。所以,人子也是安息日的主。"如前所述,在犹太教传统中,安息日是非常神圣的一天,必须严格遵守,这是摩西律法中的规定。法利赛人和律法学家对安息日的规定非常详细,涵盖了可以和不可以做的各种活动,麦田寻食和医治病人是典型的被禁止的行为。因而法利赛人指责耶稣的门徒在安息日掐麦穗吃违反了律法,此外还包括耶稣在安息日给人治病等行迹,凡此种种的做法显然违背了犹太人的传统律法。耶稣在回应法利赛人的指控时自称是"安息日的主",这无疑在宣布他自己拥有旧约的解释权和新约的议定权,这意味着耶稣不仅能够解释律法,还能够赋予其新的意义。正因如此,耶稣犯了众怒,招致以色列长老们的普遍指责,根据《旧约》中上帝关于违反安息日的处罚规定,便逼迫罗马总督彼拉多定了耶稣的死罪。就此而言,安息日构成了《旧约》与《新约》之间的重要桥梁和过渡。耶稣宣称拥有安息日的解释权,显示出他的神性和权威已经超越了传统的宗教领袖,因而同时拥有宗教诠释家和改革家的双重身份。耶稣强调"安息日是为人设立的",意在指出安息日的初衷是为了人的福祉和休息,而不是成为束缚人的律法。安息日的核心是给予人们休息和恢复人神关系的时间,而不是增加他们的负担。耶稣通过他的教导和行动,表明他带来了新的约,如《哥林多后书》3:6所言:"他叫我们能承当这新约的执事,不是凭着字句,乃是凭着圣灵。因为那字句是叫人死,圣灵是叫人活。"显然,《新约》超越了《旧约》的律法内容和适用人群,这也就是犹太教信众与基督教信众之间复杂又纠结的关系起源。

虽然早期基督徒在安息日(星期六)进行敬拜,但随着基督教的发展，特别是在公元 1 世纪之后，许多基督徒开始在星期天纪念耶稣基督的复活。这一天被称为"主日"。《新约》《约翰福音》20：1 中提道："七日的第一日清早，天还黑的时候，抹大拉的马利亚来到坟墓那里，看见石头已经从坟墓挪开了。"据此，耶稣在"主日"（星期日）复活，即犹太逾越节后的第三天。这个事件被认为是基督教信仰的核心，象征着新生命和救赎。因此，基督徒选择周日作为他们的主要敬拜日，以纪念耶稣的复活。不同的基督教派别对主日的庆祝方式有所不同，一般包括参加教堂的礼拜、祷告、读经和家庭聚会。

公元前 1 世纪，罗马帝国开始从东方吸收七天周的概念。在公元 1 世纪，罗马正式采用了七天周。罗马人将七天周与七大行星联系起来，赋予每一天以行星的名字，这些行星代表了罗马和希腊神话中的神灵，这种命名方式对后来的欧洲语言产生了深远影响。在公元 321 年，罗马皇帝君士坦丁大帝（Constantine the Great）颁布了一项法令，正式规定星期日为休息日。这项法令要求所有法庭、城市居民和各种工匠在星期日停止工作。君士坦丁大帝是第一位皈依基督教的罗马皇帝，他希望通过这项法令促进基督教的传播和巩固。虽然法令提到的是"太阳之日"（dies Solis），但这一举措实际上加强了基督教对"主日"（Lord's Day）的尊重。君士坦丁大帝还试图在基督教和太阳神崇拜之间找到一个平衡点，因为太阳神崇拜在当时的罗马帝国依然流行。

在中世纪，天主教会和其他基督教教会进一步巩固了星期日作为安息日的地位。教会规定信徒必须在星期日参加弥撒和其他宗教仪式，这一天被视为神圣的、用于敬拜和休息的日子。随着基督教在欧洲的普及，各地的法律逐渐将星期日作为公众假期固定下来。例如，中世纪的许多欧洲国家都颁布法律，禁止在星期日进行商业活动和体力劳动。在工业革命期间，随着劳动者权益意识的提高和工人运动的发展，休息日的需求变得更加迫切。星期日作为法定休息日的观念得到了进一步加强。19 世纪和 20 世纪初，许多西方国家通过了劳动法，明确规定了星期日为工人和雇员的休息日。

三、伊斯兰教传统中的聚礼日

伊斯兰教的穆罕默德作为先知带来了新的启示，建立了区别于此前宗教传统的信仰体系。这意味着伊斯兰教并不是完全复制或延续犹太教的实践。尽管伊斯兰历法有其独特之处，但七天周的结构保持不变，并规定星期五（Jumu'ah）为穆斯林的集体礼拜日，这一天被称为"聚礼日"或"主麻日"，是穆斯林每周进行特别集体祈祷的日子。星期五的礼拜（Jumu'ah）在《古兰经》和圣训中被强调为重要的宗教义务。《古兰经》第 62 章第 9 节提道："信道的人们啊！在主麻日的礼拜召唤发出的时候，你们应当赶快去记念真主，停止买卖；那是对你们更好的，如果你们知道。"在穆斯林社区的早期，星期五就已经成为聚礼日。这一天既有宗教上的重要性，也是社交和社区聚会的机会。这种实践逐渐成为伊斯兰教的传统，并在各地穆斯林社区中延续。为了在宗教实践上明确区分伊斯兰教与犹太教、基督教，穆斯林领导者和学者们选择了星期五作为特殊的祈祷日，而不是犹太教的安息日（星期六）或基督教的主日（星期日）。

《古兰经》中曾多次提到过安息日，但这些记述主要针对犹太人，并且多次强调安息日是上帝与犹太人立的约。伊斯兰教认为安息日的规定是上帝特别给犹太人的命令，而穆斯林则不受这一规定的约束，他们只要遵守每周五的聚礼日。尽管伊斯兰教没有传统的安息日，但星期五仍被认为是一个特别的祈祷日。根据伊斯兰教的传统，星期五是穆罕默德先知特别推荐的集体礼拜日。穆斯林在这一天会参加主麻礼拜（Jumu'ah prayer），每周五中午，穆斯林在清真寺进行特别的聚礼祷告，这与平日的礼拜有所不同。聚礼包括一段布道（Khutbah），以及两次额外的礼拜（Rak'ahs）。这次聚礼是穆斯林男性的宗教义务，虽然女性也可以参加，但她们的参与不是强制性的。

综上所述，安息日的概念起源于犹太教，并被纳入了基督教和一些基督教派别的传统中。伊斯兰教虽然没有传统的安息日，但星期五被视为特别的祷告日。各宗教中的安息日或类似概念都强调休息、敬拜和精神上的重建，这是人们在繁忙生活中找到平衡和意义的重要方式。

第 2 节　古希腊的休闲观念

诚如葛拉切亚所言："一个被爱与歌声滋养的状态变成了一种哲学状态。休闲就是这样被发现的。这一发现发生在克里特-迈锡尼文明在灾难中结束后的地中海世界某个时期。在此之前，闲暇从未存在过，之后也很少出现。"[①] 休闲是古希腊文明中非常惹人注目的现象，可以说，古希腊文明之所以辉煌不朽，主要原因就在于他们对休闲的恰当理解与善用。在古希腊语中有一个专门用于指称休闲的术语 σχολή（scholē，拉丁语为 otium），通常指休闲或自由时间。具体来说，它可以指：闲暇时间的活动，智力活动，讲座、课程等，因此也指学校。英语 school（学校）、

[①] Sebastian de Grazia, *Of Time*, *Work and Leisure* (Hartford, Connecticut: Connecticut Printers, 1962), p. 3.

scholar（学者）、scholastic（学院的）、scholarship（奖学金）、法语的 école、德语的 Schule、意大利语的 scuola、西班牙语的 escuela、俄语的 shkola、瑞典语的 skola 都是从它衍生出来的。令人惊讶的是，在古希腊文中，休闲竟然与教育是同一个词，这个现象仅是偶然中的巧合吗？还是另有其深意？

　　荷兰莱顿大学古典语言学家罗伯特·贝克斯（Robert Beekes）编纂的《希腊语词源词典》中的"σχολή"词条显示，这个词来自原始希腊语skʰolā́，具有阻止、保留（holding back）的意思，skʰolā́ 很可能来自原始印欧语sǵʰ-h₃-léh₂ 和 seǵʰ-，具有持有的意思（to hold），根据共时性分析，σχ-（sch-）来自动词 ἔχω（echō，I hold，即"我持有"）的不定过去时不定式词干（aorist stem）①。在 Pierre Chantraine 主编的《希腊语词源词典》中，也认为 σχολή 来自 ἔχω 的不定过去时不定式 σχεῖν，但后半部分-ολή 的词源并不清晰，有可能是加后缀-λ-，加动名词后的主题元音-o-，类似于 βολή（a throw, the stroke）、στολή（an equipment, armament），但编者对此并不十分确定②。Anastasiadis 基于 σχολή 的词源和用法做了一个系统研究，他指出，尽管 σχολή 与 ἔχειν（动词 ἔχω 的不定式形式）之间的词源关系仍不清晰，但 σχολή 可以被理解为"拥有"。他还指出，不能把古希腊文明中的休闲与当代人所理解的休闲相混淆，尤其是凡勃伦所定义的那种以不事生产来显示社会地位优越性的"炫耀式休闲"，相比较而言，古希腊的休闲指的是从生活必要劳动中解放出来的投身于他自己所热爱的活动的那种理想存在

---

　　① Robert S. p. Beekes, *Etymological Dictionary of Greek* (Leiden：Brill, 2010), p. 1438.

　　② Pierre Chantraine, *Dictionnaire étymologique de la langue grecque: histoire des mots* (Paris：Klincksieck), p. 2009.

方式①。Kostas Kalimtzis 认为："正如许多具有道德意涵的希腊哲学概念一样，休闲（scholē）概念也不是凭空诞生的，而是从其文化的深处发展而来的。如果我们能够追踪其各种含义的演变，将非常有助于揭示其潜在的细微差别。但是有两个特殊原因使得追溯这段历史变得不可能：首先，关于其词源和起源资料的缺乏；其次，单纯的语言学研究无法揭示流行用法与哲学家赋予其特殊含义之间的连续性。"②

σχολή 主要有如下含义：1）闲暇 leisure、自由时间 free time；2）歇息 rest；3）休闲活动，尤其是讲座或谈论等 that in which leisure time is spent, especially lecture, disputation, discussion；4）哲学 philosophy；5）学校、讲堂 place where lectures were given, school, lecture hall。与 σχολή 密切相关且经常同时出现在上下文中的还有另一个希腊名词 ἀσχολία（ascholia），ἀ-是表示否定的前缀，这个词的意思是 1）工作 an occupation；2）职业 profession；3）事务 business；4）没有空闲 lack of leisure。由这个词构成了形容词 ἄσχολος，意为劳碌的，不得闲的 without leisure, engaged, occupied, busy。σχολή 与 ἀσχολία 经常成对出现在希腊哲学著作中，尤其是柏拉图和亚里士多德的文本中，作为两种生活状态的对照，一种是以自我生命为中心的活动，另一种则是以外在目的为动机的劳碌。色诺芬（Xenophon）在《回忆苏格拉底》（Memorabilia）中写道："考虑到闲暇的本质，他说，他的结论是几乎所有的人都在做一些事情。即使是棋手

---

① V. I. Anastasiadis, "Idealized σχολή and Disdain for Work: Aspects of Philosophy and Politics in Ancient Democracy," *The Classical Quarterly* 54.1（2004）：58 - 79.

② Kostas Kalimtzis, *An Inquiry into the Philosophical Concept of scholê: Leisure as a Political End*（New York: Boomsbury, 2017）, p. 5.

和小丑也在做一些事情，但所有这些人都是有闲暇的，因为他们本可以去做一些更有益的事情。但如果有人从一项更好的活动转向一项更差劲的活动，那么他就做错了，因为他没有闲暇。"① 这段话中的闲暇（σχολήν）和有闲暇（σχολάζειν）都是在讨论休闲 σχολή，而结尾处的没有闲暇则是休闲（σχολή）的反义词劳碌（ἀσχολίας）。

在意大利学者 Franco Montanari 编纂的《GD 希德词典》（GD‐Wörterbuch Altgriechisch‐Deutsch）中 σχολή 词条释义中指出，它除了上述义项之外，还有暂停 Pause、停止 Ruhe、中断 Unterbrechung 的意思。在索福克勒斯《俄狄浦斯王》（Soph. OT. 1286）中，"νῦν δ' ἔσθ' ὁ τλήμων ἐν τίνι σχολῇ κακοῦ;"（And does the sufferer have any respite from pain now？）这句话中的 σχολῇ 就是用作停止的意思，从痛苦状态中断的意思。类似用法也见于欧里庇得斯《疯狂的赫拉克勒斯》（Eur. HF. 725）ὡς ἂν σχολὴν λύσωμεν ἄσμενοι πόνων.（That we may joyfully put an end to this delay of our work.）②。

古希腊人对待工作与休闲的态度非常独特，一方面，他们认为工作是人们必要的生活方式，赫西俄德在《劳作与时日》中写道："勤劳的人备受永生者眷爱……劳作不可耻，不劳作才可耻。……不论时运如何，劳作比较好。"③ 另一方面，古希腊流传着一句谚语："奴隶无休闲"（οὐ σχολή δούλοις）④，言下

---

① 商务印书馆中译本在相应段落中把 σχολή 都翻译成懒惰，这是不准确的。
② Franco Montanaris, *GD-Wörterbuch Altgriechisch-Deutsch Online*（Berlin：De Gruyter, 2023, 1951）.
③ 赫西俄德：《劳作与时日》，吴雅凌译，华夏出版社，第 24 页。
④ 出处参见亚里士多德《政治学》1334a，中译文参见亚里士多德：《政治学》，吴寿彭译，商务印书馆，2009 年，第 399 页。

之意是奴隶困于劳碌中,因而他们的生命是可悲的。这两种观点看起来仿佛是冲突的,实则不然。古希腊人并不鄙视劳作,他们认为劳作只是为了获得生活必需品而发生的工作,除此之外应该把时间花在生命中更有意义的事情上,也就是追求美德和完善自我。但是奴隶并没有自由选择生活方式的机会,他们所有的繁忙都是为了外在目的,他们生命之可悲不在于劳作,而在于没有自由。就此而言,Anastasiadis 的提醒非常重要,希腊人对待劳动和休闲的态度并非凡勃伦笔下的那种以不事生产作为身份炫耀和社会区隔的态度,他们之所以重视休闲,不是因为外在的炫耀或社会地位,而是为了追求他们自由的生活方式。

色诺芬在《会饮篇》(*Symposium*)中记述了安提斯泰尼(Antisthenes)关于休闲的看法:"但是——最妙不可言的财富!——你注意到我总是有闲暇,结果是我可以去看任何值得一看的东西,去听任何值得一听的东西,而且——我最珍视的——整天不受事务烦扰,陪伴在苏格拉底的身边。像我一样,他并不对那些拥有最多黄金的人表示钦佩,而是与那些和他志趣相投的人共度时光。"① 在这段记述中,安提斯泰尼称他的休闲是人世间最宝贵、最令人羡慕的财富,他可以悠闲地跟着苏格拉底学习讨论,丰富人生的知识和体验。显然,在他看来,人生至乐之休闲,就是跟志同道合的朋友共同学习进步。那么,被安提斯泰尼视作人间至善的苏格拉底又是如何生活的呢?在色诺芬的《回忆苏格拉底》中记述了智者安提丰(Antiphon)对苏格拉底的揶揄,他对苏格拉底说:"苏格拉底,我以为研究

---

① Xenophon:*Symposium*,(Cambridge:John Wilson and son,1888.)

哲学的人应当比别人更为幸福才是，但你从哲学所收获的果实，却似乎显然是属于相反的一种。至少你所过的生活是一种使得奴隶都不会继续和他的主人过下去的生活；你所吃喝的饮食是最粗陋的；你所着的衣服不仅是褴褛不堪，而且没冬没夏都是一样；你一直是既无鞋袜又无长衫；金钱这种东西，当人们在接受它的时候就会感到高兴，有了它的时候就会生活得舒畅而愉快，你却分文不取。既然传授其他职业的师傅们都是要他们的弟子们仿效他们自己；如果你也是要和你交游的人也效法你的话，那你就必须把自己当作是一个教授不幸的人了。"① 色诺芬通过安提丰之口描述出来的苏格拉底栩栩如生，他并非世俗意义上富有的人，甚至吃穿用度都很拮据，但他仍然不愿意通过教授年轻人学习知识来赚钱，这也是安提丰所不能理解且讽刺挖苦他的地方。苏格拉底的回答坦坦荡荡，他告诉安提丰他所理解的幸福人生与众不同，在众人眼中，食色男女，满足感官欲望乃是人生幸福之来源，而他不这么认为，苏格拉底认为幸福来自自我认知和自我完善，恰恰在远离肉体欲望的路上才能拥有幸福。就此而言，苏格拉底宁愿忍受物质生活的匮乏，也要将他节省出来的闲暇时间用于追求真理和正义，去努力接近神明所寓居其中的理念世界。类似的观点柏拉图在《斐洞篇》(*Phaedo*) 中作了更为详尽的论述，即肉体与灵魂的关系问题，这里不作赘述。

　　柏拉图在《泰阿泰德》(*Theaetetus*) 中有一段非常重要但又令人费解的关于休闲的讨论。苏格拉底与赛奥多洛 (Theodorus) 在专注地讨论着真理、正义和城邦等问题，忽

---

　　① ［古希腊］色诺芬：《回忆苏格拉底》，吴永泉译，商务印书馆，1984年，第35—36页。

然话锋一转，赛奥多洛提出了休闲问题。他忽然向苏格拉底提出：我们都拥有休闲，不是吗？（172C）然后对话的主题就从城邦的正义转向休闲。苏格拉底首先肯定了赛奥多洛的看法，但他马上对休闲亦即"有时间"作出明确的区分。爱智者即哲学家的有时间（σχολή，休闲）是从容不迫、自由自在地讨论"是的东西"，而智术师则看似有空实则没有时间（ἀσχολία，劳碌），因为他们一直在忙于为他人辩护，这都是为了讨好他人而学会精明算计的伎俩而已，这一类思考和对话只能是奴隶们之间的关系，而不是自由人之间的关系。苏格拉底区分了奴隶与自由人的身份差异，用来比喻智术师和哲学家之间的关系。他说道："那些从小就在法庭和这类场所混迹的人相比于那些在哲学和这类消遣中成长起来的人，就像以奴隶的方式成长起来的人相比于以自由人的方式成长起来的人。……后者这种人永远拥有你刚才所说的东西——空闲，他们在空闲中平静地谈论。"[①] 奴隶由于缺乏自由的成长和教育环境，导致他们的灵魂变得卑微扭曲，变成为了赚取蝇头小利而狗苟蝇营出卖自己的工具，因而他们的灵魂中缺乏自由、正直和勇气，习惯于生活在谎言中，用谎言和自欺来抵御内心的恐慌和忧虑。这些人在成长中习得了各种生存技巧，唯独遗忘了如何学会成为一个自由的人，他们自以为聪慧过人、才华横溢，实则只是生活在贫乏与无知之中的服从于身外利益的奴隶。与之相对，苏格拉底说那些真正拥有休闲的人根本不会在意甚至蔑视现实中的名利权贵，他们的灵魂在四处翱翔无远弗届，如品达（Pindar）所言："下至大地，上达苍穹"，俯

---

① ［古希腊］柏拉图：《泰阿泰德》，詹文杰译，商务印书馆，2018年，第68页。

测地理，仰观天文。他们探求每一个存在者"所是的东西"以及整全的真理，而不屈尊于眼前之事。(172c—174a）然后，苏格拉底进一步揭示了导致休闲与劳碌两种生存方式的根本原因，并非物质条件或政治权利，而是教化。"这些人由于缺乏教养而不能够始终看到总体"①，即便是"统治者由于缺乏空闲而必然变得野蛮和缺乏教养"②。在这几段引文中，缺乏教养的希腊文是 ἀπαιδευσία（拉丁转写为 apaideusia），这个词来自 παιδεία（paideia），中文通常译为教化，伟大的德国古典学家维尔纳·耶格尔（Werner Jaeger）阐述古希腊文明的传世名作《教化》（*Paideia*）便以此命名。柏拉图笔下的苏格拉底在这段关于休闲的"跑题之论"行将结束之际，明确地指出，休闲的本质就是教化，教化的目的是培养真正自由的人，这种人就是爱智者，也就是哲学家。哲学家们因为全力以赴地关注事物背后的整体存在意义，而忽视了日常的操作性技能，故而在生活和工作中常常显得很笨拙无能，但这不应该是他们被嘲笑的理由，因为这些令他手足无措之事本应该是由奴仆来做的，奴仆们可以心灵手巧地应对日常杂务，"但是不懂得怎样以自由人的方式穿上披风，更不懂得语言的韵律，不懂得怎么正确地歌颂诸神和有福之人的（真正）生活"③。随后，苏格拉底和赛奥多洛的对话又一次回到正题，亦即关于善、正义、真理和城邦的讨论。这段看似离题甚远的讨论，不仅为古希腊文明中的休闲观念提供了重要的定义和注释，还将其置入哲学讨论最核心的语境之中，所以这种对话看似偏离主题，实则是命中问题之鹄的。苏格拉底坚持

---

① ［古希腊］柏拉图：《泰阿泰德》，詹文杰译，商务印书馆，2018 年，第 72 页。

② 同上书，第 72 页。

③ 同上书，第 73—74 页。

认为"知识即美德",拥有知识和智慧的人就是善的人,而缺乏教养且生活在无知中便是人们作恶的原因。追求正义的人和城邦必然是热爱知识和智慧的,他们首先需要通过理性掌握正义的本质,然后才能由此而产生正义的行为。苏格拉底认为,如果人们清楚地理解了什么是善和正义,那也就不会再去有意地作恶了。"真正在自由和空闲中成长起来的人,你称之为爱智者(哲学家)。"① 就此而言,正义的人和城邦,也就是拥有休闲的人和城邦,休闲意味着正确的教化,引导每个人成为自己的主人,成为自由的人。

休闲是贯穿于苏格拉底、柏拉图和亚里士多德三代哲学家的重要话题,在他们的文章中都有专题讨论,最终在亚里士多德的伦理学和政治学中达到顶峰,成为兼具理论沉思和实践美德的至善生活方式。柏拉图在《理想国》(Politeia)中提出,理想的城邦应该为公民提供足够的休闲时间,以便他们能够追求哲学和艺术。他认为休闲是灵魂修养和哲学思考的重要时刻,是达到理想国状态的必经之路。柏拉图借由苏格拉底之口,特别强调了教化在塑造公民道德和智慧方面的重要作用。在柏拉图的理想国构想中,不同的社会阶层有着不同的休闲和教化方式。卫士阶层需要通过体育和音乐教育来培养,而统治者则需要通过哲学和沉思来达到智慧的境界。这种区分体现了柏拉图对于不同社会角色在休闲活动中完成教化的不同期待。柏拉图认为,休闲是个人完善自我、实现灵魂升华的关键时刻。在《斐德若篇》(Phaedrus)中,他通过苏格拉底与斐德若(Phaedrus)的对话,探讨了灵魂的不朽和对美的追求,

---

① [古希腊]柏拉图:《泰阿泰德》,詹文杰译,商务印书馆,2018年,第73页。

这在某种程度上也反映了休闲对于个人精神生活的重要性。在其晚期著作《法律篇》(*Laws*)中，柏拉图开始构思第二好的城邦，他对教育体系进行了详细的规划，其中包括了对休闲的教化方式和活动安排。

亚里士多德在其著作中对休闲进行了深入探讨，他认为休闲是实现个人完善和自我实现的重要途径。休闲不仅仅是一种简单的休息状态，而是一种能够促进理性思考和实践美德的重要生活方式。亚里士多德在《尼各马可伦理学》(*Nicomachean Ethics*)中提出，休闲是实践美德获得幸福人生的必要条件之一。通过休闲，人们可以有时间进行反思和自我提升。亚里士多德的休闲观念深受其整体哲学体系的影响，特别是其伦理学和政治学观点的影响。他认为，休闲是实现"幸福"(eudaimonia)的必要条件之一，是个体追求卓越和完善自我的途径。亚里士多德强调，休闲不应被视为无所事事，而是一种积极的、有目的的活动。在休闲中，个体可以进行哲学思考、艺术创作和科学探索，这些活动有助于个体实现其潜能和完善自我。亚里士多德在其政治学著作中也探讨了休闲与社会结构的关系，他认为，社会的不同阶层对休闲的需求和实践是不同的。自由民和贵族有更多的机会享受休闲，而奴隶和劳动者则需要为生存而劳作，休闲对于他们来说是一种奢侈。尽管亚里士多德认为休闲是上层阶级的特权，但他也看到了休闲对于社会整体福祉的重要性。他提倡通过教育和文化活动来提高社会各阶层的休闲质量，使之成为促进社会和谐与进步的力量。

哲学家的观点从属于他们的理论反省，并不一定能够代表社会共识，我们根据上文可得出结论：休闲是古希腊哲学家们沉思中的重要主题，但这并不意味着古希腊文明中的休闲成就是以如此这般的方式来取得的。按照苏格拉底的界定，只有爱智者或哲学家才能真正拥有休闲，这显然与历史事实不相符。无可置疑的是，在古希腊文明中，休闲，无论在存在者层次上还是在存在论上，都取得了很高的成就，人们将其视为生活中的重要组成部分，休闲不仅仅是一种空闲状态，更是一种个人发展和自我实现的机会，通过休闲活动，人们可以培养美德、提升智慧和审美能力，促进社会文明水平的整体和全面提升。就此而言，古希腊的休闲观念中内在地包含着教化的意涵，而且远远超出哲学范畴。

古希腊的经济形态以农业为基础，但随着城市化和贸易的发展，工商业逐渐成为重要组成部分。同时，奴隶制度的兴起对古希腊经济产生了深远影响。在社会分工方面，古希腊社会形成了职业分工、社会阶层分工和性别分工等多种分工形式。这些分工形式促进了生产力的发展和社会的繁荣。城邦的繁荣和贸易的发展为休闲活动提供了物质基础和制度保障。雅典的民主制度和奴隶制使得一部分公民能够从日常劳作中解放出来，享受更多的个人时间。在城邦制度下，公民有权利通过议事会、公民大会等形式参与政治决策，这要求他们有足够的时间进行公共事务的讨论和公开辩论。古希腊公民乐于在集市和广场等公共空间中讨论政治议题，通过公共演讲和辩论，公民得以提高自己的政治意识和参与能力。这些活动往往是在休闲时间中进行的，显示了休闲与政治制度和公民责任的充分结合。城邦也鼓励公民参与各类公共生活，包括政治集会、宗教仪式和体育竞技等休闲活动。公共节日和体育竞技等活动为公民提供了共同参与、庆祝和交往的机会，如狄俄尼索斯节和奥林匹克运动会等，通过参与戏剧、音乐和诗歌朗诵，公民不仅获得了美的体验，也锻炼了批判性思维和创造力。这些文化和宗教活动不仅体现了古希腊人对神的崇拜，也是公民社交和公民教育的机会。此外，古希腊独特的学院教育制度，如柏拉图学院和亚里士多德的吕克昂学园，也鼓励学生参与体育和艺术活动，这些活动被视为心智发展的重要组成部分。

需要明确指出的是，古希腊文明和休闲并非完美，其中存在很多阴暗面，比如被现代人所诟病的奴隶制、性别不平等议题，都是不可否认的历史事实。

第 6 章

休闲的存在论诠释

第 1 节　休闲存在论的研究设想

一、休闲存在论的独特地位

在前文中，我们曾进入《存在与时间》的研究视域，粗线条地回顾了海德格尔对于存在问题的分析和解答。这个回顾对于本研究而言是必要且不可或缺的，海德格尔对于存在论的界定和区分，决定了本章研究的内容和结构。存在论既是存在者研究的前提，也是某物之为某物的依据，当我们提问一个事物是什么的时候，提问中的"是"（也就是存在）往往是晦暗不明的。海德格尔在《存在与时间》中提供了一种关于"是""有"或"存在"的理解方式，这种方式是令人信服的，正如前文所呈现的那样。所谓"是"的研究，就是存在论研究，探讨某存在者如何存在，便是关于这个存在者的存在论研究。

一切存在论均应以基础存在论为前提，无论是一般存在论还是区域存在论。所谓的一般存在论，指的是在最普遍意义上的存在研究，这个研究在《存在与时间》中尚未展开，但属于海德格尔哲学计划中的一部分。所谓区域存在论指的是对特定存在者的存在方式的研究，不是《存在与时间》的主题，很多区域存在论探讨的范畴也不在海德格尔的主要研究计划中，比如法律、政治等议题。海德格尔在该书中聚焦于基础存在论研究，即关于此在这种特殊存在者的存在论研究，他认为基础存在论研究是其他一切存在论研究的前提。《存在与时间》所得出的结论，即此在生存的源始时间性建构，可以应用于不同的区域或专题，作为研究发端来展开关于这些具体领域中的存在者如何存在的思考。基础存在论之所以如此重要，是因为此在乃是其他存在者存在的前提，这句话并非在说此在创造了世界万有，而是说此在在其存在中赋予世界意义，它的存在就是它在世界中的时间化过程，它的时间是有终点的。这也就是说，它所拥有的意义世界也是有尽头的。当我们要开展存在者的存在研究时，当然也必然需要从此在之存在出发，才能走上正确恰当的探寻道路。

依据上述观点，本研究所提出的主题：休闲的存在论研究，也就是一种区域存在论的专题研究。其中，休闲是一个特定的事实领域（Sachgebiet），它是人们在拥有自由可支配时间后所开展的可选择的生活方式，属于理性应该操持的人类事务哲学（τὰ ἀνθρώπεια φιλοσοφία, ta anthrōpeia philosophia）的对象。就此而言，休闲是一种可以被专题化的存在者，可以成为科学探讨的对象，将科学的方法应用到这个对象上，从而也就产生了许许多多精彩纷呈的休闲研究成果。然而，这一类研究大多数都停留在存在者层次上，比如关于休闲活动、休闲心理、休闲产业、休闲文化、休闲社会学等一系列相关研究，林林总总，尽管各自视角和结论不同，但都是关于休闲的存在者层次上的研究。也就是说，上述这些研究将休闲作为一个处于现成在手状态中的对象，基于一些基础概念来开展探索，比如自由选择、自由时间等，但是这些基础概念的本质意涵却很少有人深入思考，而这一类思考涉及休闲之为休闲的存在论问题。

海德格尔在论述实证科学的基础概念与区域存在论的关系时指出："基础概念是这样的一些规定，在这些规定中，那个为一门科学中所有专题对象提供基础的事实领域（Sachgebiet）得到先行的领会，这一领会引导着所有的实证研究。因而，只有对事实领域自身相应地开展先行的透彻的考察，这些基础概念才能真正获得证明和'依据'。只要任何一个这样的事实领域从存在者自身的区域中被获取，这就意味着这种先行的创造基础概念的考察无非就是：基于这些存在者之存在的基本构造（die Grundverfassung seines Seins）来阐释这些存在者。这些考察必须领先于实证科学，它也能够做到这一点。"① 海德格尔在这里表达的意思是：任何事实领域中的实证科学必须建基于该领域中存在者的存在论研究，也就是上文中提及的区域存在论，区域存在论不仅是可能的，而且也是必然要在逻辑上先于实证科学并为其奠基，否则实证科学的根基不牢。如前所述，区域存在论就是关于某特定事实领域中存在者之存在建构的研究，这个研究需要对该事实领域进行先行的领会，这也就意味着，这种研究不可能借助范畴来完成，不能用针对现成存在者的研究方式来开展，它只能基于此在与该事实领域如何打交道的先行领会和透彻考察。根据这些领会和考察，我们才能够对该事实领域中的存在者之存在获得洞察，通过这些洞察来呈现出这些存在者的存在构造或存在方式，并由此提供该研究领域中各种基础概念的阐明和依据，这些基础概念将引导着实证科

---

① Martin Heidegger, *Sein und Zeit* (Tübingen: Max Niemeyer Verlag, 1993), p. 10.

学顺利走上康庄大道，上述工作也就是区域存在论的任务。

回到本章要开展的休闲存在论研究工作，我们首先需要领会此在与休闲的存在论关系，此在为何以及如何展开休闲活动，此在休闲的真正目的和意义为何？关于上述问题的探讨是领会休闲作为一个事实领域的必要和基础工作，只有在此基础之上，我们才有可能获得关于"休闲是什么"这一问题的一些基础概念，这些概念将更好地引领我们走向关于休闲的实证科学。正如海德格尔所言，"真正的科学'运动'是通过修正基本概念的方式发生的"①，真正引导实证科学发生变革的工作，并非靠收集编纂实证性材料来获得的，而是依靠对事实领域中的基本建构性概念的质疑和探索，"这些疑问往往是以反其道而行之的方式从那种关于事质的日积月累的熟知中脱颖而出"②。就此而言，我们需要认真对待休闲的基础存在论研究。

二、休闲存在论的独特研究方式

海德格尔指出，任何一种提问都具有内在的形式结构，它所指向的并非仅是问题中所出现的概念。当我们提出"休闲是什么？"的问题时，也就意味着我们正在开展关于休闲现象的探求工作，这项工作并非漫无目的地搜寻，而是在问题结构中暗示了探索方向。任何一个提问都可以从问之所问（Gefragtes）、被问及之事（Befragtes）和问之何所以问（Erfragtes）这三个方面开展分析。所谓问之所问，就是在问题中具体被问到的对象或概念，在"休闲是什么？"这一发问中，问之所问就是

---

① ［德］海德格尔：《存在与时间》，陈嘉映译，生活·读书·新知三联书店，1999年，第11页。

② 同上。

"休闲"。问之所问引导着理论探索的方向和结果,因而,作为问之所问的答案,应该是关于休闲的基础概念和规定。被问及之事指的是问题所指向的事态关系,这种关系中先天地包含着问之所问,并阐明问之所问的具体情境。就"休闲是什么?"这个提问而言,被问及之事就是此在的休闲,我们要探寻的事实领域边界被划定在此在的生活世界中,我们并不想知道非此在的存在者是否以及如何休闲。问之何所以问指的是提问的真实意图,我们需要通过不断地提问来揭示出一个晦暗不明的领域,让它变得清晰且透彻可见,这就是提问的真实意图。"休闲是什么?"这一发问的真实意图是什么呢?是因为我们想知道此在为何以及应该如何休闲。只有在这个问题维度上深入开展探索,我们才能够明确且令人信服地回答问之所问,即休闲的定义。就此而言,"休闲是什么?"这一本体论存在论问题的回答,决不能仅停留在它是什么的层面,而必须深入到它如何是的层面。就此而言,我们在文献综述中看到很多关于"休闲是什么?"的解答,如休闲是自由选择、心理状况、生活方式、社会结构等,但很少看到学者进一步阐释,休闲为何以及如何是上述的样式?这个问题的回答要远比它是什么重要得多。这也就是海德格尔所提及的,基于各自学科中看似自明的预设和基础概念所开展的研究,实则缺乏关于基础概念何以成立的进一步提问,这样的回答并未能真正解答"休闲是什么?"的提问,也不能帮助休闲的实证研究获得更扎实的依据。

通过对"休闲是什么?"这一发问的形式结构展开分析,我们已经能够初步了解休闲研究的独特性和复杂性了。首先,休闲是一种命题意义对象,休闲是可以用命题来界定和描述的对象,因而它是一种存在者,关于这个存在者之何以存在的研究,被称为休闲存在论,如前所述,这是一种区域存在论。其次，休闲是一种非常独特的存在者，它不同于其他非此在的存在者，比如桌椅、动物或日月星辰，休闲还必然是此在的休闲，这也就是说，休闲属于此在的一种生存方式，它是此在的休闲，而非其他存在者的休闲，这就意味着此在的存在方式先天地包含在休闲存在论的探索工作中，休闲的存在论研究也必然关涉此在的生存论建构。再次，如果说此在的休闲是它的生存方式之一，那么这种生存方式与此在的本真存在之间是何关系？关于这个问题的回答也牵扯到基础存在论与作为区域存在论的休闲存在论之间的关系问题。显然，二者之间不是简单的奠基与被奠基的关系，基础存在论中还包含着休闲存在论，因为休闲是此在的生存方式，它关涉到此在的本真生存状态。就此而言，休闲存在论问题不同于一般意义上的存在论问题，它既是一种区域存在论，也是基础存在论的一部分，而区域存在论需要从基础存在论中寻找依据。这也就是说，如果要回答休闲是什么的问题，就要回答休闲与此在生存之间的关系问题，而这种关系又不是两个存在者之间的操劳关系，而是休闲内嵌于此在的生存方式中。要解开上述复杂的嵌套关系，我们首先要理清的问题就是休闲作为此在的生存方式究竟意味着什么？休闲与此在的日常生活状态和本真状态之间究竟是何关系？回答了这个问题之后，我们才能够恰当地解答"此在该如何操持休闲"的问题，这个问题涉及区域存在论的解答。就此而言，关于休闲存在论的研究将分为两个阶段：第一个阶段是从基础存在论视角来探讨休闲在此在生存中的特殊地位和功能，明确休闲在此在存在中的独特作用；第二个阶段是从区域存在论视角去讨论此在该如何基于第一阶段的研究结论而合理地操持休闲，从而能够在此在存在的生存论建构中去合理安置休闲，并从中获取休闲的生存论建构特征。基于上述两方面的研究，我们才能够合理且完整地回答"休闲是什么?"的问题。

综上所述,休闲问题虽然并非存在问题那么根本和要紧,但也并非可有可无的区域存在论问题,它内嵌于此在的生存中,也必然需要从此在的存在和生存论建构中寻找答案,它与此在、存在、生存、时间等基础存在论概念密切相关,本质地相互关联着。因而,我们只有在厘清休闲与基础存在论的关系问题之后,才能开展关于休闲的区域存在论研究,也就是此在该如何操持休闲,如此这般才能完成关于休闲的存在论研究。

三、休闲存在论与基础存在论的独特关系

如前所述,此在的存在就是去存在,此在这种在自我关涉中展开的存在过程被定义为生存,基础存在论就是关于此在的先天生存状态的研究,因而相关研究也被称为生存论。海德格尔在基础存在论中主要做了两方面的工作:第一,在此在首先与通常所在的平均的日常状态中揭示出此在生存的先天状态,也就是操劳,此在的操劳具有结构性特征,包括现身情态、先行领会和话语,此在以其生存建构而展开它在世界中的存在。第二,如果此在在日常沉沦状态中显现的生存方式——操劳,具有先天特征,那这个特征也将体现在它与自身的关系中,当此在的操劳对象从世界转换成自我生命的时候,此在就在愿有良知和先行决心中进入本真存在,它开始操心它本己的向死存在的有限生命,从而在本真意义上将对自我生命的操心表征为时间,此在的操心时间化为将来、曾在和现在,这也就是从时间的维度去描述此在操劳的整体结构,植根于曾在的筹划着将来的现在,从而在存在论上论证且提供此在生存的完整性和统一性结构。如果说第一方面的工作聚焦于此在生存的先天结构描述,解答了此在生存是什么的问题,那么第二方面的工作就是在解答此在生存结构为何以及如何是如此这般的问题。这样一来,海德格尔也就兑现了他关于基础存在论研究的承诺,完成探求此在存在的"是与如何是"(Das-und Sosein)的两层次问题①。

对应于上述两个层次的分析,休闲与基础存在论的关系也体现为这两个方面。首先,休闲是此在的休闲,是此在的首要的、通常的日常生活方式之一,因而也是此在在日常生活中有别于工作操劳的闲暇操持。操劳作为此在生存的建构性特征并非休闲的对立面,休闲也并非操劳的停歇,休闲本质上就是一种操劳,而操劳也如同建构日常生活那样建构着休闲。因而,在《存在与时间》中讨论此在日常生活的生存论建构中,也时常能看到海德格尔关于休闲的反思,他在此在沉沦中关于闲言、好奇和两可的分析令人记忆犹新,其中很多讨论都与休闲相关。休闲中也存在着现身情态、先行领会和话语的生存论建构环节。此在在日常生活中的沉沦,也就意味着它在日常休闲活动中也是丧失自我的,此在在日常休闲中的沉沦应该也对应于好奇、两可和闲言的状态。在数字化时代,虚拟世界中的好奇、闲言和两可对日常生活的渗透更加全面深刻,数字化沉沦正在全面掌控人们的日常闲暇,就此而言,海德格尔关于此在日常沉沦的分析并未过时,反而在当代更具有说服力。

其次,此在的存在区分为本真存在与非本真存在,所谓的本真存在就是将本己的生命当作自己操心的对象,此在从迷失于世界和他人中的沉沦状态中收回自己,开始追问它的本

---

① [德]海德格尔:《存在与时间》,陈嘉映译,生活·读书·新知三联书店,1999年,第6页。

真自我的意义,并由此先行下决心在本己的有限生命中承担起实现本真自我的不可推卸的责任。由此,此在把自己的存在时间化为将来、曾在和现在,此在就是时间,此在有时间,也就意味着此在拥有本真自我的向死存在。对应于上述本真生存与非本真生存的区分,此在的休闲也应该区分为本真休闲与非本真休闲。非本真休闲指的就是沉沦中的"无时间""无意义"的空闲、娱乐或打发时间,本真休闲则是指此在在自我可掌控的时间中所开展的自我生命意义充实活动。如果这个区分成立的话,那么在日常沉沦中的休闲就不是真正意义上的休闲,因为此在并不真正拥有时间,它只是在沉沦中不断地让时间流逝,在消耗和涣散中丧失自我。如果我们认为休闲就是本真意义上的有时间的话,那么这个"有时间"的状态一定要从源始时间意义上去思考和界定,讲清楚什么是有时间,以及如何才能真正有时间。

基于上述基础存在论中关于休闲的本真性理解,我们才能够由此开展休闲的区域存在论研究,也就是去探讨如何基于休闲的本真理解而正确地操持休闲($\sigma\chi o\lambda\tilde{\eta}\nu\ \breve{\alpha}\gamma\varepsilon\iota\nu$, scholēn agein)①。就此而言,基础存在论的休闲理解是构成休闲的区域存在论的前提和基础。完成了上述两方面任务后,我们也就从"是与如何是"(Das-und Sosein)两个层次回答了休闲的存在论问题。

---

① $\sigma\chi o\lambda\tilde{\eta}\nu$(scholēn)来自"$\sigma\chi o\lambda\acute{\eta}$"(scholē),原意是"闲暇"或"闲暇中的活动"。"$\breve{\alpha}\gamma\varepsilon\iota\nu$"是古希腊语动词,动词的原型为"$\breve{\alpha}\gamma\omega$"(agō)。它的基本意思是"引导""带领"或"驱动"。该动词在不同的上下文中可以有广泛的含义,例如"领导""带走""度过""庆祝"等。合起来,"$\sigma\chi o\lambda\tilde{\eta}\nu\ \breve{\alpha}\gamma\varepsilon\iota\nu$"可以理解为"度过闲暇"或"引领闲暇",通常用来描述一种在闲暇中进行思考、讨论或学习的状态。这种状态在古希腊哲学中非常重要,尤其是在亚里士多德等人的思想里,闲暇(scholē)被视为追求智慧、哲学和教育的时间。

第 2 节　在真理中持驻：休闲的基础存在论研究

一、当代社会的技术集置

海德格尔写作《存在与时间》的时代距今将近一百年了，在这一百年中，人类的技术得到迅猛发展，人们的日常生活方式也发生了翻天覆地的变化。随着互联网技术在工作和日常生活领域中的广泛应用，人们变得越来越闲，同时也变得越来越忙。人们变得越来越闲，指的是技术使工作效率大幅提升，甚至很多工作岗位将会被机器人和人工智能所替代，人类完成必要社会生产所需的时间和岗位将会大幅减少。人们变得越来越忙，指的是工作之余的闲暇时间尽管延长了，但是在日常闲暇中人们被更深度地卷入到技术建构起来的操劳中，人们忙着刷手机看直播下订单催快递，看似越来越空，实则越来越没空。没空出门远行与大自然在一起，没空跟家人和朋友促膝谈心，没空放下手机去倾听自己内心的声音，没空去学习和思考更有意义的人生问题。休闲本应被看作是逃脱日常平庸性的一种方式，提供人们反思自身存在的机会，但是在当代社会的休闲中，尽管人们从例行的工作中解脱出来，但转身投入到更为令人沉迷涣散的虚拟世界中，在普遍有闲社会即将到来之际，我们却面临着前所未有的休闲危机，这个危机远比海德格尔所生活的那个时代要严重得多。之所以有此论断，是因为在我们当下所生活的世界中，互联网技术所建构的虚拟符号世界正在逐步融入甚至取代实在世界的功能，人们通过手机或电脑便可远程工作，遍知天下事，人们可以通过方寸屏幕投身到横亘古今的游戏世界，人们可以在社交媒体上与素未谋面的人相谈甚欢而不愿意跟家人对话，手机成为日常生活中须臾不可离手的用具，这一点是海德格尔时代根本无法想象的事情。尽管如此，海德格尔还是预见到了技术对于人类世界和日常生活的影响，他在后来关于现代技术的反思中提出过 Ge-stell 概念，中文翻译为支架或集置，用于描述人类中心主义的以技术统治自然的存在方式。

《技术的追问》是海德格尔 1953 年 11 月 18 日在慕尼黑理工学院所做的演讲稿，在这次演讲中，海德格尔深入探讨了技术的本质问题。如前所述，任何提问都具有其形式结构，海德格尔关于技术的追问也可以分成三个层次来理解。第一，问之所问是技术，技术是什么，所以这是一个存在论提问；第二，被问及之事是技术与此在的关系，技术的存在论追问一定会回到此在的存在方式中才能得以解答；第三，问之何所以问指的是技术何以建构着影响着此在的存在，以及此在如何才能够走出技术的影响。只有完整回复上述这三个问题，海德格尔的沉思才算是对技术的本质追问有所回应。事实上，这篇演讲稿的确也是按照上述逻辑展开的，这个研究原则也是在《存在与时间》的基础存在论研究中确立下来的。

技术是什么？技术首先是一种合目的的手段，是可以满足人们操劳于世界中各种实用目的的工具和手段。技术既是工具，比如蒸汽机、计算机、手机等，技术也是一套方法，比如建筑学、力学、算法等。然而，上述技术形态并非海德格尔所要研究的对象，因为它们都是存在者层次上的技术，海德格尔关心的是存在论意义上的技术问题，这也就意味着，关于技术的追问必须深入到技术与人的关系中去。如果说技术是一种工具性的观念，那么这些观念的源发地就是因果关系，原因在古希腊文中写作 αἴτιον，是招致另一个东西的那个东西①。海德格尔试图借助柏拉图《会饮篇》(*Symposium*) 中的使用场景，将原因解释为引发（Ver-an-lassen）和产出（Her-vor-bringen），是事物进入在场显现状态中的那个动作，也是事物从自身中的涌现（von-sich-her Aufgehen）。就此而言，技术也就是招致事物集聚并显现的原因，把被遮蔽之物带入到无蔽状态（ἀλήθεια，拉丁文转写为 aletheia），这也就是真理和产出。每一种产出都基于解蔽，产出活动把引发即因果性集聚于自身，由此便包含了目的和手段，以及工具性的观念与实物。就此而言，技术不仅仅是一种工具性手段，这只是存在者层次上关于技术的理解，技术的实质，在存在论上阐释为一种解蔽方式（Weise des Entbergens），技术的领域就是解蔽的领域，亦即真-理（Wahrheit）之领域②。

　　海德格尔进一步指出，现代科技在本质上并未发生变化，它还是一种解蔽，只不过不再是从自身中涌现出来的那种产出，而是一种向自然提出的促逼（Herausfordern，挑衅、挑起）。在现代社会中，自然（φύσις）不再是自身的涌现，而被理解为一种资源存储（Vorrat），现代技术在促逼的意义上按照自己的意图摆置着（stellen）自然。在现代社会中，促逼所解蔽的是自然中被遮蔽的能量，现代技术开发、改变、贮藏、分配、转换着自然的存储之物，主要特征表现为控制和保障。在当代控

---

　　① ［德］海德格尔：《演讲与论文集》，孙周兴译，生活·读书·新知三联书店，2005年，第7页。
　　② Martin Heidegger, *Vorträge und Aufsätze* (Frankfurt am Main: Vittorio Kostermann, 2000), pp. 15–16. 中译文参见［德］海德格尔：《演讲与论文集》，孙周兴译，生活·读书·新知三联书店，2005年，第8—11页。

制论思想中，自然也不仅仅是被动的资源储存库，而变成随时被订单召之即来的持存物（Bestand）。在控制与保障的技术思想中，自然被切割、分类、保鲜、运输、送达，它的在场是以一种被种种订单催促下的到场，是为了满足人类难填的欲壑而丧失其自由能力的自然。在人类解蔽自然之神秘之时，同时也解蔽了他自己，人类跟自然一起沦为资源存储，人被堂而皇之地理解为能力存储（人力资源）、经济存储（流量资源）、关系存储（社会资源）等，人们习惯于在订单催促中勤奋工作，及时现身到场。现代技术作为订制着的解蔽，它摆置着人和自然，促逼着存在者向着订单和订制点集聚，在这种促逼和摆置中，人和自然同样地沦为持存物（Bestand）。这种当代技术主导的生存方式被海德格尔称作集置（das Ge-stell），它不由自主地要求存在者-人与自然-向着订制而集聚，这些存在者为了提供更多的持存物而听从技术的摆置，现代技术以促逼的方式来解蔽世界，它的本质就是集置。

显而易见，海德格尔并未从偏执一端的方式中理解技术，他一方面把技术阐释成产出、去蔽；另一方面又把现代技术理解为促逼、集置。这两种态度显然是对立的，在去蔽中，真理就是自由，在集置中，自由只剩下订制的自由，人和自然都沦为持存物。那么，是否可以将技术理解为辩证法呢？它内在地包含了肯定、否定和否定之否定的环节。这种理解应该是符合海德格尔的观点的，他认为现代技术带来了危机，危机中孕育拯救，如荷尔德林所言："但哪里有危险，哪里也生救渡。"海德格尔对技术抱有乐观态度的根据在于他把技术的本质理解为解蔽，也就是发现真理。只不过在当代技术中，解蔽的实现样式发生了扭曲，走向了促逼和集置的道路，但即便如此，它还是发现真理的道路，它还是解蔽的一种。

二、虚拟生存与数字集置

海德格尔在讨论 Ge-stell 的文献中举出的例子不过是飞机、电动机、水力发电站等机械设备，他将其视作实验物理学即精密自然科学的代表，将理论变成摆置自然的称手工具，把自然当作一个先行可计算的力之关联体。如果说电动机械不过是人类在集置方式中所生产出来的技术工具，那么数字技术就不仅仅是集置的工具，它还在进一步集置着、生成着虚拟世界。海德格尔在对技术的反思中指出，技术之集置把现实之物作为持存物而自行解蔽出来，促逼着人和自然都沉沦为持存物，他如果能够看到近日之数字世界的话，他一定会深感震撼，原来沉沦为持存物并非人类和自然的悲剧终点，在技术集置的突飞猛进中，人类和自然作为现实之存在的地位已经被高度抽象化，数字虚拟世界作为技术本身和技术集置的结果，已经成为人类在世存在中所面对的最重要的存在者之一了。这个虚拟世界不仅仅让人和自然沉沦为持存物，更让人和自然虚拟化，所有实在的存在都被映射为数字化存在者，数字技术在世界之外建构起一个孪生数字世界，这个孪生世界既外在于又内在于生活世界。所谓的外在，指的是它是现实世界的映射和影像，它是一个通过数字技术在真实世界基础上派生出来的虚拟世界，就此而言，它是外在于现实世界的。但它同时又是内在的，因为虚拟世界作为一种技术工具服务于日常生产生活，它就是技术本身，只是由于技术进步而生成了一个貌似相对完整独立的符号世界，这个世界也可以被理解为工具世界，从这层意义上来看，虚拟世界又是内在于现实世界的。

数字化虚拟世界是一个名副其实的 Ge-stell 的产物，德语中 Gestell 有支架、底座的意思，显而易见，互联网技术当然是当代社会的支架，更遑论大数据、人工智能、虚拟现实等数字技术。海德格尔之所以要把集置写成 Ge-stell，一方面是因为 stell 来自 stellen，摆置，相关意义在前面已经简要介绍过了，而前缀 Ge-则表示一起、集合、结果的意思。Ge-stell 不是存在者，而是存在的一种状态，因而也是对现代技术的本质领会。在集置的强制性支配下，数字技术不仅促逼世间万物集合到一起，解蔽为技术发展所需要的资源库和持存物，还强制性地留下了万物的副本，如同在做犯罪记录时必须留下照片那样，万物被拍照并上传。数字技术之强大，早已超出复制、上传、储存、提取等被动功能，它已经可以通过海量数据进行自我教育和自我生成，以至于虚拟孪生世界已经远非照片仓库所能比拟的，它已经可以通过照片与照片之间的联系而进行总结推理，识别出符号与符号之间隐藏的规律，预先发现可疑的罪犯和犯罪行为，并提前发出警告。海德格尔关于现代技术所总结出的控制与保障这两大特征，在数字时代体现得淋漓尽致。数字世界不仅仅是一个现实世界的副本，它更重要的功能是在集置中控制和保障，控制订造（bestellen）行动有序进展，保障所有订单都可以及时有序地下单生产派发送达。海德格尔在技术讨论中反复使用的订制或订造这个词，bestellen，也是基于动词 stellen（摆置）而形成的动词。动词 stellen 具有竖立、放置、调整、提出、拦住等意思；动词 bestellen 具有预订、约请、转达、指定、端上、整理等意思。be-是一个功能极其强大的词缀，用于动词时表示该动作针对某个特定的对象或方向，可以使不及物动词变成及物动词，使及物动词改变及物角度、使名词和形容词变成动词等。在某些情况下，be-使动词产生一种改变状态或使某物变得不同，befreien，表述使某人或某物摆脱某种限制，也就是解放。有时 be-还能赋予动词一种完成性或全面性，意味着动作的效果影响了整个对象或全部内容。总的来说，词缀 be- 可以大大改变动词的意义，通常涉及动作方向、作用对象或状态的改变。海德格尔在使用 bestellen 时，上面几个意思兼而有之，订制或订造是指向具体对象的摆置，是改变事物状态的摆置，更是全面系统的整体摆置。

互联网技术的发展应验了海德格尔的预言，在移动互联网的创新应用中，最显著的突破就是用户无须再守在台式机前面才能浏览下单，而每时每刻都可以使用手机接入网络，完成浏览、比价、下单，周而复始。与此前的技术应用相比，移动互联网强化了用户与网络之间的交互行为，用户不再是呆板的接受和反馈信息的使用端，而是可以主动投身到内容生成和传播的生产端，人们不再满足于浏览和下单，而是要深度参与到虚拟世界的建构和狂欢中。在虚拟世界中，每个人的身份既是模糊的，也是真实的。之所以说它模糊，是因为用户几乎是以匿名的方式来开展互联网社交，他们的账号可以因不同平台而有不同人设。简言之，数字世界中的人格是分裂的、多重的，甚至可以是相互之间冲突矛盾的，他们是谁，取决于他们在特定社区中想要开展什么样的活动，获取什么样的资源。就此而言，这种人格分裂和角色扮演在现实世界中几乎是不可能的。之所以说它又是真实的，是因为再分裂再多重的身份，他们始终只是某个特定真实用户在虚拟世界中的投射，当朋友圈里的照片或发言被点赞或点评时，感受到喜怒哀乐的不是虚拟身份，而是真实的用户本人，尽管这些照片或发言内容可能与用户现实生活相去甚远，但这并不妨碍用户把数字世界中的一切社会关系理解成为他们真实存在的一部分。这个由即时响应、即时通讯、即时需求、即时生产所建构而成的虚拟世界，本质上就是海德格尔所讲到的技术集置，它的技术特征就是控制与保障：

控制并保障着信息的精准投放和反馈，控制并保障着需求与生产的精准匹配与协调，控制并保障着用户之间的精准归类与区分，控制并保障着自然世界的精准切割与送达。当互联网、大数据、人工智能与虚拟现实技术相融合并应用于技术创新领域中时，人类的确正在走向元宇宙，不久的未来很可能会出现不再依赖于电脑、手机等硬件设施的互联网接入方式，通过脑机接口植入芯片，用意识和情绪来完成操作，或者用增强现实的方式来投射操作系统，凡此种种，可能性非常多，一种全感官、全沉浸、全媒介的全真数字世界正在到来。这个世界比我们自己还了解我们自己，它拥有丰富的数据、无尽的储存、持续优化的算法和强大的算力，它会根据人们最私密、最渴望被满足的方式来订制产品，即时送达，并监测反馈，让人们对它欲罢不能。这个世界比海德格尔所描述的用锤子等日常工具所建立起来的周围世界要强大得多、魅惑得多，沉迷得多，它不再是此在日常操劳中所指向的工具和对象意义整体，而是反向将此在作为操作对象的意义整体。这个意义整体不再只是日常操劳着的此在的环视对象，它反过身来注视扫描着此在的一言一行一举一动，全面渗透当代生活的角角落落、时时刻刻，在看似工作之余的时间中，无所不在的订单也在催促着用户回复、点赞、评论、种草，当我们沉浸在数字世界为每个用户量身定做的信息茧房中时，不是我们在操持着手机，而是虚拟世界在操持着用户，此在不再是基于自己的实用目的去寻找上手的工具，而是虚拟世界基于大数据分析来操持着此在的需求和存在方式。习惯于数字技术的此在，已经不可救药地深陷其中，数字技术重新建构起它的意义世界，这个世界令它更加沉醉、更加满足、更加不可遏制地想要更多，也更加频繁不息地发出订单和接收订单，世界全方面、全时段地集置到它自己这里，仿佛一切都可以召之即来挥之即去,仿佛它已经成为自己世界中的唯一主宰,仿佛它可以如同重启电脑或重开账号那样随时随刻重新开始它的人生、改写它的命运。在如此这般的此在与虚拟世界的相互操作关系中,此在的操劳变成了奴役式的操劳、强制性的操劳、无可遏制的操劳,工作与休闲的边界彻底被打破,工作只不过是给看得见、摸得着的人打工,而下班后拿起手机的那一刻,人们就开始给看不见、摸不着的虚拟世界打工了。所以,当我们说当代社会是个全周期、全领域、全时段的操劳社会时,这个判断并没有太多偏离事实,我们扪心自问,在被手机和互联网操持的世界中,我们还真正拥有休闲、拥有自己的时间吗?我们是不是在下班后或节假日里,变得更加繁忙,忙着堵车,忙着批阅朋友圈,忙着纵览古今天下事,忙着在虚拟世界中经营另一种或另几种自我,在全天候操劳社会中被忽视的是恰恰是那个有血有肉地操持着手机的、确定地朝向死亡而生存着的那个自己。海德格尔所提到的良知的呼唤,已经被此起彼伏的订单提示音所掩盖了,人们在下单、接单、制单、送单中周而复始地操劳着,直到精疲力竭后昏沉睡去,手机滑落指尖或砸在脸上时,我们惊醒起身赶紧充电,以备醒来后元气满满地迎接崭新的订单人生。

三、自在自我的存在

上述反思并非要否定互联网技术对人类生活的重要贡献,恰恰相反,笔者认为以互联网通信技术为基础的虚拟世界和数字网络为当代社会带来了历史上前所未有的丰富与便利,大大提升了沟通交流、生产生活的效率,已经名副其实地成为人们日常生活中须臾不可离手的基本工具,由此也深度影响了当代人类的生存方式。就此而言,数字技术的成就已经远远超出了传统意义上的工具，它对此在的影响也不再限于上手或现成在手的两种存在者状态，而是应从生存论上思考数字技术对于人类生活状态的建构作用。也正因如此，我们才应该特别重视、警惕数字技术对于人类生存的负面影响，这一点在当下而言无论如何强调都不过分。

　　数字化生存的沉沦是一种自我迷失，这种自我迷失仿佛拥有了更为丰富的"我的"内涵，但在实质上属于一种遗忘自我的"坏的无限性"，这个问题无论是黑格尔还是海德格尔都非常重视。海德格尔指出过，此在具有"向来我属"的性质，也就是说，无论在任何场合中，此在的一言一行都是以"我"为前提的，一向都具有清晰的自我意识，但这并不意味着此在的"向来我属"等同于本真自我。清晰的自我意识并非整全的自我人格，这是完全不同的两个概念。当我在津津有味地吃东西的时候，可能会伴随着清晰的自我表象，我们边吃边想"我很喜欢这个味道"。但是这种自我表象中并未出现整全的同一的自我，也就是说，自我并未作为一个完整对象出现在主体中。关于这方面的讨论，黑格尔在《逻辑学》(*Wissenschaft der Logik*)的"存在论"部分中有着极其深刻的洞见："只要一提到一个有实质的内容，便因而与别的存在、目的等等建立一种联系，在这个联系中，别的存在、目的等就成了作用的前提……这样一来，一个充满内容的区别便代替了有与无的空洞区别。"① 黑格尔的辩证法认为，一个概念要获取其实质性的内容，就必须从与自身相区别的他者中寻找自我的规定性，而这个规定性的内容就来自自我与他者的区别与联系，也就是"一个充满内容的区别"。如果仅仅是提炼并凸显出"边界"和"自我规定性"的重要性，

---

① ［德］黑格尔：《小逻辑》，贺麟译，商务印书馆，1980年，第196页。

黑格尔还不能被称为伟大的哲学家。黑格尔接着将离开了规定性而坚持自身的存在称为"自在存在（Ansichsein）"，将其定义为"对存在的空洞抽象"，是将存在等同于内在规定性的误解①。他写道："统一必须同时在当前的和设定起来的差异中得到理解。变易（Das Werden）就是有与无的结果的真实表达，作为有与无的统一。变易不仅是有与无的统一，而且是内在的不安息，——这种统一不仅是没有运动的自身联系，而且由于包含有'有'与'无'的差异性于其内，也是自己反对自己的。"②这句话包含了辩证法思想中对立统一的根本立场，黑格尔在用边界来区别自我与他者的相互规定之后，进一步将"变易"，即概念之间的相互影响、相互运动引入到区别中，亦即，自我与他者之间的区别不是割裂的、静止的，而是在联系中的自我认识和自我生成，也就是理性的内在特征，所谓的"内在的不安息"。当概念从自我走向他者，并在不断地自我否定中丰富认知，是否就完成了自我认知呢？答案是否定的。黑格尔在阐述了"变易"之后，马上引入了一个令人费解的概念："坏的无限或否定的无限"，"某物成为一个别物，而别物自身也是一个某物，因此它也同样成为一个别物，如此递推，以致无限"③。黑格尔在这里敏锐地预见到一个数字化社会经常遇到的问题：理性并未在辩证法中获得自我意识，反而是在不断的自我否定中迷失自我。他说这种无穷无尽的否定过程，看似在持续丰富自我的认知并达到了很高的成就，但这种无穷进展并非真正的好的无限。"真正的无限毋宁是'在别物中即是在自己中'，或

---

① ［德］黑格尔：《小逻辑》，贺麟译，商务印书馆，1980年，第204页。
② 同上书，第198页。
③ 同上书，第206页。

者从过程方面来表述，就是：'在别物中返回到自己'。"① 黑格尔在很多场合反复强调，认识绝不能单纯滞留在无穷进展的坏的无限中，而是要返回自身，在区分和否定中走向综合，在分裂中加深对自我的认知，从而从宏观上理解在与外物关联与互动中的那个不断成长的自我，这个自我不再是被边界所局限的"小我"，而是在认识到自我与他者之间的内在联系之后的，追求整全性和统一性的"大我"，黑格尔将其称为否定之否定，也就是恢复了自我肯定性的"自为存在（Fürsichsein）"②。在黑格尔看来，常见的二元论思维的核心问题就在于缺乏对"自为存在"的意识，将对立双方中的一方理解为无限，这样的无限只能是受对立面局限的有限，而不是真正的无限，真正的无限应该是有限与无限的统一。"自为存在是完成了的质，既是完成了的质，故包含存在和定在于自身内，为其被扬弃了的理想的环节。自为存在作为存在，只是一单纯的自身联系；自为存在作为定在是有规定性的。但这种规定性不再是有限的规定性，有如某物与别物有区别那样的规定性，而是包含区别并扬弃区别的无限的规定性。"③ 简言之，"坏的无限"只是在差异性概念之间相互对抗撕裂，而失去了理性自我整合和统一的能力，因而只是在概念的无限增殖中陷入自我瓦解。而自在存在就是获得了完整且统一的自我意识的"我"或"一"，这是"真正的无限"，在对立中识别出自我，从而在否定中实现扬弃，在不断涌现的杂多中生成完整统一的理性自我。值得关注的是，黑格尔在讨论真无限的上下文中援引了柏拉图的《菲利布篇》

---

① ［德］黑格尔：《小逻辑》，贺麟译，商务印书馆，1980年，第207页。
② 同上书，第209页。
③ 同上书，第211—212页。

（*Philebus*），在他看来，柏拉图对有限与无限的关系问题有着清晰的阐述①。很显然，黑格尔这一段关于概念的逻辑学讨论，看似是专业化的论述，实则关涉到理性认识发展的关键问题，他所指出的问题，恰好也是当前数字化生存时代所面临的困境和挑战，在海量无限增殖的信息和概念中，理性存在者如何从分崩离析中走向完整和完善？这个问题如果不能得到妥当的解决，此在就会陷入到各种冲突和矛盾中而不能自拔，要么选择漠视而甘于沉沦，要么陷于无助和内耗。

四、自成与持驻

如前所述，海德格尔并未将技术视作完全负面的存在，相反，它也是被遮蔽之物的显现方式，也就是真理，真理就是解蔽。作为澄明（Lichtung）的在此存在（Da-sein）也是解蔽和真理，存在必然要求此在参与其中并开展解蔽，这个过程被称为本有或自成（Ereignis）。Ereignis 乃是存在的开端、历史和本质，也是存在的真理，是海德格尔晚期思想的核心概念，他甚至把其学术生涯中另一部与《存在与时间》并立的基本著作《哲学论稿》（*Beiträge zur Philosophie*）的副标题写作 Vom Ereignis，这里的 vom 既可以理解为"关于……"，也可以理解为"从……开始""从……而来"。Ereignis 来自动词 ereignen，前缀 er-有引发、获得、增强、贯通等意思；eignen 是海德格尔文本中自始至终都非常重视的一个根源性动词，指的是占有自身的意思，也是适合的意思。本真 eigentlich 一词就来源于 eignen。德语动词 ereignen 的意思是发生，通常以反身动词形式出现，sich ereignen，意思是事情自己发生。Ereignis 在海德格尔晚期思想中占据毋庸置疑的核心

---

① ［德］黑格尔：《小逻辑》，贺麟译，商务印书馆，1980 年，第 210 页。

地位，甚至取代了 Sein 的位置，他认为 Ereignis 是关于 Sein 的更准确的描述和思想路径。海德格尔在《同一与差异》(Identität und Differenz) 中指出，Ereignis 就是自在生成，源自 er-äugen，看见，在观看中唤醒自己，获得其自在自为的存在，这就是 Ereignis 的意思①。所以将其翻译为本有或自成是比较恰当的，我认为自成比本有更好一些，成有动作和过程的意思，有则更偏静态。

自成与技术之间有何关系？自成就是真理显现的过程，存在自我敞开，以至于澄明之境 (Lichtung)，遮蔽与去蔽并存，便是真理。如前所述，技术的本质是解蔽，是让真理得以显现的过程，而真理必须也只能发生在此在的存在和自成中，所以，此在是真理的受托者和被允诺者，它将在自成中自觉地守护真理的本质：解蔽。就此而言，海德格尔认为技术一方面在狂飙突进中自我迷失，另一方面又保有自我拯救的希望，这个希望就是此在从本真意义上理解技术的本质和自成的使命。"技术之本质是高度模棱两可的。这种模棱两可指示着一切解蔽亦即真理的秘密。一方面集置促逼入那种订造的疯狂中，此种订造伪装着每一种对解蔽之本有 (Ereignis) 的洞视，并因此从根本上危害着与真理之本质的关联。另一方面，集置在允诺者中居有自身，这个允诺者让人在其中持续，使人成为被使用者，被用于真理之本质的守护。——这一点迄今为止尚未得经验，但也许将来可得更多的经验。如此，救渡之升起得以显现出来。"②

就此而言，海德格尔将技术视作可以一种可控的工具，这种工具如何影响到人类生存，积极或是消极，最终还是取决于

---

① Martin Heidegger, *Identität und Differenz* (Stuttgart: Verlag Günther Neske, 1957), pp. 24 – 25.

② [德] 海德格尔：《演讲与论文集》，孙周兴译，生活·读书·新知三联书店，2005 年，第 33—34 页。

人类自己面对工具时的态度。"盲目抵制技术世界是愚蠢的。欲将技术世界诅咒为魔鬼是缺少远见的。我们不得不依赖于种种技术对象；它们甚至促使我们不断作出精益求精的改进。而不知不觉地，我们竟如此牢固地嵌入了技术对象，以至于我们被技术对象所奴役了。但我们也能另有作为。我们可以利用技术对象，却在所有切合实际的利用的同时，保留自身独立于技术对象的位置，我们时刻可以摆脱它们。……我们同时也可以让这些对象栖息于自身，作为某种无关乎我们的内心和本真的东西。……因为我们拒斥其对我们的独断的要求，以及对我们的生命本质的压迫、扰乱和荒芜。……我想用一个古老的词语来命名这种对技术世界既说'是'也说'不'的态度：对于物的泰然任之（die Gelassenheit zu den Dingen）。"① 在海德格尔的后期思想中，泰然任之（Gelassenheit）被视为一种对存在的开放性和无为的态度，让真理如其所是的那般在澄明之境中展开。它意味着人类从技术世界和工具性思维中挣脱和解放出来，允许自己处于一种非控制、非主导的状态，与世界和他人的存在保持一种更为本真和开放的关系。这种泰然任之的态度并非无所作为，恰恰相反，它也是一种控制，只是不再是对外在世界的控制，而是建立在自我关联基础之上的自我节制。

所谓自我关联指的不仅仅是意识总是伴随着清晰的自我表象，而是说自我作为一个整体而成为存在的对象，人们用理性、情感和直观等不同的方式去理解、领会和把握这个整体，这个建构自我和保持自我的过程被我们称作"持驻"，对应于德文的动词 aufenthalten。动词 enthalten 是包含、含有的意思，反身

---

① ［德］海德格尔：《海德格尔选集下》，孙周兴选编，上海三联书店，1996年，第 1239 页。

动词 sich enthalten 有节制、放弃的意思，enthalten 具有肯定和否定的双重含义。在肯定的方面，它指的是包含着某种真的东西，在否定的方面，它指的是拒绝、放弃某种假的东西。前面提到过，auf-是一个表示方位的介词前缀，表示"在……上面"，与 enthalten 连用时，我们可以将 aufenthalten 解释为：在……之上拥有真的东西，拒绝假的东西，这种状态就被解释为"持驻"。"持驻"就是在此在的存在中自在自为地追求整全自我，这个追求自我的过程也是建构自我、保持自我的过程，在有限生命的向死存在中发自本己地去领会自我生命的整体意义，这种领会不是一蹴而就，也不是反反复复地一闪而过，而是不断完善提升、不断逗留其中又不断向着新的领域开放的过程。把持住真我而驻留于其中，让真我不断充实不断完善，不断地超越自己又不断地回归自身，这也就是黑格尔所言及的"真正的无限"。

五、休闲：在真理中持驻

让我们再次回顾一下希腊文 σχολή 的相关定义，同样也有停止、中止和拥有的多重含义，这也意味着拥有与拒绝的同时发生，在休闲中，应该有所为、有所不为，人们意识到有一些让自我生命迷失和沉沦的东西，应该明确地予以拒绝，而在有限的、宝贵的休闲中，尽量远离世俗的意见和常人的束缚，认真倾听发自内在的良知的召唤，勇敢去追寻属于自己真正所热爱的、值得拥有的生活。

基于基础存在论的分析，我们可以得出这一结论：休闲的本质是持驻，在自成中、在真理中持驻。持驻就是此在对其本真存在状态的把持和驻留，持驻就此在在此中向着本己能在的敞开，让被遮蔽的东西显现出来，因而休闲也就是解蔽的过程，也就是持驻在真理中的此在。海德格尔在《关于人道主义的书信》（*Brief über den Humanismus*）中写道："人是存在的看护者……

这种看护者的尊严就在于被存在本身召唤到存在的真理的真处中去。"① 这句话中所提到的"存在的真理的真处",指的就是自由敞开的澄明之境。他在解释赫拉克利特残篇 119 "ἦθος ἀνθρώπῳ δαίμων"时指出,这句话往往被译为"人的德性就是他的守护神",这个译法是不妥当的。他指出 ἦθος 的意思就是居留(Aufenthalt),指的是人居住于其中的敞开范围。这句话准确的意思是:"居留对人说来就是为神的在场而敞开的东西"②。显然,海德格尔认为 ἦθος 不仅仅是通常意义上的德性或伦理的意思,他赋予这个词存在论意义,指的是此在在存在中的栖居之所,在这种栖居中,此在才能展现其本质。因而,他说:"人的居留包含并保卫人在其本质中所从属的东西之到来。"③ 就此而言,休闲就是居留,我们将其称为"持驻"④,因为"持"意味着持守真理,"驻"意味着驻留其中,"持驻"是本真生命和真理的拥有和守护方式,拒绝无意义的涣散和消耗。

第 3 节 在美德中教化:休闲的区域存在论研究

一、休闲与教化

如前述研究设计,本章所开展的休闲存在论研究分为基础存

---

① [德]海德格尔:《海德格尔选集上》,孙周兴选编,上海:上海三联书店,1996 年,第 385 页。
② [德]海德格尔:《海德格尔选集上》,孙周兴选编,上海三联书店,1996 年,第 398 页。
③ 同上书,第 397 页。
④ "居留"的德文是名词 Aufenthalt,我们在这里使用的是动名词 Aufenthalten,强调这个动作的当下在场和持续性,所以称为"持驻"。

在论和区域存在论两个部分，在第2节中我们讨论了基础存在论与休闲的关系，也就是休闲与此在本真存在之间的关系，就此而言，我们得出了休闲的第一层本质性含义：持驻，在自成和真理中持驻。接下来我们将基于这个概念开展休闲的区域存在论研究。所谓的区域存在论，就是将某一对象理解为此在在本真生存中操劳着的存在者，这一研究的目的是解释清楚：在基础存在论中获得的基础概念如何在实践中能够如其所是地得以实现。如果说基础存在论回答了休闲应该是什么的问题，那么区域存在论就需要回答这种应然如何成为实然。关于这个问题，古希腊哲学家们的讨论留下了非常重要的线索，他们认为，休闲的善用在于教化。

在希腊文 σχολή 的相关词源分析中，基于停止、中止和拥有的意涵，产生了休闲的义项，在休闲的概念中，又引申出教育和学校的意义。我们认为，上述三种意义之间的关系并非偶然，关于停止、拥有和休闲之间的关系，我们在前文中已经有所涉及，从海德格尔的基础存在论视角去理解，这两种意义之间的关联显而易见。所谓停止，指的是停止痛苦与沉沦；所谓拥有，指的是拥有本真时间和生命意义，这种理解并非始于海德格尔，而是大量见于古希腊哲学文本。这种本真时间的赢取和保持，就是古希腊文化意义中的休闲，在柏拉图记录的苏格拉底对话中多次提及，他把宝贵的闲暇时间用于思考和探讨哲学问题。在《苏格拉底的申辩》（*Apology*）中，他被雅典公民法庭宣判有罪之后，宣称自己实则造福于雅典，不仅不应该被判有罪，相反，应该奖励他在雅典公共食堂就餐，这样他就有更多的闲暇去劝导雅典公民[①]。这里提到闲暇的语句中，希腊

[①] ［古希腊］柏拉图：《苏格拉底的申辩》，严群译，北京：商务印书馆，2003年，第74页。

文中用的是 ἄγειν σχολήν，操持休闲。显而易见，苏格拉底认为他操持休闲的方式就是去劝导教化雅典公民。在《裴洞篇》中，苏格拉底在临终前对门徒最后一次宣教时，明确区分了灵魂与肉体，并将哲学定义为用灵魂来观照对象本身来获得关于事物的纯粹知识①。在这段文字中，苏格拉底指出肉体的各种欲望占据着人们的生活，从而使人们无暇钻研哲学（ἀσχολίαν ἄγομεν φιλοσοφίας），即便有空（σχολή）摆脱肉体束缚去思考问题，也会被肉体欲望不断地侵扰分散精力②。这段话中的无暇和有空对应于 σχολὴ 和 ἀσχολίαν，显然，苏格拉底和柏拉图有意将 σχολὴ 置于哲学思考的语境中。在柏拉图《理想国》中，σχολὴ 更加频繁地出现在城邦公民教化的讨论中，比如工匠、卫士和政治家的教育（370c、374ce、376d、406cd）。在谈及卫士教育时，苏格拉底说："ἴθι οὖν, ὥσπερ ἐν μύθῳ μυθολογοῦντές τε καὶ σχολὴν ἄγοντες λόγῳ παιδεύωμεν τοὺς ἄνδρας."其意思是：就像在讲神话故事那样，以操持休闲的方式，用逻各斯来教化这些人。这句话中出现了极为重要的相互关联的三个概念：操持休闲、逻各斯和教化。显然，对苏格拉底和柏拉图来说，休闲这种独特的生活方式不仅应用于引导灵魂认识真理，还应用于劝导城邦追求正义，各司其职。就此而言，休闲也是教化，哲学家操持休闲，就是对自己和城邦实施教化。

根据耶格尔考证，教化（παιδεία，paideia）一词最早出现于公元前 5 世纪，开始仅表示"养育孩子"③，词根 παῖς

---

① ［古希腊］柏拉图：《裴洞篇》，王太庆译，商务印书馆，2023 年，第 15 页。
② 同上。
③ ［德］耶格尔：《教化：古希腊的成人之道》，王晨译，上海三联书店，2022 年，第 6 页。

(pais)就是孩子,教化就是"如何使儿童成人"①,也是"一种文化成就的最高理想"②。张巍教授讨论了现代学者关于希腊教化概念的三种典型理解方式:第一是以法国学者马茹《古代教育史》(*Histoire de l'éducation dans l'Antiquité*)为代表的朝向希腊化时期"古典教育"的进化论;第二是以美国学者杜云礼《古代希腊与罗马的教育》(*Education in Geek and Roman Antiquity*)为代表的社会化政治化解读;第三是以德国学者耶格尔《教化》为代表的作为古希腊文化理想的统合文化与教育的教化③。耶格尔对希腊教化的理解超出当代的教育观念,并非仅限于专业知识和技能的传授,更在于传承人文传统,他用德语的 Bildung 来对应于希腊文的 παιδεία,揭橥其人文主义理想根源。"随着他们的目光在前进道路上变得愈发犀利,永恒呈现的目标(以他们自身和他们的生活为基础)就越发清晰地印刻在他们的意识中,那就是塑造更崇高的人。他们认为,教育的想法代表了人类一切奋斗的意义,是人类集体和个体存在的终极理由。……最终,希腊人以教化〔或者说"文化"(Kultur)〕的形式将自己的全部精神创造作为遗产传给了古代世界的其他民族。"④

二、教化与美德

如前所述,在苏格拉底和柏拉图哲学中,休闲并非娱乐或无所事事,操持休闲意味着开展哲学思考和城邦教化的具有特

---

① 张巍:《希腊古风诗教考论》,北京大学出版社,2018 年,第 7 页。
② 同上书,第 8 页。
③ 同上书,第 1—6 页。
④ [德]耶格尔:《教化:古希腊的成人之道》,王晨译,上海三联书店,2022 年,导言第 16 页。

殊功能的生活方式，其中，哲学思考也就是灵魂认识真理的过程，因而也就是自我教化的过程，就此而言，将操持休闲理解为教化，应该是符合柏拉图哲学语境的。耶格尔指出，古希腊教化朝向的是一种不断完善的公民人格和城邦文化，它是古希腊人文主义理想在社会精英的引导下逐渐实现的过程，"希腊教化的历史是全体希腊人的民族性格成型的重要过程，它始于某种更崇高人类形象的出现。在古希腊的贵族世界，民族精英们被朝着那个方向培养。……教化不是别的，而是不断精神化的一国贵族形态"①。这里的贵族形态指的是受过良好教育的社会精英，他们接受教化并追求美德，就此而言，"古希腊教化史天然的中心主题是德性（Arete）的概念"②，教化的目的就是引导德性的实现，达到人生和文化的完善。

在古希腊文明中，德性（ἀρετή，拉丁转写为 aretē）是指人或事物的卓越性、优良性或善的品质，通常与实现某种功能或目的的最佳状态相关联。这个概念在古希腊哲学中具有广泛的意义，尤其在苏格拉底、柏拉图和亚里士多德的思想中占有重要地位。在《苏格拉底的申辩》、《美诺》（*Meno*）、《克力同》（*Crito*）、《普罗泰戈拉》（*Protagoras*）中，苏格拉底明言他一生追求德性，德性就是知识，尤其是关于善与正义的知识，最重要的德性是节制、虔敬、勇气、智慧和正义，其中正义是总德。苏格拉底明确区分了灵魂与身体，他将灵魂的善置于身体的善之上，他提出："未经省察的人生没有价值"③，所谓省

---

① ［德］耶格尔：《教化：古希腊的成人之道》，王晨译，上海三联书店，2022年，第5页。
② 同上书，第6页。
③ ［古希腊］柏拉图：《苏格拉底的申辩》，严群译，商务印书馆，2003年，第76页。

察就是对德性的自觉与自为。

柏拉图在《理想国》中提出，无论是个人还是城邦都应该具有四种最基本、最重要的德性：智慧（σοφία，拉丁转写为 sophia）、勇气（ἀνδρεία，拉丁转写为 andreia）、节制（σωφροσύνη，拉丁转写为 sōphrosynē）和正义（δικαιοσύνη，拉丁转写为 dikaiosynē）①。柏拉图认为灵魂由三部分构成：理性、激情和欲望。这三部分对应于上述四种德性：智慧是灵魂中理性的德性，代表了对真理和善的理解，一个有智慧的人能够明智地作出决策，辨别善恶，从而引导灵魂向善发展；勇气与灵魂中的激情相关，体现了个体在面对恐惧和困难时的坚定，能够在道德和实际挑战中坚持理性的判断，为德性而奋斗；节制与灵魂中的欲望相关，是对欲望的控制，节制使个体能够合理地调节自己的欲望和冲动，避免过度的享乐和放纵，保持内心的平衡与宁静；正义是所有德性的总和，体现了灵魂各部分的和谐与协调。正义意味着秩序，灵魂中的每个部分都履行其应尽的职责，个体在社会和个人生活中都能公正地对待他人。对于城邦而言，智慧是属于统治者的德性，关乎作出正确决策的能力；勇气属于卫士的德性，关乎在面对危险时坚持正确立场的能力；节制属于整个城邦的德性，指自我控制和欲望的合理调节；正义则是统领所有德性的总德，指每个人和每个阶层在其应有的位置上履行其应尽的职责。柏拉图认为，当一个城邦中各个阶层都履行其功能并且保持平衡和谐时，德性特别是正义就得以实现。与之相应，个人的灵魂也应保持三部分——理性、激情和欲望的和谐，从而达到德性的卓越。

---

① 柏拉图：《理想国》，郭斌和等译，商务印书馆，2002 年，第 144 页，第 168—172 页。

亚里士多德在《尼各马可伦理学》中提出，最高的善就是幸福（εὐδαιμονία，拉丁转写为 eudaimonia），幸福是灵魂合乎完满德性的一种活动（1102a5），因而要理解幸福就首先要探讨人的德性，这里的德性并非指身体的德性，而是灵魂的德性（1102a15）。亚里士多德将灵魂区分为非理性和理性两个部分：非理性包括植物性的营养和生长能力及动物性的感性欲求能力，前者完全与理性无关，后者则以某种方式分享理性，能够听从理性的指导（教化）；理性也包括两个部分，真正自在自持的理性和应用的理性（1102a25—1103a5）。根据上述分类，他将德性区分为伦理德性（ἠθικὴ ἀρετή，拉丁转写为 ēthikē aretē）和理智德性（διανοητικὴ ἀρετή，拉丁转写为 dianoētikē aretē）（1103a5）。伦理德性指的是理性对于感性欲求能力的指导（1102b30），也就是人的优秀品行，柏拉图提出的四主德大多被归入伦理德性，他将其归纳为不偏不倚的中庸（μεσότης，拉丁转写为 mesótēs）；理智德性则真正在自身之中具有理性能力，它是与正确的逻各斯有关的论证、推理、决断的理性能力，体现为判断力和理解力。关于理智德性的构成，一直都存在很大的争议，《尼各马可伦理学》中相关表述也不清晰，主要有三种理解方式：第一种，包含科学（ἐπιστήμη，拉丁转写为 epistēmē）、明智（φρόνησις，拉丁转写为 phronēsis）、努斯（νοῦς，拉丁转写为 nous）、智慧（σοφία，拉丁转写为 sophia）和技艺（τέχνη，拉丁转写为 technē）（1139b15）；第二种，只包含明智、努斯和智慧（1103a5）；第三种，严格来说仅指明智（1144b15—1145a5）。这三种理解方式在文本中都能找到依据。科学是理性对于永恒不变对象的认识能力，科学是可教可学的（1139b20—25）；技艺是根据外在于自身的实用目的而改变事物状态，把某个东西制作出来的能力（1140a—

20);明智也是改变事物状态的能力,但不是制作,而是善于在特定条件下深思熟虑作出符合内在动机的实践行动(1140a25—b10);努斯是掌握科学第一原理的直觉能力(1141a5);智慧则是努斯与科学的统一,也就是理论智慧,它的对象是永恒不变的东西(1141a15—25)。由此看来,人类理性知识的获取能力可以分作两大类:一类是关于不变对象的必然性的理论智慧,包括努斯和科学;一类是关于可变对象的偶然性的明智和技艺,前者关乎实践,后者关乎制作。需要指出的是,努斯不仅仅体现为理论活动中关于第一原理的直觉认识,还是实践活动中领悟最终目的的理智直觉(1143a35—b5)。在上述五种理智德性中,科学和技艺都具有外在前提,因而只是理性工具的操作过程,属于理智德性中较为低级的部分,因为它自身并不拥有内在的理性。与之相对,真正的理论智慧和实践智慧都是以自身为目的的,所以智慧、明智和努斯都是高级的理智德性。现在比较麻烦的问题来了,在理论智慧和实践智慧之间,孰高孰低?前者是以理论态度面对不变真理,这也就是被亚里士多德称为神学和第一哲学的形而上学。后者则统率其他理智德性和伦理德性在实践中作出正确的选择。亚里士多德指出,两种智慧都值得欲求,因为都是以自身为目的,都可以使人幸福。"所有德性都是明智的形式,……没有明智,德性就不存在……德性不仅仅是一种合乎明智的品质,而且是与明智一同存在的品质。……因为一个人只要具有了一种明智德性,同时就将具有所有的德性。"[1] 显然,至少在伦理学语境中,亚里士多德非常明确地将明智定位于"完全的德性"或"德性之总括",明智与

---

[1] 亚里士多德:《尼各马可伦理学》,邓安庆译,人民出版社,2010年,第234—236页。

其他德性之间存在着"整合"关系①。但是即便如此,理论哲学与实践哲学的区分必然产生一个问题,二者之间谁更重要?关于这个问题,亚里士多德在文本中并未清晰说明,而且存在着一些相互矛盾的表述,引起学界持续不断的争论。我们认为,比较恰当的解释是,理论和实践都是一种以智慧为德性的生活方式,二者之间不可决然分离。理论思考是在实践生活中发生的,因而也是一种特殊的实践。理论思考的确具有独立性,也就是说,理论思考不需要借助外在的条件而实现,从这个角度来看,理论哲学的确也是最自在自为的以自身为目的的自由实践。这种实践把人类具有的最高级的德性——智慧——实现出来,因而也是最自足、最独立、最高级的幸福。

三、亚里士多德哲学中的休闲疑难

亚里士多德高度重视休闲概念,σχολή 频繁出现在他的经典文本的关键章节中,比如在《形而上学》开篇,他就指出:"在所有这些发明相继建立以后,又出现了既不为生活所必需,也不以人世快乐为目的的一些知识,这些知识最先出现于人们开始有闲暇的地方。"② 显然,亚里士多德认为,拥有闲暇是人类获得理性知识的前置条件。此外,他在《尼各马可伦理学》第十卷讨论幸福问题的章节,以及《政治学》(*Politics*)第七、八卷讨论至善生活和最优政体时都以休闲作为关键议题,他多次指出,休闲是个人和城邦生活的至高追求,一切人类事务的

---

① 邓安庆教授在《尼各马可伦理学》的导读中详细处理了上述几种德性的关系,并且明确指出作为"德性之总括"的明智与苏格拉底和柏拉图意义上的作为"总德"的正义完全不是一回事。

② [古希腊] 亚里士多德:《形而上学》,吴寿彭译,商务印书馆,1996年,第3页。

操持都应以善用休闲为根本目标。就此而言，亚里士多德经常被当代学者誉为"休闲哲学之父"，这个论调看似是有据可循的。

然而，休闲在亚里士多德的哲学中并不是一个毫无争议的概念，恰恰相反，在他的经典著作和关键论证中，休闲概念的内涵和外延又存在着显而易见的前后不一致，甚至是观点上的冲突，这些内在逻辑上的混乱并未被当代休闲研究者所重视，他们大多数只是在不断引用亚里士多德关于"休闲是一切人类事务的中心""休闲是幸福生活""休闲的本质是思辨"之类的名言警句，而没有意识到亚里士多德在讨论休闲问题时所留下的一系列重大疑难问题，而这些问题在哲学和古典学领域一直都是长期争议且悬而未决的议题。

具体来说，亚里士多德在《尼各马可伦理学》和《政治学》中关于休闲的讨论无论在内容、形式还是实现方式上，都存在前后的不一致，而且这些冲突直接指涉到亚里士多德哲学的核心立场：在人类应该追求的理想生活中，理论与实践，何者更具有优先性？二者之间是何种关系？关于这个问题的争论，自古以来就是学者们争论的焦点，相关文献汗牛充栋，迄今为止在学界也没有获得统一认识。支持理论优于实践的学者，可以从《形而上学》和《尼各马可伦理学》中找到充分的文本依据；同样，坚持认为亚里士多德的哲学内核为实践哲学的观点，也可以从《尼各马可伦理学》和《政治学》等一系列文本中获得支持。回到休闲问题上，在《尼各马可伦理学》这本伦理学著作中，亚里士多德在论证中所体现出来的实践优先态度显而易见，然而，在该书最重要的第十卷《论快乐、幸福和立法》中，他在论证幸福生活时却出现了180度的转弯，他说娱乐、游戏和快乐都只是一种休息，而不是幸福生活，幸福生活是一种有德性的生活,因而也是一种严肃的工作(1176b30—1177a),这项工作就是理论思辨活动(1177a15)。然后他提出了五个论据:第一,思辨是人类生活中最高贵的活动,因为思辨的对象是认识领域中最高贵的东西①;第二,思辨是最持久且令人愉悦的活动;第三,思辨是合乎德性的活动且令人幸福快乐;第四,思辨是自足的活动;第五,思辨是唯一以自身为目的且令人喜爱的活动(1177a15—1177b5)。在这五个论证之后,亚里士多德抛出一个决定性的结论:幸福就是休闲,休闲就是以自身为目的的自足的至善和完满天福,是合乎德性且趋近于神性的生活方式,人类内在分有神性并因此而超越动物并获得真实自我,这个获取方式和过程只能是按灵智生活②,因而只可能是思辨活动(1177b5—1178a5)。此外,亚里士多德还特别强调思辨活动与实践活动的区别,实践活动是关乎人的生活方式,同人的肉体和灵魂整体有关,也与共同体生活有关,因而不是趋向于神性的最自足的生活,是排在第二位的以合乎人类德性为目的的幸福生活(1178a5—20)。"因为神的活动,超乎一切地止于至乐,必定就是思辨的活动。同样,人的活动中也只有那些最接近思辨的活动,是最有天福

---

① 这一观点可参见《形而上学》,亚里士多德在这本书中提出:第一哲学是对永恒、不变和最高实在的思考,因此,第一哲学也被称为"神学"。

② 这里的灵智指的就是努斯,nous,邓安庆教授在他的《尼各马可伦理学》译本中将努斯翻译为灵智,这个译法在意思上是恰当的,亚里士多德认为努斯是直觉性的智慧,是人类在理性活动中直接获取的神性知识或真理。这种神性直观的方式就是思辨,theoria, speculation,可以理解为用理性或神性之眼来观看,在形式和对象上,既不同于感官中的感性直观方式,也不同于理性中的逻辑推论方式。关于理性直观问题,在哲学史上引起过巨大争议,柏拉图、亚里士多德和中世纪神学传统中的主流承认理性直观的存在,而康德则否认人类拥有理性直观能力,黑格尔批判康德为有限理性,也是基于这一点,他回归到观念论传统,认为理性最高级的认识方式就是理性直观,直接获取总体和部分,而不是从部分推理至总体。

的至乐活动……思辨达到最高程度,幸福也就达到最高程度,这不是偶然的,而是基于思辨的价值和尊严是自身拥有的。所以最高的幸福就是一种思辨"①,如前所述,这种最高级的幸福也就是休闲。与此同时,他在上下文中反复强调,基于外在目的和人的德性的实践活动与休闲有着本质的区别,它们的目标在自身之外(1177b15、b25、1179a15—20),"必须按照业绩和生活方式来评判真理"②。"但是,积极从事精神生活并守护思想的人,不仅能够自乐于生活的最佳状态,而且也最为诸神宠爱。……因为他们守护着诸神的所爱,正当又高贵地实践着。但毋庸置疑的是,所有这一切在有智慧的人那里做得最好。所以如果说,他们得到神的宠爱最多,必定就是最幸福的话,那么有智慧的人也出于这个因缘就是最幸福的了。"③ 显然,在上述论述中,亚里士多德在讨论何谓至善和天福时,是明确将理论生活推崇为至上幸福的生活方式,因为它最符合神性生活,彰显人类所拥有的最高贵品质,同时又是最自足、最完善的生活,这种生活状态被定义为休闲。相对而言,实践活动,或者说共同体中的政治实践,只是基于人类的伦理德性而产生的活动,因而既不是最高级的幸福生活,也不是休闲活动。就此而言,休闲仿佛被亚里士多德定义为一种离群索居、专注于沉思的隐士生活,如此理解的话,恐怕只有中世纪的隐修士才配得上休闲和天福。

上述"理论优于实践、思辨先于政治、个人高于共同体"的理解方式长期以来主导着亚里士多德研究主流阐释,以至于

---

① [古希腊]亚里士多德:《尼各马可伦理学》,邓安庆译,人民出版社,2010年,第347—348页。
② 同上书,第349页。
③ 同上。

在汉娜·阿伦特（Hannah Arendt）的名著《人的境况》（*Vita Activa*）第一章中便开宗明义地复述了亚里士多德的这一价值立场，并对此提出质疑。阿伦特认为，亚里士多德明确赋予哲学家一种特权，免于生活必要劳动和政治活动而处于个体化精神自由（休闲，scholē）中①。这种出世主义特权思想深刻影响到后世的基督教哲学和当代思想，知识分子热衷于追求精神世界宁静的沉思生活（vita contemplativa）而蔑视积极生活（vita activa）。后者被视作休闲的反义词，askholia，操劳、忙碌、骚动。阿伦特敏锐地指出一个区分，在休闲与忙碌之间的界别，"关联到希腊人的一个也许更为根本的区分：自身所是的事物和由于人而存在的事物的区分，自然（physei）事物和人为（nomo）事物的区分。沉思对于活动的优先性在于这样的信念：没有什么人为的作品，在美与真上能与自然宇宙（kosmos）相比，后者永恒不变地在自身中旋转，不受任何外在的、人或神的干预或帮助。只有当人的一切运动和活动都完全停止时，这种永恒才向有死者的眼睛显露自身"②。阿伦特关于亚里士多德的两种生活的区分，在当代哲学尤其是政治哲学领域中引起了很大的反响，她关于积极生活的主张，很大程度是建立在对"理论优于实践"哲学传统的批判上。

　　阿伦特几乎是最早将休闲概念置于亚里士多德哲学思想核心地位的现代思想家，在这一点上，她是极其敏锐且正确的。她不仅关注到休闲与沉思生活的内在关系，而且还明确指出，休闲在古希腊哲学中具有重要的区隔意义，将灵魂与肉体相区

---

① ［德］汉娜·阿伦特：《人的境况》，王寅丽译，上海人民出版社，2009年，第7页。

② 同上。

隔，将精神世界与物质世界相区隔，将哲学家与社会公众相区隔，将沉思生活与积极生活相区隔，将思辨与政治实践相区隔，最终，将个人与共同体相区隔。毋庸置疑，休闲这种区隔的意义是客观存在的，在古希腊哲学中是一条隐而不彰但又极其重要的发展脉络，这种区隔可以归纳为理念世界与现象世界的分离，表现为两类分离：第一类是个人生活中灵魂与身体的分离；第二类是城邦生活中哲学家与社会公众的分离。如前文所述，σχολή 在词源上本身就含有停止的意思，也就是状态的改变，用以区别两种状态，值得欲求的生活与令人痛苦的不幸。在苏格拉底和柏拉图哲学中，他们的确使用了 σχολή 概念来区分人自身的两种状态——欲望肉体和理性灵魂，以及城邦公民身份的两种状态——爱利益的智者与爱智慧的哲学家。当一个人拥有且能够自由地发挥出灵魂中的理性能力时，他就处于休闲中①；当一个城邦能够给予哲学家足够的闲暇，让他充分发挥灵魂中的理性力量来实现共同体的正义时，这个城邦就是正义的②。σχολή 在古希腊思想中作为肉体与灵魂、感性与理性、现象与本质、流变与永恒之间分水岭式的生活方式，这一点是值得高度关注和深入研究的。但是，阿伦特将亚里士多德的休闲概念与柏拉图式的理解相混同，认为亚里士多德也将休闲等同于沉思生活，并与积极生活或政治实践截然对立，这显然有失偏颇，因为亚里士多德在《政治学》中留下了非常丰富的论证

---

① 在《泰阿泰德》《斐德若篇》《斐洞篇》《回忆苏格拉底》等名篇中，苏格拉底反复阐述过这个观点，肉体的欲望不时侵扰灵魂的宁静，使得他不得闲暇，从而不能专注于哲学沉思，而死亡不过是肉体功能的丧失，从而使他从欲望的困扰中解脱出来，能够安于思想的宁静和对理念世界的沉思。具体讨论可参见本书第 5 章第 2 节。

② 参见柏拉图《理想国》中的正义观念和哲人王思想。

来讨论休闲与城邦政治的关系,如果说《政治学》第七、八卷是他眼中的"理想国"的话,那么在这个理想国的建设工作中,核心任务就是善用休闲。我们认为,要准确恰当地理解亚里士多德的休闲思想,那就必须跳出传统的思辨与实践的二分法,从另一种视角去理解亚里士多德的人类事务哲学(τὰ ἀνθρώπεια φιλοσοφία, ta anthrōpeia philosophia),将《尼各马可伦理学》与《政治学》视作一个整体,事实上,它们也的确是一个整体。也只有从这个整体学说出发,我们才能够更加准确地理解休闲概念在亚里士多德伦理学和政治学中的作用和地位。

四、休闲与人类事务哲学

近年来,亚里士多德的休闲概念研究逐渐在学界引起关注,在 2019 年由斯科特·法林顿(Scott Farrington)编辑出版的论文集《入神》(Enthousiasmos)① 中,多罗西娅·弗雷德(Dorothea Frede)撰文《亚里士多德的休闲与幸福》(*Scholē and Eudaimonia in Aristotle*),专门探讨了亚里士多德休闲概念的意义和作用。西蒙·瓦尔加(Simon Varga)于 2014 年出版的专著《最值得追求的生活:亚里士多德的休闲哲学》② 中,从亚里士多德的广义政治哲学体系出发,探讨了休闲在这个体系中的功能和作用。这两位学者不约而同地指出,休闲概

---

① 这本论文集是献给德国著名的亚里士多德学者埃克特·舒特伦普(Eckart Schütrumpf)八十岁寿辰的论文集,其中集结了众多当代古典学和哲学专家的论文。感谢冼若冰教授提供文本和研究线索。参见 Scott T. Farrington (ed.), *Enthousiasmos: Essays in Ancient Philosophy, History and Literature* (Baden-Baden: Academia Verlag, 2019).

② Simon Varga, *Vom erstrebenswertesten Leben: Aristoteles' Philosophie der Muße* (Boston/Berlin: Walter de Gruyter GmbH, 2014).

念长期被亚里士多德研究者所忽视，它实则连接着理论与实践、个人与集体、伦理学与政治学，无疑是亚里士多德政治科学的拱顶石。

在《尼各马可伦理学》第十卷第十章中，亚里士多德指出，他已经就幸福和德性、友谊和快乐等伦理学关键概念进行了充分阐述，那么，接下来的任务就是要讲清楚，如何将这些理念在城邦中付诸实践，让善德和美好生活从抽象的理念转化成为现实。他认为，人的德性有三个来源：天性、习惯和教化。人的先天条件是他人无法改变的，但是后天的习惯和教化却是能够改变和影响的，因而这一章的名字是"德性的形成与立法的艺术"。顾名思义就是在讨论如何通过法律、习俗和教育来引导城邦公民去追求善德。然而，如此宏大的议题却并未充分展开，亚里士多德在这一章中毋宁说在用摘要的方式预告有这样一门重要的学说，它紧跟在《尼各马可伦理学》之后，是将伦理学理念付诸实践的学问。在这一章最后也就是《尼各马可伦理学》结尾处，他写道："鉴于立法问题我们的前人未作研究而遗留了下来，那最好是我们自己来对它加以考察，总的来说这是一个政制问题，与此相连我们就将以这种方式尽力完成关于人的事务的哲学。"亚里士多德在这里明确宣告了他的研究计划：人类事务哲学。这门学问在《尼各马可伦理学》中仅完成了前半部分，后面的内容需要在关于政制和城邦的学说中完成。因而，《尼各马可伦理学》的最后一句话竟然是："那我们就从这里开始吧。"① 显然，在亚里士多德看来，《伦理学》尽管是一个独立单元，但它必须跟《政治学》结合起来，才是一个

---

① ［古希腊］亚里士多德:《尼各马可伦理学》，邓安庆译，人民出版社，2010年，第356页。

完整的理论整体，这个整体被称作"人类事务哲学"①。

在《政治学》第七卷第一章中，亚里士多德进一步解释了这个研究计划的构成与内在关系："我们在进行下一论题——最好的（理想的）政体——的精确研究前，应该先论定人类最崇高的生活的性质。人们如果对于这点还不清楚，则对于理想政体的性质也一定不能明了。"② 这段引文中提到了两个议题：一个议题是人类最崇高的生活（αἱρετώτατος βίος，拉丁转写为 hairetōtatos bios），字面意思应该是最值得追求的生活，也就是《伦理学》中的主题幸福；另一个是最好的（理想的）政体（ἀρίστη πολιτεία，拉丁转写为 aristē politeia），也就是《政治学》的主题。其中，前者为后者奠基，是后者的目标，后者是前者的实现。亚里士多德在这一章的后文中明确说明，关于 hairetōtatos bios 的讨论已经在《伦理学》中充分展开了，同时他又简要复述了《尼各马可伦理学》中至善学说的主要观点。

亚里士多德在《尼各马可伦理学》中提出，最高的善必定是一个终极和内在目标（τέλος，拉丁转写为 telos），自足完善（1097a25，b5），对人类而言，最高的善就是幸福（εὐδαιμονία，

---

① 参见[古希腊]亚里士多德：《尼各马可伦理学》，邓安庆译，人民出版社，2010年，第355页。邓安庆教授在"人的事务的哲学"后面加了一个非常有帮助的注释，他将重要版本德语版中关于这个术语的翻译罗列出来，显然，他意识到这是一个重要的专有名词。Simon Varga 在专著《最值得追求的生活》中专门讨论了"人类事务哲学"在亚里士多德哲学中的用法和内涵，它可被视为亚里士多德广义政治哲学的总称，涵盖伦理学和政治学这两个领域，二者同等重要，不可或缺，这两个领域相互作用、相辅相成，构成了政治哲学的核心结构，是一门"关于美好生活的科学"。参见 Simon Varga, *Vom erstrebenswertesten Leben: Aristoteles' Philosophie der Muße* (Boston/Berlin: Walter de Gruyter GmbH, 2014), pp. 17-18.

② [古希腊]亚里士多德：《政治学》，吴寿彭译，商务印书馆，1965年，第344页。

拉丁转写为 eudaimonia)①，幸福是人们终其一生中追求灵魂合乎完满德性的一种活动（1102a5，1098a15）。亚里士多德认为幸福不仅在于拥有德性，更重要的是能按照德性的要求去高贵地行动，将德性实现，这种合德性的行为自然会令乐善之人快乐（1098b25—1099a30）。亚里士多德一方面肯定了快乐，它可以促使生活变成可欲求的善，因而快乐并不与善相对立。另一方面，他又指出不能把快乐等同于善，因为快乐都是片刻间的感受，它不可持续，不是一个完整过程，而幸福则不然。幸福意味着达成一个目标而获得完善，它是一个人终其一生要完成的人生使命，因而只能说快乐令幸福更完善，但是不能够说快乐就是至善或幸福。就此而言，幸福需要有完整性和自足性。然后，亚里士多德明确地提出，只有思辨活动才是最完满的幸福，因为它把人们所具有的最高贵的德性实现了出来。"幸福似乎就在于闲暇。我们牺牲闲暇是为了有闲暇……在思辨活动中才有人所能有的自足，闲暇，免于劳顿和天福通常所拥有的一切属性。如果在漫长的整个人生中都持续地从事这种活动，那么这就是人的完满的天福。"② 值得注意的是，亚里士多德马上又指出，尽管"完满的善必定是自足的。但我们所理解的自足，不是指单一的人孤单地仅仅为其自身而活着，而是也为他的父母、儿女、妻子而且一般地为其朋友和同侪（Mitbürgern）而活着；因为人按其本性而言确实是生活在共同体中的。"③ 这里的

---

① εὐ（拉丁转写为 eu）意为"好"或"善"，δαίμων（拉丁转写为 daimōn）意为"神灵"或"守护神"，因此，εὐδαιμονία 可以被解释为"拥有好的守护神"或"活得好"，引申为"幸福"或"至善生活"。

② ［古希腊］亚里士多德:《尼各马可伦理学》，邓安庆译，人民出版社，2010年，第343—344页。

③ 同上书，第53页。

核心思想也就是亚里士多德脍炙人口的论断：人是城邦的动物。在《政治学》中他如此写道："凡隔离而自外于城邦的人……他如果不是一只野兽，那就是一位神祇。"① "神是快乐而幸福的；但神之所以为至乐而全福，无所凭于外物诸善，他一切由己，凡所以为乐而邀福的诸善已全备于他的本性中了。"② 城邦中的人不是神，他们必须跟其他人共同生活，相互帮助以止于至善，而他们的善与幸福并非完全取决于自身的努力，而要依靠三方面的善缘：外在的善、身体的善和灵魂的善③。外在的善指的是拥有财富、资产、权力、名誉等；身体的善指的是健康；灵魂的善则是美德及其实现。"我们在这里把灵魂的善称作真正的、最卓越意义上的善。此外，把善看作是与灵魂相应的行为和实现活动。"④ 在亚里士多德看来，人的幸福必须有这三种善缘和合而成，这也是人与神之间的本质区别。而且，外在的善与身体的善必须在灵魂的善的统领下才能够成就幸福。同样，如果仅有灵魂的善，而缺失了前两者，那也不是完满的幸福。外在的善和身体的善能否同时拥有，在很大程度上取决于偶然性和运气成分，但是灵魂的善则必须靠自身的努力。就此而言，亚里士多德提出了一个非常独特且关键的论点：人生的幸福与否并非完全取决于自身努力，其中财富和健康不可或缺但又依赖运气，除此之外，决定人生幸福与否的关键因素在于灵魂的善德，这是人们通过自身努力可以追求和实现的，换句话说，如果仅有财富和健康

---

① ［古希腊］亚里士多德：《政治学》，吴寿彭译，商务印书馆，1965 年，第 9 页。
② 同上书，第 347 页。
③ 参见《尼各马可伦理学》第一卷的第 8—10 章，在《政治学》第七卷第一章中，亚里士多德重复了类似的观点。
④ ［古希腊］亚里士多德：《尼各马可伦理学》，邓安庆译，人民出版社，2010 年，第 59 页。

而缺失了灵魂善德,那么人无论多么幸运,他都将是不幸的,因为灵魂善德的实现不是偶然造就的,而是人们在一生中经由不懈努力所积累的善业,也就是成就一个卓越的自己,这才是幸福的实质。显然,亚里士多德在论及个人幸福的时候,并未采取苏格拉底或柏拉图的唯灵魂论的态度,尽管他也承认灵魂的善在成就幸福生活中的关键作用,但他并未因灵魂的善而舍弃其他善缘,相反,他高度重视外在的善与身体的善这些物质条件对于幸福具有不可或缺的重要作用。就此而言,在最值得追求的生活(hairetōtatos bios)这个议题上,亚里士多德试图弥合现象世界与理念世界之间的第一类分离,也就是灵魂与肉体的分离。幸福并非就是舍弃现象世界而驻留于理念世界中,对人类而言的至善也并非仅是灵魂的善行与善业,它需要借助其他外在和身体的善缘来共同成就于现实生活中。这样一来,我们就可以清晰地看到,亚里士多德的休闲理论并不是一种仅拘泥于个人化理性沉思生活的论调,他只是强调沉思是一种接近于神的自足生活方式,这种生活方式是人类在外在和身体善缘支持下可追求的最完美生活方式,但不是唯一和自足的幸福来源,更不是唯一的幸福生活方式。幸福生活的要旨在于灵魂、身体与外物之间的和谐,以及精神与物质上的自足。更确切地说,亚里士多德认为,人们积极追求并实践灵魂的美德,并在运气加持下拥有财富与健康,以保障他在有限生命中可以持久顺利地发挥出理性潜能,不懈追求完善卓越的人生,这才是真正值得追求的幸福人生。这种幸福人生的模板是高度理性且富足健康的人,他们的生活已经接近于完满和自足,可以在沉思中接近神性生活,这里的沉思等同于内在的、以自身为目的的精神活动。但不能反过来说,人生只要拥有理性和沉思生活,便拥有至善和幸福。就个人生活而言,亚里士多德并未推崇一种仅关心精神而漠视现实的沉思生活。这一点从他对于共同体和城邦的最优政体的研究中可以进一步得到肯定。

在人类事务哲学的第二个组成部分：最优政体的研究中，也就是《政治学》第七、八卷的主要内容，亚里士多德试图弥合第二类分离，也就是个人与共同体之间的分离，这项工作又是借助休闲概念来完成的。

首先，亚里士多德明确了个人与集体的关系。在《政治学》开篇他便明确指出，人是政治动物，必然生活在城邦共同体中，城邦在逻辑上先于个人和家庭（1253a20），城邦以正义为原则，不仅为生计而是为善德和幸福生活而存在（1280a30），城邦的终极目标是自足而至善的生活，也就是人类真正的美满幸福（1281a），唯有教育才能使城邦成为团结的整体（1263b35）。

其次，亚里士多德明确了伦理学与政治学的关系。他在《政治学》第七卷开篇指出，伦理学的研究主题是人类最崇高的（最值得追求的）生活，hairetōtatos bios；政治学的研究主题则是人类最好的（最理想的）政体，aristē politeia。最值得追求的生活对于城邦中的所有公民而言，具有普适性，"显而易见，就个人而言为最优良的生活方式，即把全邦作为一个集体，对全邦所有的人民而言也一定是最优良的生活方式"[①]。最好的政体的特征是保障促成城邦公民尽可能实现各自的幸福生活，"这必须是一个能使人人［无论其为专事沉思或重于实践的人］尽其所能而得以过着幸福生活的政治组织"[②]，就此而言，共同体的发展目标与个人所追求的生活目标是一致的，城邦幸福与个人幸福是一致的（1324a5），去积极实现内在的美德，无论伦理还是政治，都是一种自足完善的、有为的生活实践（1325b15—30）。

---

① ［古希腊］亚里士多德：《政治学》，吴寿彭译，商务印书馆，1965年，第357页。
② 同上书，第350页。

然后，亚里士多德类比了最优生活和最佳政体的实现条件。无论是个人还是城邦，"只有善德是不够的；他还得具备一切足以实践善行的条件和才能"①。如前所述，个人如果要拥有幸福生活，需要同时拥有外物诸善、身体诸善和灵魂诸善三种善缘。以此类比，最佳政体要达成城邦公民整体的幸福生活，则也需要在物质条件（外物诸善）、社会构成（身体诸善）和善德实践（灵魂诸善）三个方面形成善缘。亚里士多德在《政治学》第七卷第四章至第七章中集中讨论了理想城邦应该具备的物质条件，包括人口、土地、区位、交通、军事、城港等。在第八章至十二章中，他集中讨论了理想城邦的社会构成，类似于柏拉图在《理想国》中的社会分层，亚里士多德也认为理想城邦中需要有不同的社会阶层来分工合作以实现自给自足，包括农民（生产粮食）、工匠（生产用具）、商贩（交易流通）、军人（安内攘外）、祭司（主持祭祀）和执政（司法政事）②。其中，前三类人群尽管属于城邦成员，但因其职业都以外在目的为约

---

① ［古希腊］亚里士多德：《政治学》，吴寿彭译，商务印书馆，1965年，第356页。
② 在《政治学》第七卷相关章节的讨论中，亚里士多德在讨论城邦社会构成时并未清晰且前后一致地阐述社会成员身份，比如在1328b5—20的讨论中没有涉及商贩，但又强调了财富积累，明言城邦有六类基本事务：粮食、工艺、武备、财产、祭祀和执政，在第八章结尾处总结城邦职业身份时列举出农民、工匠、卫士、有产者、祭司和执政团队六类。但在后文中，有产者实际上不是一个独立的社会阶层，而是所有城邦公民，亚里士多德认为拥有政治权利的公民必须拥有私产，这才能够满足个人的外物诸善，从而拥有修养善德和从事政务的闲暇。在公民与财产的关系问题上，亚里士多德与柏拉图的观点形成鲜明的差异和对照。在第九章中他又重提了城邦的六类职业（1329a25），但没有提到有产者，取而代之的是商贩（1328b40）。在第十二章中讨论城邦的空间规划时，他也强调了交易市场和商业空间的重要性。由此可见，有产者不应该是一个社会阶层，而是城邦公民的统称，商贩则应该是城邦社会成员的职业一类。此外，亚里士多德还在不同段落中提到，奴隶是城邦的必要组成部分，但是奴隶完全不参与城邦的善行善业，因而既不是城邦的社会成员，更不是拥有政治权利的公民。

束而有碍于善德实现，他们只是城邦物质资源的提供方，是城邦不可或缺的组成部分，但不能成为理想城邦的主导者，因为他们没有闲暇培育善德从事政治活动（1329a）。后三类社会成员拥有善德从而构成了理想城邦的公民全体，拥有完整的政治权利和充足的私有财产，少壮者加入军队，老年人参与执政议事，老迈者担任祭司（1329a20—35）。他始终坚持认为，无论是城邦还是个人，成就幸福的前提条件是拥有并实现善德，"人类无论个别而言或合为城邦的集体而言，都应具备善性而又配以那些足以佐成善行善政的必需事物［外物诸善和躯体诸善］，从而立身立国以营善德的生活，这才是最优良的生活"①。就此而言，亚里士多德所谓的成就最大幸福的理想政体，实际上仅是针对城邦中拥有善德的公民，"全体公民全都快乐的城邦才能达到真正幸福的境界"②。

再次，在城邦如何实现公民全体的幸福生活问题上，亚里士多德引入了休闲问题。"一般思想家都承认，在一个政治修明的城邦中，必须大家都有'闲暇'，不要因为日常生活所需而终身忙碌不已，但要怎样安排才能使大众获得这样的闲暇，却是一个难题。"③ 如前所述，在伦理学中，亚里士多德将休闲等同于实现个人灵魂诸善的内在自足的生活方式，也就是理性沉思，不以外物和他人为目的，是一种接近于神性的内在自足的活动。因而在伦理学语境中，他将政治活动排除在休闲之外，将其归属于个人受制于外在目的的繁忙事务（ἀσχολία，ascholia）。但在政治学中，亚里士多德赋予休闲完全不同的内

---

① ［古希腊］亚里士多德：《政治学》，吴寿彭译，商务印书馆，1965年，第348页。
② 同上书，第374页。
③ 同上书，第83页。

涵,他将休闲理解为理想城邦的政治使命和实现城邦公民善德的政治生活。他在《政治学》第七卷第十四章中明确指出:全部人类事务可以区分为繁忙(ἀσχολία, ascholia)与休闲(σχολή, scholē),战争与和平(1333a30)。繁忙和战争只是关乎于实用目的的手段,它们服务于善业,即休闲与和平。城邦公民既要掌握工作和战争的技术能力,更要学习如何在和平和休闲中实现善德、成就善业。他在第十五章进一步强调了这个区分:"对个人和对集体而言,人生的终极目的都属相同;最优良的个人的目的也就是最优良的政体的目的。所以这是明显的,个人和城邦都应具备操持闲暇的品德;我们业已反复论证和平为战争的目的,而闲暇又正是勤劳(繁忙)的目的[那么这些品性当然特别重要]。操持闲暇和培养思想的品德[有二类]有些就操持于闲暇时和闲暇之中,另些则操持于繁忙时和繁忙之中。"① 城邦公民在繁忙和战争中应该拥有勇敢、节制和正义的美德,这些美德将引领他们克服困难,战胜强敌,维护个人和城邦的自由与和平。但是,繁忙与战争只是手段,在和平和休闲中,节制、正义和智慧就成为城邦公民最宝贵和最需要践行的美德(1334a20—30),这种能力的获取和培育便是城邦成功与否的关键所在。"一个希求幸福和善业的城邦,必须具备这三种品德……正值闲暇的时候而不能利用诸善必特别可耻。"② 在第八卷第三章中,亚里士多德进一步区分了游嬉(παιδιά, paidia)与休闲。游嬉只是一种消遣和娱乐,实质上是繁忙之余的放松和休息,用以解除工作的疲惫。但是休闲的性质则完全

---

① [古希腊]亚里士多德:《政治学》,吴寿彭译,商务印书馆,1965年,第398—399页。

② 同上书,第400页。

不同:"闲暇自有其内在的愉悦与快乐和人生的幸福境界;这些内在的快乐只有闲暇的人才能体会;如果一生勤劳,他就永远不能领会这样的快乐。人当繁忙时,老在追逐某些尚未完成的事业。但幸福实为人生的止境(终极);惟有安闲的快乐〔出自自得,不靠外求〕才是完全没有痛苦的快乐。……只有善德最大的人,感应最高尚的本源,才能有最高尚的快乐。"① 显而易见,亚里士多德在伦理学与政治学语境中讨论的休闲完全是不同的概念,前者的美德不关乎他人,以实现灵魂美德中的智慧为唯一要务,后者则是共同体中的美德,涉及智慧、正义和节制,需要在城邦的最佳政体和最优公共生活中获得实现。

最后,亚里士多德明确指出,要使得城邦公民全体能够拥有最高尚的快乐,那只能通过休闲教育的方式来实现。"我们曾经辨明,好公民和作为统治者的公民们的品德都相同于善人的品德。我们又曾拟定个人先经历被统治而后参预统治机构〔所以人人都应具备人的品德〕。那么,立法者就必须保证他的公民们终于个个都要成为善人,并应该熟筹应采取怎样的措置〔教育〕而后可以取得这样的成绩。又,对于人类最优良的生活,他也应该确立其目的。"② 他指出,无论是个人还是集体,在追求幸福生活止于至善的奋斗道路上,人类无法回避运气的成分,但除此之外,更加关键的议题在于如何发挥出人类的知识和意志的全部潜能(1332a30),力争把命运掌握在人类理性的支配范围内。在人类能够掌控的生活中,最重要的任务就是培育公民善德,全体公民对城邦政治生活负责,从而成就善邦,基于

---

① 〔古希腊〕亚里士多德:《政治学》,吴寿彭译,商务印书馆,1965年,第416—417页。

② 同上书,第393页。

个人美德组成美德共同体（1332a35）。如此一来，亚里士多德就把最佳政体问题转化为个人和城邦美德的培育和教化问题，他认为美德来自天赋、习惯和理性，后面两个因素可以由优良的社会环境而改变。在《政治学》第七卷和第八卷中，他花费大量笔墨讨论音乐、体育、读写、幼教等议题，某种程度上甚至过于琐碎，不少学者曾指出，第八卷中关于休闲教育的内容并未完成，其中最关键的理性教育部分几乎没有涉及①。但是，即便如此，亚里士多德已经非常明确地表达出城邦公民应该接受终身教育，以便接受美德教化并将其实现，这才是理想城邦中的理想休闲生活。"我们这个城邦的公民们当然要有任劳和作战的能力，但他们必须更擅于闲暇与和平的生活。他们也的确能够完成必需而实用的事业；但他们必须更擅长于完成种种善业。这些就是在教育制度上所应树立的宗旨，这些宗旨普遍适用于儿童期，以及成年前后仍然需要教导的其他各期。"②

综上所述，亚里士多德在讨论休闲问题时，显然区分了个体化伦理学和集体化政治学两种语境，这两个语境中的休闲概念有所区别也有所联系。在伦理学语境中，休闲是个人能够获得的最完善、最自足的美德实现方式，因而他将休闲等同于理论生活（βίος θεωρητικός，拉丁转写为 bios theōrētikos，译为 vita contemplativa），一种以沉思和知识追求为核心的生活方式，这种生活方式是最高尚的，因为它专注于理性的使用、真理的

---

① 大卫·罗斯认为，不仅教育的讨论没有完成，而且还缺乏其他很多内容，比如审议会、行政或司法的组织或程序等等，现在无从得知究竟是亚里士多德没有写过，还是写完但散轶了。参见大卫·罗斯：《亚里士多德》，王路译，北京：商务印书馆，2022 年，第 337 页。

② ［古希腊］亚里士多德：《政治学》，吴寿彭译，商务印书馆，1965 年，第 395—396 页。

探求和对宇宙永恒不变真理的理解,他将其称为最接近神性的生活方式,因而也是实现至上幸福的必由之路。在政治学语境中,亚里士多德关于休闲的思考并未止步于思辨活动,他基于"人是政治动物"这一基础立场,将城邦共同生活视为个人生活的逻辑前提,"也许把享受至福的人当作孤独者也是荒唐的。因为没有人愿意,在孤独中拥有万善。人是政治的动物,天生要过共同生活。所以享受至福者也要过这种共同生活"①。从而他将休闲重新定义为实现城邦美德和最佳政体的共同生活方式,这种生活方式不再强调个人化的理性沉思(θεωρία,拉丁转写为 theōria),而且转而关注实践生活(βίος πρακτικός,拉丁转写为 bios praktikos,译为 vita activa)和政治生活(βίος πολιτικός,拉丁转写为 bios politikos),一种以参与公共事务和集体决策为核心的生活方式。他曾在伦理学中将其排除在休闲和至福生活之外,但在这里,他又将其视为实现个人和集体善德的关键途径,因为只有通过政治生活,个体才能够在真正意义上追求和促进私人和公共福祉,从而实现个人和城邦的最大幸福,二者不可或缺,相辅相成。就此而言,以阿伦特为代表的将亚里士多德休闲和幸福学说还原为理论生活的指责,显然是不公正的,学者们忽视了他在政治学领域中对于实践生活的重视和强调。更为重要的是,亚里士多德仿佛预见了后世学者们的这种误解,他在《政治学》第七卷的很多章节中都在解释理论与实践何者优先的问题,显然,这个困惑在他所生活的时代也是一个争议话题。他明确指出,偏执一端的观点都是错误的(1325a20),实际上二者之间并不存在对立。一

---

① [古希腊]亚里士多德:《尼各马可伦理学》,邓安庆译,人民出版社,2010年,第319页。

方面，沉思是以自身为目的的活动，因而也是一种高贵且自足的个人实践，且指导着共同体中的政治实践："思想要是纯粹为了思想而思想，只自限于它本身而不外向于它物，方才是更高级的思想活动。善行是我们所要求的目的；当然我们应该做出这样或那样表现我们意旨的行为。但就以这些外现的活动为证，也充分确切地表明思想为人们行为的先导。[思想既然本身也是一种活动（行为），那么，在人们专心内修，完全不干预他人时，也是有为的生活实践。]"① 另一方面，无论对于个人还是城邦而言，至善和幸福都是一种美德实现方式，因而必然是在理性指导之下的具体行动，"实践（有为）就是幸福，义人和执礼的人所以能够实现其善德，主要就在于他们的行为"②。就此而言，亚里士多德的原意应该是理论与实践不可脱节，理论内在地、必然地要求自我实现，而实践也是理论在共同体中的思维方式。在个人和集体之间，在理论和实践之间，在伦理学和政治学之间，看似存在着一个断裂，但事实上亚里士多德已经将休闲作为沟通的桥梁。在他看来，休闲是一种人类实现美德止于至善的生活方式，它高贵且自足，持久而快乐，不苟求于外物，但也要借助精神世界之外的善缘才能完成。这种自足且至善的幸福生活需要通过个人和城邦的共同奋斗而实现。就个人而言：一方面要积极参与到政治实践中，接受美德教化，履行公民义务，建设维护最佳政体；另一方面要开拓丰富自我的精神世界，在学习中成长，在自律中不断超越自我，认识并践行人类美德，成就卓越人生。就城邦而言：一方面要引导公民通过习惯和教育来培育美

---

① [古希腊]亚里士多德：《政治学》，吴寿彭译，商务印书馆，1965年，第356—357页。

② 同上书，第355页。

德并勇于实践；另一方面，更要创造公正合理的社会环境和法律秩序，以保障和鼓励公民有条件追求自己的幸福生活，建设以实现公民最大幸福为目标的美德共同体。

尽管如此，我们也必须清醒地意识到，亚里士多德笔下的理想政体是建立在奴隶制和社会成员不平等的政治地位的基础之上的，他认为个人和城邦的善德善业的实现都需要物质条件的保障，这些条件对个人而言可能是运气，比如是否拥有健康和财富，但对城邦而言，就需要有组织的物质供给和交易，因而就需要有特定的社会阶层为这些实用目的而劳作，他们的身份有的是奴隶，毫无自由可言，有的是低等社会成员，如农民、工匠或商贩。在亚里士多德看来，这些社会成员的地位尽管高于奴隶，但因为缺乏高尚德性，因而只能被排除在公民之外，并不拥有城邦的完整政治权利。亚里士多德这种基于政治身份高低和权利有无所构建出来的理想政体，在今天看来，也并非那么理想。

五、休闲：最有意义的生活方式

人类为何需要休闲？这个问题在通俗意义上很好回答，因为操持生活太累了，所以要休息。这个回答并没错，但也不能说正确。因为如果我们仅满足于这样的回答，也就意味着我们承认了生命的内涵就是操持生活，这无疑把人的生命贬低为动物性的存在，因为动物的全部生命活动都是为了操持它们的生存需求。亚里士多德认为，一切生命均有灵魂，灵魂有三种："营养灵魂"，也称为植物灵魂，负责生长和繁殖，是一切生灵所统备的；"感觉灵魂"，也称为动物灵魂，负责感觉、情感和移动，动物兼具营养灵魂与感觉灵魂；"理性灵魂"，可以思维、计算和推理，是人类所独具的"精神灵魂"。如果亚里士多德的区分是合理的，那么我们就要追问，人们在操持生活时除了照顾好营养灵魂和感觉灵魂之外，该如何安顿好我们的精神灵魂？为了照顾好我们的营养灵魂和感觉灵魂，大家要东奔西走，为稻粱谋，为生计而操劳，这是人生的重要内容，不可回避，也并不可耻。然而，如果人们把生命中所有的时间和精力都用于安顿营养灵魂和感觉灵魂，那就是极其卑微的存在，因为他放弃了人类最宝贵、最独特的理性灵魂，而心甘情愿地去做低等动物。就此而言，"人类为何需要休闲？"这个问题，就不能仅从操持日常生活和休养生息的角度来回答，而要从安顿精神灵魂的角度去寻找答案，因为安顿营养灵魂和动物灵魂的方式都是取自于外在世界的，饿了要吃，渴了要喝，感觉、情感和欲求都是指向外在世界的，只有精神灵魂是指向自身的，因为精神灵魂所渴求的不是拥有或控制某人或某物，而是"认识你自己"。就此而言，人类为何需要休闲？答案是人类需要真正发挥精神、灵魂的功能，这是人之为人的禀赋和使命，在休闲中运用理性来提问和回答，在休闲中通过思维和推理来认识世界并返回他自身，在休闲中通过精神教化来建立起自我与世界、自我与自我之间的整全关系，在自我认知和自我承诺中践行美德、成就善业，为自己和他人谋求更幸福的人生，这就是休闲的功能。上述讨论同样可以简要回答"人类应该如何休闲？"的问题，答案是：人类应该在发挥精神、灵魂的功能中追求更有意义的生活方式，而不是将自己的生命降格为仅满足营养需要和感官欲求而操劳。

在前文中，我们试图从海德格尔哲学和亚里士多德哲学的阐释中彰显休闲的存在论意义。经由海德格尔的思想阶梯，我们初步窥探到了时间的奥义，所谓的休闲，不过是有时间，但这里的时间绝不是劳动剩余，更不是自由可支配时间，而是真正有意义的时间,也就是海德格尔意义上的向死而生的本真时间。在这层意义上,海德格尔关于时间的讨论有助于我们走出当代休闲讨论的迷误,挣脱出"工作-休闲"二分法的纠缠,从一个全新的视角来为休闲奠基。就此而言,这项工作涉及休闲的基础存在论探讨。

作为海德格尔跨越时空最重要的对话者,亚里士多德在两千多年前便关注到休闲的重要性,他不仅严格区分了忙碌与休闲,还敏锐地指出休闲与娱乐消遣之间的本质区别,这些思想对于当代休闲研究毫无疑问是具有指导和启发意义的。更为重要的是,亚里士多德赋予休闲以伦理学和政治学的双重意义,将它视为"人类事务哲学"中的关键议题,无论在个人生活还是城邦生活中,休闲都代表着理性、向善、高贵、快乐、自足的生活方式。对于亚里士多德而言,美好生活,也就意味着个人幸福与城邦善治的善缘聚合,它的实现需要每个公民持驻于理性与美德之中,在个人和城邦的终身教化中不断成长,结合理性与实践的知识和意志来成就自我的美德,这也是人类社会中最重要、最高贵的使命。这个过程被亚里士多德称为合理地操持休闲,是区分善邦与恶政的根本标志。在善邦中,城邦会保障公民在其有限人生中利用宝贵的闲暇时间去追求最有意义的生活方式,这种意义不仅是对个人的,更是面向共同体的公共福祉,这才是真正意义上的善业。而在恶政中,人们将休闲用于权利、声色和交易,在感官刺激和满足中消耗生命,这在亚里士多德看来是极为可耻的。究其实质,人生的终极目的是获得幸福,这一点无论对于个人还是集体都是成立的,个人的目标一定是与共同体的目标相一致,才能达成总体上的至善和幸福,这一切取决于共同体和个人操持闲暇的能力,当然也受制于人力之外的运气。尽管健康与财富是成就幸福的基础,但它们的意义和价值更多取决于理性的掌控，在智慧、节制和正义等诸善德的调节下，物质与身体条件尽管不可或缺，但也不是决定性因素，决定共同体和个人能否合理操持休闲的关键因素，还是在于人类的理性知识与意志。由此可见，操持休闲在亚里士多德实践哲学中占有极其重要的地位，要实现合理操持休闲，不仅需要坚持以灵魂善德，也就是理性，来统领身体和身外之物，还需要在终身教化中不断厚植善德于个人和城邦的价值观中，将其塑造成共同体的核心价值并代际相传，每一公民都以实现这些价值观为人生使命和公共福祉。就此而言，亚里士多德为休闲的区域存在论提供了一种解答方案，也就是人们如何才能真正拥有休闲生活。

行文至此，我们自认为已经充分论证了，休闲不是自由可支配时间，也不是工作之余的恢复和补偿，而是人类生存中的一个独立而专门的领域，它涉及人们生活的根本目的，它以人自身为目的。诚如皮珀所言："在休闲中——唯有且肯定在休闲中，而非别处——真正的人性才能被拯救且被精准地保留，因为'仅是人类'的领域一次又一次地被超越。这并不是通过极端努力的方式来争取到的，而是通过一种'远离'的方式（这种'离'当然比极端积极的努力更加困难；它'更难'是因为它更不容易被自己掌控；最大程度的努力状态比放松和超然的状态更容易实现，尽管后者是不太需要付出积极努力的：这是获取休闲的统摄性悖论，它既是人的状态，又是超人状态）。正如亚里士多德所说：'人不能以人的方式这样生活，而只能以某种神性寓于他之内的方式生活。'"[①] 显然，休闲不仅仅是一种

[①] Josef Pieper, *Leisure: The Basis of Culture* (South Bend, Indiana: St. Augustine's Press, 1998), p.55.

简单的休息或放松，而是一种更深层次的人类体验，它允许个体超越日常的"人性"限制，达到一种更高层次的存在状态，也就是亚里士多德所说的：接近于神性生活。这种状态不是通过强制或极端的努力获得的，而是通过一种内在的、自然而然的"远离"日常生活的喧嚣和压力的过程获得的，它需要我们不断增强理性认识能力和意志力，在精神世界的宁静中思考和接近更为崇高的对象。

回到本书的原初提问：何谓休闲？现在我们可以综合海德格尔和亚里士多德的观点来给出答案。所谓休闲就是"有时间"，这种有时间指的是有时间安顿好此在的精神灵魂，作为有理性的存在者，他们的闲暇活动并非仅仅与吃喝拉撒睡等低等生物机能有关，但也不能像苏格拉底那样将休闲局限于理性活动之内，仿佛只有爱智者或哲学家才配得上休闲。那么，在动物机能与哲学思辨之间，是否还存在着属于人类精神灵魂特有的且更具包容性的能力呢？答案是肯定的，那就是人类的自我意识与自我设定能力，这种能力并非"我思故我在"所开辟出的唯理论，也不同于经验主义中的"存在即感知"，而是海德格尔所言及的那种将自我整体作为一个操心对象的前理论、前概念、前理性的生存方式，这个生存方式超越了动物灵魂的存在方式，将整全自我视作自己的关照对象，将有限生命的意义领会为被抛中的向死存在，将时间等同于本己生命的展开过程，这种生存方式是理性生命意识的前提和基础。如海德格尔所言，人类的生命是确定性的有限性，个体总是朝向死亡而存在的。在日常生活中，个体往往逃避对死亡的思考，通过忙碌的工作和社交来避免面对这一终极事实。然而，休闲提供了一个机会，使个体能够暂停这种日常的逃避，正视自身的有限性，并由此走出常人时间，重新建立起本真整全的自我关系。休闲可以成为倾听良知召唤、反思向死存在和追问生命意义的契机，但不是以悲观的态度，而是以一种积极的方式认识到人生的短暂性，认识到人生而具足的理性美德并将其实现出来，在有限的生命中开拓、创造有意义的生活。此在在休闲中可以重新思考生命的意义，重塑自我，并通过选择有意义的活动来回应有限生命的确定性和不确定性。休闲因此不仅是逃离日常的消遣，更是一种此在的深层次的生命意识觉醒。就此而言，我们可以明确地宣称，休闲就是人类作为拥有理性灵魂的生存着的有限存在者与整全意义世界建立联系的方式，也是此在自觉、自为、自主地持驻于本真生命的生存状态，就此而言，休闲就是本真意义上的此在有时间，有时间去拥有完整的自我人格和生命意义。这种构建自我、拥有自我的方式有很多种，其中最重要的方式就是亚里士多德所强调的那样：以美德实现为目标的追求个人和共同体的至善和幸福之路。在休闲中，每个人发挥生命中的禀赋去感悟存在的力量，以泰然任之的方式面对技术化、数字化时代，善用工具，善用休闲，以全面发挥人类感性、理性、直观力量的方式，去塑造更为卓越的自我和公共生活。如此这般的休闲，便是此在真正地在此生活。在潜能与实现的过程中，完成人生的使命和价值，为后继者提供示范和美德教化，在有限的人生和不确定性中塑造属于自己和共同体的完美生活。

参考文献

一、国内论著

巴兆祥. 中国民俗旅游（新编）［M］. 福州：福建人民出版社，2006.

保继刚，楚义芳编. 旅游地理学［M］. 北京：高等教育出版社，1999.

保继刚. 旅游学术研究十讲［M］. 北京：商务印书馆，2022.

曹诗图. 旅游哲学引论［M］. 天津：南开大学出版社，2008.

曹诗图. 哲学视野中的旅游研究［M］. 北京：学苑出版社，2013.

汪子嵩，王太庆编. 陈康：论希腊哲学［M］. 北京：商务印书馆，2011.

陈嘉映. 海德格尔哲学概论［M］. 北京：商务印书馆，2014.

陈鲁直. 民闲论［M］. 北京：中国经济出版社，2005.

陈霞. 中国新型休闲伦理建构研究［M］. 上海：上海世界图书出版公司，2014.

陈昕. 救赎与消费：当代中国日常生活中的消费主义［M］. 南京：江苏人民出版社，2003.

陈学明. 二十世纪西方马克思主义哲学［M］. 北京：人民出版社，2012.

陈学明，王平，孔明安等. 人的存在方式研究［M］. 北京：人民出版社，2018.

陈学明. 西方马克思主义对人的存在方式的研究［M］. 天津：百花文艺出版社，2019.

陈学明. 走向人类文明新形态［M］. 天津：天津人民出版社，2022.

陈学明. 西方马克思主义在中国的传播与影响研究［M］. 北京：中国人民大学出版社，2023.

邓安庆. 正义伦理与价值秩序：古典实践哲学的思路［M］. 上海：复旦大学出版社，2013.

邓安庆. 存在论的伦理学：以海德格尔为中心的探讨·伦理学术［M］. 上海：上海教育出版社，2019.

邓安庆. 道义实存论伦理学［M］. 北京：商务印书馆，2022.

邓安庆. 古典实践哲学与德性伦理［M］. 北京：商务印书馆，2024.

邓秉元. 孟子章句讲疏［M］. 上海：上海人民出版社，2022.

邓秉元. 周易义疏［M］. 上海：上海古籍出版社，2023.

董二为等. 体育旅游发展路径初探［M］. 北京：科学出版社，2021.

郭文. 空间的生产与重塑［M］. 北京：商务印书馆，2022.

胡大平. 崇高的暧昧：作为现代生活方式的休闲［M］. 南京：江苏人民出版社，2002.

黄洋. 古代希腊政治与社会初探［M］. 北京：北京大学出版社，2014.

黄洋. 希腊史研究入门［M］. 北京：北京大学出版社，2021.

黄裕生. 时间与永恒：论海德格尔哲学中的时间问题［M］. 北京：社会科学文献出版社，1997.

刘晨晔. 休闲：解读马克思思想的一项尝试［M］. 北京：中国社会科学出版社，2006.

刘海春. 生命与休闲教育［M］. 北京：人民出版社，2008.

刘慧梅. 城市化与运动休闲［M］. 杭州：浙江大学出版社，2014.

凌小萍. 马克思主义视域下的休闲与休闲教育［M］. 北京：社会科学文献出版社，2019.

楼嘉军. 论休闲与休闲时代［M］. 上海：上海交通大学出版社，2013.

陆丽琼. 西方休闲价值观研究［M］. 北京：经济科学出版社，2015.

罗骞. 现代性的存在论批判——论马克思的现代性批判及其当代意义［M］. 北京：人民出版社，2019.

马惠娣. 休闲：人类美丽的精神家园［M］. 北京：中国经济出版社，2004.

靳希平. 海德格尔早期思想研究［M］. 上海：上海人民出版社，1995.

金雪芬. 休闲教育的人学之维［M］. 北京：中国社会科学出版社，2020.

庞学铨. 20 世纪西方休闲研究精要［M］. 杭州：浙江大学出版社，2021.

彭富春. 无之无化［M］. 上海：上海三联书店，2000.

彭兆荣. 旅游人类学［M］. 北京：民族出版社，2004.

钱振兴. 计算机教授给孩子讲历史［M］. 上海：复旦大学出版社，2023.

秦学. 国民休闲与生活教育：理论与实践［M］. 成都：西南交通大学出版社，2019.

申葆嘉. 旅游学原理：旅游运行规律研究之系统陈述 [M]. 北京：中国旅游出版社，2010.

沈祖祥. 我为旅游设计灵魂：文旅策划成功的秘密 [M]. 福州：福建人民出版社，2024.

舒远招. 康德义务论的理论与实践问题——着眼于对康德义务论的各种批评 [M]. 北京：人民出版社，2022.

宋瑞，[美] 杰弗瑞·戈德比. 寻找中国的休闲：跨越太平洋的对话 [M]. 北京：社会科学文献出版社，2015.

孙九霞. 传承与变迁：旅游中的族群与文化 [M]. 北京：商务印书馆，2012.

孙周兴. 语言存在论：海德格尔后期思想研究 [M]. 北京：商务印书馆，2011.

孙周兴. 存在与超越：海德格尔与西哲汉译问题 [M]. 上海：复旦大学出版社，2013.

孙周兴. 我们时代的思想姿态 [M]. 上海：同济大学出版社，2023.

王德峰. 哲学导论 [M]. 上海：复旦大学出版社，2014.

王庆节. 亲临存在与自在起来：海德格尔思想的林中迷津 [M]. 上海：东方出版中心，2020.

王雅林、董鸿扬主编. 闲暇社会学 [M]. 哈尔滨：黑龙江人民出版社，1992.

王雅林主编. 城市休闲——上海、天津、哈尔滨城市居民时间分配的考察 [M]. 北京：社会科学文献出版社，2003.

汪子嵩等. 希腊哲学史 [M]. 北京：人民出版社，2003.

魏翔. 闲暇红利 [M]. 北京：中国经济出版社，2015.

吴必虎. 区域旅游规划原理 [M]. 北京：中国旅游出版社，2001.

吴必虎等. 旅游与游憩规划［M］. 北京：北京大学出版社，2022.

吴文新. 唯物史观视域中的休闲：享受和发展［M］. 北京：北京大学出版社，中国农业大学出版社，2013.

吴晓明. 超感性世界的神话学及其末路：马克思存在论革命的当代阐释［M］. 北京：中国人民大学出版社，2011.

吴晓明. 形而上学的没落——马克思与费尔巴哈关系的当代解读［M］. 北京：北京师范大学出版社，2017.

吴晓明，姜佑福. 西方马克思主义的存在论视域及其批判［M］. 北京：北京师范大学出版社，2021.

吴晓明. 论中西哲学之根本差别［M］. 北京：商务印书馆，2024.

吴晓群. 希腊思想与文化［M］. 北京：中信出版集团，2021.

谢彦君. 旅游体验研究［M］. 天津：南开大学出版社，2005.

谢彦君. 基础旅游学［M］. 北京：商务印书馆，2015.

杨春宇，左文超，刘孝蓉等. 旅游环境哲学——理论与实践［M］. 北京：科学出版社，2013.

叶超. 时空之间［M］. 北京：商务印书馆，2021.

于光远. 论普遍有闲的社会［M］. 北京：中国经济出版社，2005.

于光远，马惠娣. 于光远马惠娣十年对话：关于休闲学研究的基本问题［M］. 重庆：重庆大学出版社，2008.

俞吾金. 重新理解马克思［M］. 北京：北京师范大学出版社，2013.

俞吾金. 实践与自由［M］. 上海：上海人民出版社，2016.

张斌. 休闲权利论［M］. 北京：中国旅游出版社，2013.

张朝枝. 旅游与遗产保护：基于案例的理论研究［M］. 天津：

南开大学出版社，2008.

张洪兴. 旅游伦理学论纲 [M]. 北京：旅游教育出版社，2014.

张汝伦. 海德格尔与现代哲学 [M]. 上海：复旦大学出版社，1995.

张汝伦.《存在与时间》释义 [M]. 上海：上海人民出版社，2014.

张汝伦. 德国哲学十论（修订版）[M]. 上海：复旦大学出版社，2023.

张汝伦. 在思想中的时代：二十世纪德国哲学 [M]. 上海：东方出版中心，2023.

张祥龙. 海德格尔思想与中国天道 [M]. 北京：生活·读书·新知三联书店，1996.

张巍. 希腊古风诗教考论 [M]. 北京：北京大学出版社，2018.

朱运海. 旅游现象的哲学生存论研究 [M]. 天津：天津古籍出版社，2023.

庄志民. 旅游美学新编 [M]. 上海：格致出版社，2011.

邹诗鹏. 生存论研究 [M]. 上海：上海人民出版社，2005.

二、国外译著

[美] 艾里希·弗洛姆. 存在的艺术 [M]. 汪雁译. 上海：上海译文出版社，2019.

[美] 艾里希·弗洛姆. 逃避自由 [M]. 刘林海译. 上海：上海译文出版社，2015.

[古希腊] 柏拉图. 文艺对话集 [M]. 朱光潜译. 北京：人民文学出版社，1963.

[古希腊] 柏拉图. 理想国 [M]. 郭斌和、张竹明译. 北京：商务印书馆，2002.

[古希腊] 柏拉图. 苏格拉底的申辩 [M]. 严群译. 北京: 商务印书馆, 2003.

[古希腊] 柏拉图. 蒂迈欧篇 [M]. 谢文郁译. 上海: 上海人民出版社, 2005.

[古希腊] 柏拉图. 智者 [M]. 詹文杰译. 北京: 商务印书馆, 2012.

[古希腊] 柏拉图. 裴洞篇 [M]. 王太庆译. 北京: 商务印书馆, 2012.

[古希腊] 柏拉图. 法律篇 [M]. 张智仁, 何勤华译. 北京: 商务印书馆, 2016.

[古希腊] 柏拉图. 巴曼尼得斯篇 [M]. 陈康译. 北京: 商务印书馆, 2017.

[古希腊] 柏拉图. 会饮篇 [M]. 王太庆译. 北京: 商务印书馆, 2017.

[古希腊] 柏拉图. 斐德若篇 [M]. 朱光潜译. 北京: 商务印书馆, 2018.

[古希腊] 柏拉图. 泰阿泰德 [M]. 詹文杰译. 北京: 商务印书馆, 2018.

[德] 比梅尔. 海德格尔 [M]. 刘鑫等译. 北京: 商务印书馆, 1996.

[法] 达尼-罗伯特·迪富尔. 西方的妄想: 后资本时代的工作、休闲与爱情 [M]. 赵飒译. 北京: 中信出版社, 2017.

[英] 狄金森. 希腊的生活观 [M]. 彭基相译. 上海: 华东师范大学出版社, 2006.

[美] 凡勃伦. 有闲阶级论: 关于制度的经济研究 [M]. 李华夏译. 北京: 中央编译出版社, 2012.

[德] 费尔巴哈. 基督教的本质 [M]. 荣震华译. 北京: 商务印

书馆,1984.

［德］韩炳哲.娱乐何为［M］.关玉红译.北京:中信出版集团,2019.

［德］汉娜·阿伦特.人的境况［M］.王寅丽译.上海:上海人民出版社,2017.

［德］海德格尔.形而上学导论［M］.熊伟译.北京:商务印书馆,1996.

［德］海德格尔.海德格尔选集［M］.孙周兴选编.上海:上海三联书店,1996.

［德］海德格尔.在通向语言的途中［M］.孙周兴译.北京:商务印书馆,1997.

［德］海德格尔.林中路［M］.孙周兴译.上海:上海译文出版社,1997.

［德］海德格尔.面向思的事情［M］.陈小文,孙周兴译.北京:商务印书馆,1999.

［德］海德格尔.存在与时间［M］.陈嘉映,王庆节合译.北京:三联书店,1999.

［德］海德格尔.路标［M］.孙周兴译.北京:商务印书馆,2000.

［德］海德格尔.形式显示的现象学［M］.孙周兴编译.上海:同济大学出版社,2004.

［德］海德格尔.荷尔德林诗的阐释［M］.孙周兴译.北京:商务印书馆,2014.

［德］海德格尔.演讲与论文集［M］.孙周兴译.北京:生活·读书·新知三联书店,2005.

［德］海德格尔.哲学论稿:从本有而来［M］.孙周兴译.北京:商务印书馆,2016.

［德］海德格尔.存在论:实际性的解释学［M］.何卫平译.北

京：商务印书馆，2016.

［德］海德格尔. 对亚里士多德的现象学诠释（阐释学处境的显示）［M］. 孙周兴译. 北京：商务印书馆，2022.

［德］海德格尔. 时间概念［M］. 孙周兴、陈小文译. 北京：商务印书馆，2022.

［古希腊］赫西俄德. 劳作与时日［M］. 吴雅凌译. 北京：华夏出版社，2023.

［美］赫舍尔. 安息日的真谛［M］. 邓元尉译. 上海：上海三联书店，2013.

［德］黑格尔. 法哲学原理［M］. 范扬，张企泰译. 北京：商务印书馆，1961.

［德］黑格尔. 精神现象学［M］. 贺麟，王玖兴译. 北京：商务印书馆，1979.

［德］黑格尔. 小逻辑［M］. 贺麟译. 北京：商务印书馆，1980.

［德］黑格尔. 哲学科学全书纲要［M］. 薛华译. 上海：上海人民出版社，2002.

［德］黑格尔. 逻辑学［M］. 梁志学译. 北京：人民出版社，2002.

［德］黑格尔. 精神哲学［M］. 杨祖陶译. 北京：人民出版社，2006.

［德］黑格尔. 伦理体系［M］. 王志宏译. 北京：人民出版社，2020.

［法］亨利·列斐伏尔. 日常生活批判（第一卷）［M］. 叶齐茂等译. 北京：社会科学文献出版社，2018.

［法］亨利·列斐伏尔. 空间的生产［M］. 刘怀玉等译. 北京：商务印书馆，2022.

［德］霍克海默，［德］阿多诺. 启蒙辩证法［M］. 渠敬东，曹

卫东译. 上海：上海人民出版社，2006.

［法］雅克·德里达. 论精神：海德格尔与问题［M］. 朱刚译. 上海：上海译文出版社，2008.

［德］伽达默尔. 真理与方法［M］. 洪汉鼎译. 上海：上海译文出版社，1999.

［德］伽达默尔. 哲学解释学［M］. 夏镇平等译. 上海：上海译文出版社，1998.

［英］吉登斯. 现代性的后果［M］. 田禾译. 南京：译林出版社，2011.

［美］杰弗瑞·戈比. 你生命中的休闲［M］. 康筝，田松译. 昆明：云南人民出版社，2000.

［美］杰弗瑞·戈比等. 引领变革：休闲、旅游与体育的未来［M］. 罗靖译. 广州：广东旅游出版社，2023.

［英］卡尔·斯普拉克伦. 哈贝马斯与现代性终末处的休闲［M］. 陈献译. 杭州：浙江大学出版社，2022.

［德］康德. 康德美学文集［M］. 曹俊峰译. 北京：北京师范大学出版社，2003.

［德］康德. 判断力批判［M］. 邓晓芒译. 北京：人民出版社，2002.

［德］康德. 实践理性批判［M］. 邓晓芒译. 北京：人民出版社，2003.

［德］康德. 纯粹理性批判［M］. 邓晓芒译. 北京：人民出版社，2004.

［德］康德. 康德著作全集［M］. 李秋零主编. 北京：中国人民大学出版社，2013.

［美］科克尔曼斯. 海德格尔的《存在与时间》［M］. 陈小文等译. 北京：商务印书馆，1996.

［美］克里斯托弗·埃金顿等.休闲项目策划：以服务为中心的利益方法［M］.李昕等译.重庆：重庆大学出版社，2010.

［英］肯·罗伯茨.社会理论、体育与休闲［M］.田慧等译.北京：北京体育大学出版社，2024.

［美］理查德·波尔特.海德格尔导论［M］.陈直译.上海：上海文艺出版社，2024.

［匈］卢卡奇.历史与阶级意识［M］.杜章智等译.北京：商务印书馆，1999.

［法］罗歇·苏.休闲［M］.姜依群译.北京：商务印书馆，1996.

［德］吕迪格尔·萨弗兰斯基.海德格尔传［M］.靳希平译，北京：商务印书馆，1999.

［德］马克思，［德］恩格斯.马克思恩格斯选集［M］.马克思恩格斯列宁斯大林著作中共中央编译局编译.北京：人民出版社，1995.

［德］马克思，［德］恩格斯.资本论［M］.马克思恩格斯列宁斯大林著作中共中央编译局编译.北京：人民出版社，2004.

［德］马尔库塞.单向度的人：发达工业社会意识形态研究［M］.刘继译.上海：上海译文出版社，2008.

［美］麦坎内尔.旅游者：休闲阶层新论［M］.桂林：广西师范大学出版社，2008.

［英］迈克尔·英伍德.海德格尔［M］.刘华文译.南京：译林出版社，2023.

［德］尼采.尼采著作全集［M］.孙周兴译.北京：商务印书馆，2023.

［美］尼尔·波兹曼.娱乐至死［M］.章艳译.北京：中信出版社，2015.

［英］齐格蒙特·鲍曼.工作、消费主义和新穷人［M］.郭楠译.上海：上海社会科学院出版社，2021.

［法］让·鲍德里亚. 消费社会［M］. 刘成富，全志钢译. 南京：南京大学出版社，2014.

［法］让-皮埃尔·韦尔南. 希腊思想的起源［M］. 秦海鹰译. 北京：北京三联书店，1996.

［古希腊］色诺芬. 回忆苏格拉底［M］. 吴永泉译. 北京：商务印书馆，1984.

［德］绍伊博尔德. 海德格尔分析新时代的技术［M］. 宋祖良译. 北京：中国社会科学出版社，2000.

［意大利］托马斯·阿奎那. 论存在者与本质［M］. 段德智译. 北京：商务印书馆，2013.

［美］托马斯·古德尔，杰弗瑞·戈比. 人类思想史中的休闲［M］. 成素梅、马惠娣等译. 昆明：云南人民出版社，2000.

［古希腊］修昔底德. 伯罗奔尼撒战争史［M］. 谢德风译. 北京：商务印书馆，1960.

［古希腊］亚里士多德. 雅典政制［M］. 日知，力野译. 北京：商务印书馆，1959.

［古希腊］亚里士多德. 形而上学［M］. 吴寿彭译. 北京：商务印书馆，1959.

［古希腊］亚里士多德. 物理学［M］. 张竹明译. 北京：商务印书馆，1997.

［古希腊］亚里士多德. 灵魂论及其他［M］. 吴寿彭译. 北京：商务印书馆，1999.

［古希腊］亚里士多德. 尼各马可伦理学［M］. 廖申白译. 北京：商务印书馆，2003.

［古希腊］亚里士多德. 政治学［M］. 吴寿彭译. 北京：商务印书馆，2009.

［古希腊］亚里士多德. 尼各马可伦理学［M］. 邓安庆译. 北

京：人民出版社，2010.

［古希腊］亚里士多德. 亚里士多德全集［M］. 苗力田主编. 北京：中国人民大学出版社，2016.

［德］耶格尔. 教化：古希腊的成人之道［M］. 王晨译. 上海：上海三联书店，2022.

［荷］约翰·鲍尔，［荷］马克·范·莱文. 休闲哲学：通往美好生活［M］. 刘慧梅等译. 上海：上海交通大学出版社，2023.

［美］约翰·凯利. 走向自由［M］. 赵冉译. 昆明：云南人民出版社，2000.

［英］约翰·特赖布. 旅游哲学：从现象到本质［M］. 北京：商务印书馆，2016.

［德］约瑟夫·皮珀. 闲暇：文化的基础［M］. 刘森尧译. 北京：新星出版社，2005.

三、外文文献

Charles K. Brightbill. *The Challenge of Leisure* ［M］. Englewood Cliffs, NJ：Prentice-Hall. 1960.

Chris Rojek. *Ways of Escape: Modern Transformations in Leisure and Travel* ［M］. London：Macmillan. 1993.

Chris Rojek. *Decentring Leisure* ［M］. London：Sage. 1995.

Chris Rojek. *Leisure and Culture* ［M］. Basingstoke：Palgrave Macmillan. 2000.

Chris Rojek. *Leisure Theory: Principles and Practice* ［M］. Basingstoke：Palgrave Macmillan. 2005.

Christopher R. Edginton, Debra J. Jordan et al. *Leisure and Life Satisfaction: Foundational Perspectives* ［M］. Dubuque, IA：Brown & Benchmark. 1995.

Eric Dunning, Chris Rojek. *Sport and Leisure in the Civilizing Process* [M]. London: Palgrave Macmillan. 1992.

Franco Montanaris. *GD-Wörterbuch Altgriechisch-Deutsch Online*, Berlin: De Gruyter. 2023.

Geoffre Godbey. *Leisure in Your Life* [M]. State College, Pennsylvania: Venture Publishing. 1985.

Glen Eker. *Leisure and Lifestyle in Selected Writings of Karl Marx: A Social and Theoretical History* [M]. San Francisco: Mellen Research University Press. 1991.

Jay B. Nash. *Philosophy of Recreation and Leisure* [M]. Dubuque, IA: Wm. C. Brown. 1953.

Joffre Dumazedier. *Toward a Society of Leisure* [M]. New York: The Free Press. 1967.

Joffre Dumazedier. *Sociology of Leisure* [M]. New York: Elsevier. 1974.

John Clarke, Chas Critcher. *The Devil Makes Work* [M]. Basinstoke: Macmillan. 1985.

John L. Crompton. *Financing and Acquiring Park and Recreation Resources* [M]. Champain, IL: Human Kinetics. 1999.

John Neulinger. *The Psychology of Leisure: Research Approaches to the Study of Leisure* [M]. Springfield: Charles C. Thomas Publisher. 1974.

John Neulinger. *An introduction to leisure* [M]. Boston: Allynand Bacon. 1981.

John R Kelly. *Leisure* [M]. Englewood Cliffs, NJ: Prentice-Hall. 1982.

John R Kelly. *Leisure Identities and Interactions* [M]. London:

Allen & Unwin. 1983.

John Sugden, Alan Tomlinson. *Power Games: A Critical Sociology of Sport* [M]. London: Routledge. 2002.

Jonathan Gershuny. *Changing Times: Work and Leisure in Postindustrial Society* [M], Oxford: Oxford University Press. 2000.

Josef Pieper. *Leisure: The Basis of Culture* [M]. South Bend, Indiana: St. Augustine's Press. 1998.

Ken Roberts. *Contemporary Society and the Growth of Leisure* [M]. London: Longman. 1978.

Ken Roberts. *Leisure in Contemporary Society* [M]. Wallingford: CAB International. 1999.

Ken Roberts. *The Leisure Industries* [M]. Basingstoke: Palgrave. 2004.

Kostas Kalimtzis. *An Inquiry into the Philosophical Concept of scholê: Leisure as a Political End* [M]. New York: Boomsbury. 2017.

Mihaly Csikszentmihalyi. *Flow: The Psychology of Optimal Experience* [M]. New York: Harper & Row. 1990.

Martin Heidegger. *Vortraege und Aufsaetze* [M]. Stuttgart: Verlag Guenther Neske. 1954.

Martin Heidegger. *Identitaet und Differenz* [M]. Stuttgart: Verlag Guenther Neske. 1957.

Martin Heidegger. *Beitraege zur Philosophie: Vom Ereignis* [M]. Frankfurt am Main: Vittorio Klostermann. 1989.

Martin Heidegger. *Sein und Zeit* [M]. Tübingen: Max Niemeyer Verleg. 1993.

Max Kaplan. *Leisure theory and policy* [M]. New York: John Wiley. 1975.

Pierre Chantraine. *Dictionnaire étymologique de la langue grecque: histoire des mots* [M]. Paris: Klincksieck. 2009.

Richard Florida. *The Rise of the Creative Class: And How It's Transforming Work, Leisure, Community, and Everyday Life* [M]. New York: Basic Books. 2002.

Robert A. Stebbins. *Amateurs, Professionals, and Serious Leisure* [M]. Montreal: McGillQueen's University Press. 1992.

Robert A. Stebbins. *Serious Leisure: A Perspective for Our Time* [M]. New Brunswick, N. J. : Transaction Publishers. 2006.

Robert S. P. Beekes. *Etymological Dictionary of Greek* [M]. Leiden, Boston: Brill. 2010.

Ruth V. Russell. *Concepts of Leisure: Philosophical Implications* [M]. Englewood Cliffs, NJ: Prentice Hall. 1974.

Ruth V. Russell. *Leisure Pastimes* [M]. Dubuque, IA: Brown & Benchmark. 1996.

Sebastian de Grazia. *Of Time, Work and Leisure* [M]. New York: The Twentieth Century Fund. 1962.

Seppo E. Iso-Ahola. *The Social Psychology of Leisure and Recreation* [M]. Dubuque, IA: Wm. C. Brown. 1980.

Stanley Parker. *The Future of Work and Leisure* [M]. New York: Praeger. 1972.

Walter Kerr. *The Decline of Pleasure* [M]. New York: Simon & Schuster. 1962.

William David Ross. *Aristotle's Metaphysics* [M]. Oxford: Clarendon Press. 1924.

后　记

　　本书是笔者近年来学习思考的一个总结，也是对自己廿二年教学科研的一个交代。三十年前，我离开家乡负笈求学，就读于刚刚恢复本科不久的管理学院会计学系，彼时管院名师如欧阳光中、管梅谷、郑祖康先生大多来自数学系，李达三系友也还没有捐楼。复旦校园是人才和知识的汪洋，没多久我就意识到自己的贫乏与浅薄，在好奇心和好胜心的催促中，开始认真读书和思考。新复旦人懵懵懂懂，完全不知道自己的人生道路将通往何处，也不清楚自己喜欢什么热爱什么，依稀记得辅导员何伟老师曾说过，当自己茫然无措的时候，应该去图书馆坐一会儿。在管理学院学习七年之后，作为硕士研究生非常幸运地留在旅游学系工作，承担着会计和财务管理等课程的讲授工作。在留校之后，我的研究兴趣从管理学转向了哲学，这个转变说来话长，也有偶然和必然的交织。会计学是与数据打交道的学科，也是一种通用的商业语言，在看似繁复的定量分析背后，其实是一种对经济现象内在本质的追求。在会计学习中，我逐渐产生了一些古怪离奇的想法：如果说会计作为一种实用工具需要满足商业的目的，那么商业的目的又是什么？赚钱是商业活动和商业组织的唯一目的吗？赚钱的目的又是什么？这些古怪的想法一旦产生就无法平息，我曾经如饥似渴地翻阅专业书籍，却未能得到令我安心的答案。作为"青椒"，在授课之余我开始漫无目的地穿梭于不同专业的课堂中,一方面为了向前辈学习授课经验,另一方面也想要寻找新的研究兴趣。在一个冬日的午后,在命运的牵引中我步入哲学系陈学明教授的课堂,那个教室很小,阳光照进来温暖惬意,陈老师激情昂扬地宣讲着西方马克思主义,卢卡奇、阿多诺、本雅明、哈贝马斯,这些从未听说过的名字,在他娓娓道来中变得既陌生又熟悉。陈老师对科研和教学的态度很快便征服了我,马克思主义哲学在他的阐释中展现出勃勃生机与现实关切,当他讲到异化理论时,我仿佛被击中,多年来的困惑瞬间有了解答。

我在求学之路上最大的幸运,就是遇到了陈学明老师,他对我这个冒失的"闯入者"并未嫌弃,他尊重并不断激励我对哲学的渴求,让我鼓起勇气报考他的西马博士并顺利通过考试。自从2003年起,我开始在哲学系跟随陈学明教授攻读哲学博士,直至2010年博士毕业。在这七年间,我一边教书一边求学,在陈老师的悉心指导下,如饥似渴地听课读书,恨不得早日补足基础知识的缺失。时值哲学系群星荟萃,刘放桐、谢遐龄、俞吾金、张庆熊、张汝伦、王德峰、吴晓明、邓安庆、丁耘等先生的授课令人甘之若饴,赐予我开启精神世界的钥匙。在群峰并峙的思想高原中,我与德国哲学结下不解之缘。在我的家乡青岛,很多方言来自德语,比如我们称下水道是古雷,称女孩子是大嫚儿,这种天然的亲切感很大程度上减轻了学习德语的心理障碍,相反有些渴望。幸运的是,我在2006年获得德国学术中心(DAAD)奖学金,赴德国柏林洪堡大学哲学学院跟随黑格尔讲席传人 Rolf-peter Horstamnn(罗尔夫-彼得·霍斯塔曼)教授学习康德哲学。在此之前我并不太了解 Horstmann 教授在国际学界中的威望和影响力,也不清楚 Dieter Henrich(迪特尔·亨利希)所引发的德国观念论复兴运动,这一次又是歪打误撞，闯入德国古典哲学研究的世界中心。留德两年如白驹过隙，刚刚要摸到康德哲学的治学门径，就要打道回府了，其间我不仅在 Seminar（研讨会）和 Colloquium（专题讨论会）上见识了 Paul Guyer（保罗·盖耶）、Eckart Förster（埃克卡特·福斯特）、Robert Brandom（罗伯特·布兰顿）、Beatrice Longuenesse（比阿特丽斯·朗盖内斯）、Wolfgang Carl（沃尔夫冈·卡尔）、Hannah Ginsborg（汉娜·金斯伯格）等大家的风采，也跟舒远招、杨植胜、陈中和、周黄正蜜师友四人组成读书会，定期在洪堡大学一楼咖啡厅啃康德和黑格尔的原著，这些经历令我受益终身，感谢诸君在寒冷的柏林所给予的关心和指导。

2008 年回国后，在陈老师的悉心指导下，我的博士论文聚焦到《德意志意识形态》"生活 Leben"概念的文献学及观念史研究，其间陈老师曾多次提醒我应高度关注西方马克思主义日常生活批判和空间批判理论，代表人物如亨利·列斐伏尔和大卫·哈维，当前国内人文社会科学领域发生的"空间转向"再次印证陈老师学术眼光之敏锐与独到。博士毕业后，我继续在旅游学系教书，一方面开始参与行政工作，另一方面也在寻找哲学研究与旅游学科的交汇点，逐渐将研究重点聚焦到休闲研究上。休闲与旅游，既有联系又有区别，从内涵来看，休闲是旅游的主观特征，从外延来看，休闲比旅游涉及的领域要广，通常旅游被理解为异地休闲。在旅游研究中，基于旅游者角度的体验研究从来都是核心议题，谢彦君教授二十余年来在这个领域的不懈开拓结出硕果累累，他同时将心理学、社会学、人类学和哲学等研究范式融入旅游研究中。中山大学张骁鸣教授热心组织过旅游哲学的专题研讨会，汇集了人文地理学和哲学社会学三代学人共同关注旅游之本质问题，为如此小众但重要的议题提供了交流平台。在这次会议上，我有幸结识了谢彦君、曹诗图、叶超、郭文、马凌、赖坤、朱运海、赵刘、李军等同行师友，他们的启发建议给予我前进的信心和动力，让我在旅游学界不再感到孤单。更为奇妙的缘分是，当年邀请我参会的张朝枝教授和叶超教授，最近也先后加入复旦大学，有他们在身边经常切磋激励，令我更加坚定于这本书的选题和写作。在此，对一路陪伴同行的旧雨新知表示由衷的感谢。

在这里，我还要特别感谢历史系和旅游学系历任领导和同事们对我的宽容和帮助。从上文可见，我是一个被好奇心驱使的不安定份子，能够允许我在教授管理课程之余自由地追求学术兴趣，这是历史系和旅游学系同仁给予我最大的理解和支持。他们并未视我为异类，反而在我遇到学术和工作上的困难时，屡屡施以援手，以理解之同情的态度对待我这个半吊子的文科爱好者。在这本书的写作过程中，承蒙希腊史专家黄洋教授、张巍教授和冼若冰教授不嫌后学愚钝，耐心地答疑解惑并提供研究材料，为我解读古希腊休闲（σχολὴ）概念提供了至关重要的指导。专门史邓志峰和姜鹏先生也在写作期间时时鞭策激励，利用中国传统思想资源启发我更深入地理解本真生存之内涵。旅游学系巴兆祥、沈祖祥、后智钢等前辈是我工作和学习上当之无愧的引路人，他们既是我的良师，也是益友，多次在关键时刻给予我无私的指导和关心，帮助我屡屡克服困难迎接挑战，我由衷感谢他们对我的理解和栽培。同时我还要感谢吴本老师和郭旸老师为代表的MTA（旅游管理硕士）管理团队，以及旅游学系老师们对MTA项目的无私奉献，有了大家的齐心协力，复旦MTA才会取得今日的骄人成绩，也让我能够更加从容地处理"难题"，感谢大家的信任和支持。

除了本系工作之余，我还积极参与到学校智库建设工作中，大大开阔了眼界，丰富了经验，建立了友谊。承蒙校领导和复旦发展研究院提携关爱，本人有幸参与筹备建设了"数字文化保护与旅游数据智能计算"文化和旅游部重点实验室和"商务部消费大数据实验室"两个文科实验室，相继获得国家重点研发计划、文化和旅游部重点实验室资助项目、上海市政府决策咨询研究课题、上海市重点智库课题、复旦大学人文社科先锋计划等一系列专项支持，主持两项上海市地方标准的编制修订工作，承担上海市旅游资源普查、文旅消费大数据监测预测与产业分析、"十五五"时期入境旅游宣传推广领域研究等一系列委托课题，在此对上海市哲学社会科学规划办公室、上海市文化和旅游局、复旦大学文科科研处、复旦发展研究院和各实验室及相关同仁一并表示感谢。

最后我还要感谢陈学明教授、邓安庆教授的不懈激励，他们在本书写作过程中多有教诲敦促，尤其是邓先生在百忙之中拨冗审阅，提出极其重要的修改意见，感激不尽，无以言表。除此之外，我还要感谢计算机学院钱振兴教授、复旦大学出版社李又顺先生、刘月先生和责任编辑刘西越女士的大力协助，才使得本书得以顺利出版。由于本书写作时间比较短促，又及本人学识浅薄笔力不逮，书中的观点和论断有浅陋粗鄙之处，敬祈方家不吝指正。

我是一个非常幸运的人，能够在离开父母庇护之后，来到复旦校园学习生活工作，卅年岁月转瞬即逝，其间帮助过我的师友，有的已不在人世，有些已很少相见，他们和她们的面容永远留在我的记忆里，那么鲜艳，如同昨天。我还记得年轻时，我们在铁路边的小酒馆里刷夜，吃的是花生米蛋炒饭，喝的是十块钱一瓶的劣质白酒，听的是崔健唐朝枪炮玫瑰，那是一个能够把烟盒中的云彩和酒杯中的大海统统装入我胸怀的时代，也是塑造了我行我素的这个单数之我的青葱岁月。我感激复旦所教会我的一切,我将用它回馈社会,这里是我成长的家园,没有它也就没有今天的我,我对复旦的爱无法用语言表达,只能将它传承给我的学生,让启蒙之光与自由之精神在这片校园里薪火相传、发扬光大。

2024 年 10 月于光华楼

图书在版编目(CIP)数据

持驻与教化:休闲的存在论研究/孙云龙著.
上海：复旦大学出版社,2024.12. -- ISBN 978-7-309-17687-2

Ⅰ.B516.54
中国国家版本馆 CIP 数据核字第 202458ZP01 号

持驻与教化:休闲的存在论研究
CHIZHU YU JIAOHUA：XIUXIAN DE CUNZAI LUN YANJIU
孙云龙　著
责任编辑/刘西越

复旦大学出版社有限公司出版发行
上海市国权路 579 号　邮编：200433
网址：fupnet@ fudanpress.com　http://www.fudanpress.com
门市零售：86-21-65102580　　团体订购：86-21-65104505
出版部电话：86-21-65642845
常熟市华顺印刷有限公司

开本 890 毫米×1240 毫米　1/32　印张 9.125　字数 213 千字
2024 年 12 月第 1 版
2024 年 12 月第 1 版第 1 次印刷

ISBN 978-7-309-17687-2/B·818
定价：58.00 元

如有印装质量问题，请向复旦大学出版社有限公司出版部调换。
版权所有　　侵权必究